JN424452

NEW AND RENEWABLE ENERGY

신재생에너지

2판

장종훈 지음

GS인터비전

머리말

다량의 화석연료 사용으로 발생하는 이산화탄소에 의한 지구온난화로 극심한 홍수와 가뭄, 북극과 남극의 빙하가 녹는 등 지구 곳곳에서 자연재해가 발생하여 많은 인명과 재산의 피해가 빈번히 발생하고 있다. 따라서 이산화탄소 배출량을 줄이기 위하여 2015년에 195개국이 "파리협정"을 맺고, 지구온난화 방지를 위한 노력의 하나로 신재생에너지 이용이 급격히 증가하고 있다. 그러나 1979년 발생한 중동의 제2차 석유 수출금지 조치로 세계 경제가 심각한 침체에 빠지고, 주유소에는 기름이 부족하여 자동차가 줄을 서서 차례를 기다리는 풍경이 있었다. 아이러니하게도 이때는 미국도 화석연료의 부족으로 인하여 태양열 직접 이용뿐만 아니라 태양열발전에 매진했다. 서부 모하비 사막에 대규모 구유형 집열기를 사용하는 태양열발전소를 건설하고, 타워형 집열기를 사용하는 태양열발전기의 시험설비를 건설하는 등 주로 태양열 이용을 위하여 많은 연구가 진행되고 대학에도 관련 교과목이 개설되었다. 저자는 세계 경제가 침체에서 회복이 되지 않은 1981년 미국에 유학하여 석유 수출금지 조치의 영향을 직접 체험하였고 대학에서 태양열 이용에 관한 교과목을 수강했다.

한편 미항공우주국(NASA)에서는 이미 제미니와 아폴로 우주선과 우주왕복선에 연료전지를 사용하고, 통신위성과 우주정거장 등에 태양전지를 사용하였다. 그러나 태양전지를 이용한 태양광발전은 아직 상용화되지 않았다. 아직 태양전지의 효율이 낮아서 충분한 전력을 생산하기 위하여 대면적의 태양전지를 설치한 관계로 우주정거장의 잦은 고도 조정이 필요하게 되어 대안으로 태양열을 이용하는 가스터빈 발전 설비에 관한 연구가 시도되었다. 대학원 졸업 후에 NASA에 근무하면서 얻은 이런 신재생에너지에 대한 경험이 대학 강의에 큰 도움이 되었다.

신재생에너지 분야는 에너지 변환 기술, 에너지의 효율적인 이용 기술, 지구환경에 미치는 환경 기술 등 다양한 분야의 전공이 결합한 학문이다. 그러므로 기계, 전기, 전자, 화학, 물리, 지구환경, 재료와 생물 등 전공 분야에 따라서 신재생에너지 중에서도 관심을 가지는 분야가 매우 다르다. 이와 같은 신재생에너지의 특성상 기계공학을 전공한 저자도 다년간 신재생에너지를 강의하면서 마땅한 교재를 얻기가 쉽지 않았다. 그러다 울산대학교에서 정부 지원사업을 통해 실시한 신재생에너지 인력양성사업을 하면서 교재의 필요가 절실하였다. 또한 지구온난화 방지를 위하여 노력하고 있는 일반인들도 신재생에너지에 관한 참고도서가 필요한 실정이다. 저자 나름대로 경험과 강의한 자료를 정리하여 "재생에너지공학"과 "신재생에너지 입문"을 출간하여 10여 년 이상 기계공학전공 학생을 대상으로 교재로 사용해 왔다. 그러나 신재생에너지 분야의 기술 발달과 활용이 급속하게 변화하고 있어 이번에 내용을 대폭 수정하여 "신재생에너지"라는 교재를 다시 출판하였다.

에너지 변환 기술은 급속도로 발전하고 있으므로 가능하면 기초지식과 원리 등을 중심으로 공학을 전공하는 3~4학년 학생이 신재생에너지 교과목을 통하여 배울 필요가 있는 내용을 수록하기 위하여 노력하였다. 많이 사용하는 태양열 직접 이용, 태양열발전, 태양광발전, 풍력발전, 해상풍력발전, 해양에너지, 소수력발전, 지열발전, 연료전지에 관한 내용을 수록하였다. 또한 이 에너지 변환 기술 중에서 현재 상용화에 근접해 있는 대표적인 기술만 포함했다. 저자의 전공 분야가 아니고 광범위한 내용을 취합할 능력도 부족하여 바이오, 석탄 가스화 및 액화, 폐기물 소각 등에 관한 내용은 전혀 포함하지 않았다.

개인의 능력보다 의욕이 앞서서 항상 많이 부족하지만, 신재생에너지 분야를 배우려고 열망하는 학생들을 위하여 감히 출판하였습니다. 그동안 강의를 들으면서 여러 가지 미비점을 지적하여 내용이 더욱 알차도록 도움을 준 신재생에너지 수강 학생들, 동료 교수, 출판을 위하여 수고하신 GS인터비전 출판사 관계자 여러분 감사드립니다. 끝으로 이 책이 출판되도록 그동안 주말과 방학을 허락하고 배려해준 아내와 가족들에게 감사의 마음을 전합니다.

장종훈

울산대학교 기계공학부 명예교수

차례

CHAPTER 1

에너지

1.1 에너지의 의미

1.2 에너지 변천

1.3 화석연료 현황과 전망

인류의 원시생활은 음식을 날것으로 섭취하며, 기후에 순응하는 생활로 실제로 에너지가 거의 필요하지 않았을 것으로 예상된다. 그러다 자연적으로 발생한 불을 접하게 되고, 이를 이용하여 고기를 익혀서 먹고, 추위를 막기 위하여 불을 이용하면서 불의 중요성도 알게 되었을 것이다. 또 필요할 때 사용하기 위하여 불씨를 보관하거나 불을 일으키는 방법을 알게 되어 불의 사용이 일상생활화 되면서 주위에서 쉽게 구할 수 있는 마른 풀과 나무가 중요한 에너지자원이었으리라 생각된다.

한편 산업혁명이 있기 전까지는 지구에서 차지하는 인류 활동의 비중이 매우 미미하여 에너지를 의식하지 못하고 생활하였다. 에너지란 단어도 1807년 토머스 영(Thomas Young)에 의하여 만들어졌고, 1852년 켈빈 경(Lord Kelvin)에 의하여 열역학에서 사용되었다. 산업혁명으로 대량 생산과 대량 소비가 발생하면서 많은 전력과 대형 수송시스템이 필요하게 되었다. 따라서 석탄을 이용한 화력발전과 증기기관차가 개발되어 주요 도시들이 전기와 철도로 연결되면서 사람과 물자의 대량 이동이 가능해졌다.

석유가 채굴되면서 산업혁명은 더욱 활발하게 전개되었다. 초기에는 석유가 지표면 가까이서 쉽게 채굴되어 석유의 이용이 더욱 촉진되었고, 제1차 및 2차 세계대전을 겪으면서 인류의 생활은 더 많은 에너지자원을 사용하게 되었다. 특히 자동차와 비행기의 발달로 석탄보다 석유의 중요성이 더욱 증가하였으며, 대형 메이저 석유회사들이 탄생하였다. 이들은 유전을 개발하기 위하여 세계의 모든 곳을 탐사하기 시작하여 마침내 중동에서 대량의 유전이 개발되기 시작하면서 중동이 세계의 석유 공급 기지화된다. 이와 같은 화석연료의 대량 소비를 통하여 자원의 부족과 이산화탄소의 증가에 의한 지구온난화로 이상기후 변화 등을 겪는 어려움에 직면하여 청정하고 무한한 신재생에너지에 관한 관심이 증가하고 있다.

1.1 에너지의 의미

현재 우리는 쾌적하고 편리한 생활을 추구하면서, 많은 미디어기기, 인터넷, 냉장고, 에어컨, 로봇, 자동차, 비행기, 배 등 생활을 편리하게 만드는 시설로 둘러싸여 있다. 이러한 설비들은 현대 생활의 필수품이 되었고, 또한 이들 설비를 생산하고 작동하기 위하여 화석연료와 전기 등이 필수품으로 등장하게 되었다. 따라서 일반적으로 이런 화석연료와 전기를 에너지로 생각하고 있다. 현재 에너지라는 단어는 모든 분야에서 광범위하게 사용되고 있고, 모두 나름대로 에너지에 대한 개념을 가지고 있다. 그러나 사전에 "에너지는 변화를 유발할 수 있는 능력 또는 힘" 또는 좀 구체적으로 "물체가 일을 할 수 있는 능력"으로 설명되어 있다.

자동차에 사용되는 기름은 탱크에 있을 때는 액체 상태의 물체이나 자동차 엔진에서 공기와 같이 연소하면서 기름이 가지고 있는 화학에너지를 기계에너지로 변화시켜서 자동차 바퀴를 회전시킨다. 또한 저수지에 저장된 물의 표면은 고요해 보이지만 저수지 둑에 구멍을 내고 수차를 설치하면 물이 흐르면서 수차를 돌려서 물의 위치에너지가 기계에너지로 변화된다. 여기에 발전기를 설치하면 전기가 발생하게 되어 결국 물의 위치에너지가 전기에너지로 변환되는 수력발전소가 된다. 따라서 넓은 의미에서 모든 물질은 에너지에 속할 수도 있다.

우리 생활에 이용되는 에너지 용어에는 여러 가지 형태가 있다. 예를 들면 위치에너지(potential energy), 운동에너지(kinetic energy), 열에너지(thermal energy), 기계에너지(mechanical energy), 전기에너지(electric energy), 화학에너지(chemical energy), 원자력에너지(nuclear energy) 및 자력에너지(magnetic energy) 등이며 이들의 합을 전체에너지(total energy)라 부르고 단위는 J(Joule, 줄) 또는 KJ(키로 줄)이다.

일반적으로 에너지를 이야기하면 에너지의 절댓값을 다루는 것이 아니라 주어진 기준점에서 에너지 변화량을 다룬다. 즉 그림 1.1과 같이 줄에 매달린 강구의 진자운동에서 강구가 점 A에서 떨어질 때 처음 높이에서 떨어지면서 변한 높이만큼 위치에너지가 운동에너지로 변하며, 점 B에서 위치에너지는 최소가 되고 반대로 운동에너지는 최대가 된다. 다시 점 C로 이동하면 위치에너지는 증가하고 대신에 운동에너지는 감소한다. 만약 공기의 저항이 없다면 강구는 다시 점 C에서 점 A로 돌아간다. 따라서 이 과정에서 강구의 위치 변화에 따라 변하는 위치에너지와 운동에너지의 변화량을 추적하는 것이 관심의 대상이다.

에너지는 가공과 전달 과정에 따라서 1차 에너지, 2차 에너지 및 최종에너지(3차)로 분류된다. 1차 에너지는 석유 및 석탄 등의 에너지자원과 태양에너지, 풍력, 수력, 지열 및 해양에너지와 같은 재생에너지와 같이 자연에서 직접 얻을 수 있는 에너지자원을 말한다. 1차 에너지는 자연에서 채취하여 발전소, 정유공장 및 가스공장 등에서 다시 가공 및 변환되어 전기, 석유제품 및 가스와 같은 2차 에너지가 된다. 2차 에너지는 다시 전기모터, 냉동기, 전열기, 자동차, 기차, 비행기와 같은 에너지 사용 장치에서 열, 일과 운동에너지 등의 최종에너지로 변환되어 인간의 생활이 풍성하고 편리하게 서비스를 제공한다. 또한 일상생활에 사용되는 많은 전자제품은 건전지나 직접 전기에 연결되어서 작동하고 있어서 점점 전기를 에너지로 생각하는 경향이 뚜렷해지고 있다.

한편 에너지는 한번 사용 후 재생 여부에 따라서 비순환 에너지(석탄, 석유, 가스, 수소, 우라늄)와 재생에너지(태양에너지, 풍력, 지열, 해양, 수력)로 분류한다. 대표적인 예로 화석연료는 한 번밖에 사용할 수 없으므로 비순환 에너지이다. 이 에너지는 순간적으로 다량의 에너지를 집중적으로 사용할 수 있나, 재생할 수 없으며 환경에 많은 영향을 미치는 단점이 있다. 이와 대조적으로 재생에너지는 계속하여 활용할 수 있는 청정에너지이나 집중적으로 원하는 시간에 사용하기 힘든 단점이 있다.

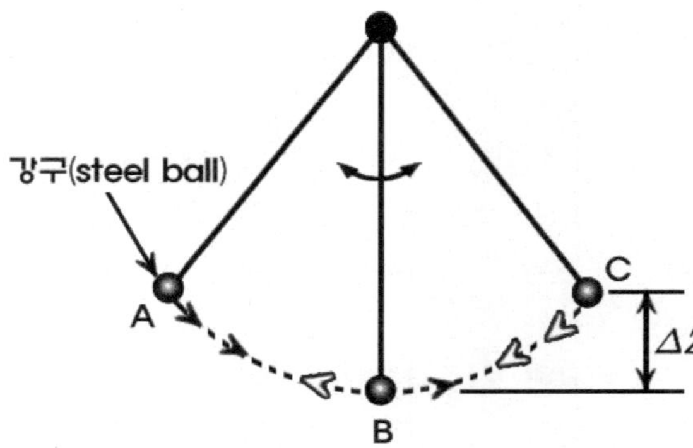

그림 1.1 진자운동에 의한 위치에너지와 운동에너지 변화

1.2 에너지 변천

인구가 증가하면서 집단생활을 하고 농사를 짓는 농경사회로 발전하면서 노동력이 필요하게 되었다. 따라서 짐승을 길들여서 사육하고, 농사 및 이동 수단에 이용하게 되었다. 소, 말, 당나귀, 야크와 같은 덩치가 큰 동물들이 중요한 동력원으로 불과 몇십 년 전까지도 농사와 운송 수단으로 활용되었다.

1700년대 후반에 제임스 와트가 증기기관의 성능을 획기적으로 증가시켰다. 그 결과 이전과는 비교할 수 없는 매우 큰 동력을 얻게 되어 본격적인 기계화 혁명을 이루게 되었다. 가축에 의존하던 동력을 증기기관을 이용함으로써 대량 수송이 가능하게 되었고, 사람 손에 의존하던 수공업 대신에 공장에서 대량 생산이 가능하게 되어 생산성이 향상하였다. 이와 같은 산업혁명을 거치면서 에너지가 어떻게 변하였는지를 살펴보면 흥미로운 일이다. 증기기관은 물을 끓여서 고압의 증기를 생산하고, 이 증기가 피스톤을 밀어서 바퀴를 회전시켜서 앞으로 나아가게 되는 기관이므로 물을 끓이는 보일러가 필요하다. 요리하는 경우와 같이 용기에 물을 넣고 나무나 석탄을 태워서 열을 가하면 물의 온도가 증가하여 물이 액체에서 기체로 변하게 된다. 이때 나무와 석탄이 주요 에너지였다. 옛날 증기기관차나 배의 굴뚝에서 검은 연기가 나는 것을 공업화와 번영의 상징으로 표시되었다.

증기기관과 더불어 전기를 발명하여 전기를 사용하는 모터를 동력이 필요한 곳에 설치할 수 있게 되었다. 그 결과 풀리, 벨트, 톱니바퀴(pulley, belt, gear) 등과 같은 정교한 동력 전달 시스템이 필요 없게 되었다. 따라서 기계구조의 간소화 및 소규모화 등이 이루어져 공장 내부의 구조를 획기적으로 변화시켰다. 공장을 재설계하고 컨베이어벨트와 같은 이동장치를 설치하여 대량 생산이 가능하게 되었다. 그 결과 생산 능률도 크게 향상되었다. 예를 들어 오늘날 자동차 차체생산에 로봇이 용접하는 경우와 사람이 수동으로 용접하는 경우의 생산성을 비교해 보는 상황에 해당한다. 전기모터를 사용하는 공장으로 변환시키지 못한 공장은 폐업하는 일대 변화가 일어날 정도였다.

1866년 미국 펜실베이니아에서 땅속 21 m 깊이에서 원유를 채굴하면서 석유의 시대가 시작되었다. 석유의 채굴을 시작으로 그동안 도로 위에서 주요 이동 수단이던 마차를 대체하는 자동차가 등장하게 되어 오늘날과 같이 번창하게 되었다. 다임러에 의한 가솔린기관과 디젤에 의한 디젤기관이 발명되고, 또 미국의 헨리 포드가 포드자동차를 설립하여 지금과 같은 컨베이어벨트를 이용한 대량 생산을 시작하여 휘발유 수요가 증가하였다. 또 1차,

2차 세계대전을 통하여 비행기, 전차, 군함 등에 의하여 석유 수요는 더욱 폭발했다. 동시에 중동에서 원유가 생산되기 시작하여 사우디아라비아, 이라크, 이란, 쿠웨이트 등이 주요 원유 생산국으로 등장하고, 석유수출기구(OPEC)가 조직되어 석유 수출을 통제하고 있다.

최근에는 암석층을 수평으로 시추하는 기술이 개발되어 셰일가스가 채굴되기 시작했다. 셰일가스의 성분은 기존의 가스와 화학성분이 거의 유사하지만, 셰일가스는 퇴적암층의 미세한 틈새에 널리 분포하여 채굴이 어려웠다. 채굴하기 위해서는 퇴적암층에 미세한 틈을 만들어야 하므로 수평으로 시추한 후에 물, 모래와 화학약품을 혼합하여 고압으로 분사하면 퇴적암층에 미세한 균일이 생기면서 바위층에 있던 가스가 스며 나와 채굴한다. 따라서 채굴 비용이 매우 비싸고, 많은 양의 물이 필요하여 어려움을 겪고 있다. 원유가가 상승하여 셰일가스 채굴 비용과 비슷한 상태에 이르자 미국의 텍사스주에서 많이 채굴하고 있고, 셰일가스 수출로 미국은 원유 수출국이 되었다.

20세기 후반에 컴퓨터가 발명되고 인터넷 기반이 설치되면서 또 다른 산업혁명인 디지털시대가 열리게 되었다. 단순 반복 계산과 사무 간소화는 기본이고, 복잡한 공학 계산을 이용한 물리법칙의 시뮬레이션, 통신 기술, 로봇 기술, 자율주행 모빌리티 등 모든 분야에 컴퓨터와 통신 기술을 접목하게 되었다. 점점 놀라운 속도로 발전하고 있다. 그러나 이 모든 것이 가능하게 하는 데 필수적으로 필요한 것은 전기에너지이다. 전기의 이용은 1879년 미국의 에디슨이 전구를 발명하면서 일상생활에 이용된 이후 우리 생활과 매우 밀접하게 연결된 필수품이다. 우리 생활을 편리하게 해주는 모든 가전제품(텔레비전, 냉장고, 에어컨, 마이크로오븐 등), 컴퓨터, 스마트폰, 엘리베이터, 자동차, 비행기, 배, 인터넷 등이 전기가 없으면 일순간에 작동하지 못한다. 그 결과 많은 사람은 화석연료와 전기를 에너지로 생각한다. 사실 전기는 가장 편리하고 효과적인 에너지 형태다.

우리 생활에 필수적이고 편리한 전기 발전방식에는 화력발전, 원자력발전, 수력발전(양수발전) 등의 전통적인 방식이 있고, 신재생에너지를 이용한 태양열발전, 태양전지, 풍력터빈, 연료전지, 조력발전, 조류발전, 파력발전, 지열반전 등이 있다. 화력발전은 가장 일반적인 발전 방법으로 화석연료(석탄, 석유, 가스 등)를 사용하여 물을 가열하여 증기를 발생시키고, 이 고온고압의 증기로 터빈이 회전한다. 이때 터빈과 같은 축에 연결된 발전기가 회전하면서 전기가 생산된다. 대규모 발전이 가능하여 현재 많이 이용되는 발전방식이지만 화석연료를 사용하므로 많은 양의 이산화탄소를 배출하여 기후변화의 주요 원인을 제공하고 있다. 또 발전비용이 화석연료 가격에 민감하므로 발전원가도 고가이다. 따라서 화석연료를 많이 사용하는 화력발전을 줄이려고 노력하고 있다.

원자력발전도 증기를 발생시켜서 터빈을 회전시키는 방법은 화력발전과 유사하다. 그러나 화석연료를 사용하지 않고 우라늄 핵연료가 분열하면서 발생하는 열을 이용하여 증기를 발생시키는 방법이 차이점이다. 핵연료는 격납용기에 들어 있으나 방사능물질이 누출되면 치명적인 위험이 따른다. 최근에는 증기 발생에 관련된 모든 장치(펌프, 가압기, 증기발생기 등)가 격납용기 내부에 설치되어 더욱 안전한 소형 모듈 원자로(SMR, small modular reactor)에 관한 연구가 진행되어 상용화를 시도하고 있다. 화석연료를 사용하지 않으므로 발전원가가 저렴하고 온실가스를 배출하지 않는 장점이 있다. 지금 기후변화 위기를 맞이하여 세계 여러 나라가 다시 원자력발전에 관심을 표명하고 있다.

수력발전은 앞에서 언급한 두 발전방식과 완전히 다른 방식이다. 물이 흐르는 강을 가로막아서 댐을 만들어 물의 수위를 높여서 물의 위치에너지를 이용하여 수차를 회전시키고 이 수차에 연결된 발전기를 회전시켜서 전기를 발전하는 방식이다. 연료를 사용하지 않기 때문에 발전원가가 매우 저렴하다. 그러나 물을 저장하기 위하여 거대한 댐을 설치하기 때문에 댐 건설 지역의 환경을 변화시키고, 댐의 설치 장소가 매우 제한적이고, 강수량에 민감한 단점이 있다.

우리나라는 큰 강이 없으므로 대용량의 수력발전은 처음부터 불가능하다. 그러나 수력발전은 수문을 열면 몇 분 내에 전기를 생산할 수 있는 장점이 있다. 따라서 높이가 다른 상부저수지와 하부저수지를 이용하는 양수발전소를 건설했다. 심야에 남는 전기를 이용하여 물을 높은 곳에 있는 상부저수지에 양수하고, 전기가 긴급하게 필요한 때에 이물을 하부저수지로 낙하시켜서 발전한 전기가 긴급하게 필요한 최대 부하(첨두부하)를 담당하게 하고 있다. 한편 신재생에너지를 이용한 다양한 발전방식에 관한 내용이 이 교과서의 주요 내용으로 다음 장부터 논의된다.

1.3 화석연료 현황과 전망

1970년대 중동 국가들의 두 차례의 석유 금수조치로 발생한 석유 위기 후 저렴한 화석연료를 풍족하게 사용하던 시대가 끝났다. 최근 중국과 인도의 급성장으로 석유 자원뿐만 아니라 모든 천연자원의 고갈 염려로 가격은 치솟고, 치열한 자원 확보 외교가 전개되고 있다. 한편 원유가격의 급격한 인상으로 석탄의 수요가 다시 증가하고 있다. 그러나 지구온난화의 주범으로 인식되는 이산화탄소 배출량을 줄이기 위하여 신재생에너지 이용의 증가와 에너지 절약이 예상된다.

1.3.1 화석연료 이용 현황

석탄과 석유 등의 화석연료는 중요 에너지자원으로 오랫동안 집중적으로 이용되었으며, 최근에는 태양에너지, 풍력, 수력, 지열 및 해양에너지 등의 재생에너지가 급속히 개발되고 있다. 이와 같은 에너지자원의 사용 현황과 장래의 수요 예측을 세계에너지기구(International Energy Agency, IEA)에서 발행한 "세계 에너지 전망보고서"[4~6] 자료를 통해서 살펴본다.

그림 1.2와 표 1.1은 "2010년 세계 에너지 전망보고서"에 실린 1980년과 2008년의 분야별 에너지 사용량과 같은 에너지정책이 유지되는 경우 2020년과 2035년의 분야별 에너지 수요를 나타낸다. 수평축의 값은 에너지를 기름으로 환산하여 Mtoe(million tones of oil equivalent)로 표시되었다. 보고서에 따르면 에너지 수요는 매년 증가하며 예측 목표 연도인 2035년에는 2008년보다 에너지 수요가 47% 증가할 예정이다. 2008년 기준으로 사용된 에너지자원의 33.1%는 원유, 27%는 석탄, 21.2%는 가스로 화석연료가 전체의 81.3%를 차지하고 있다. 표 1.1과 같이 석탄, 가스와 원자력의 사용 증가로 원유의 사용량은 감소가 예상된다. 계속하여 원유의 비중은 감소하나, 석탄의 수요가 증가할 것으로 예측되었다. 특히 석탄의 수요가 석유를 추월하는 현상이 예측되며, 계속하여 주요 에너지자원의 역할을 담당할 것으로 예상된다. 원유가격의 상승으로 매장량이 풍부하고 가격이 저렴한 석탄의 수요 증가는 필연적이나 환경에 미치는 영향이 매우 우려된다. 그 외 바이오, 수력 및 재생에너지는 세계 에너지 수용에서 차지하는 비율은 적은 편이나 조금씩 증가하고 있다. 수력과 바이오를 제외한 기타 재생에너지의 역할은 증가하고 있으나 차지하는 비율을 매우 낮다.

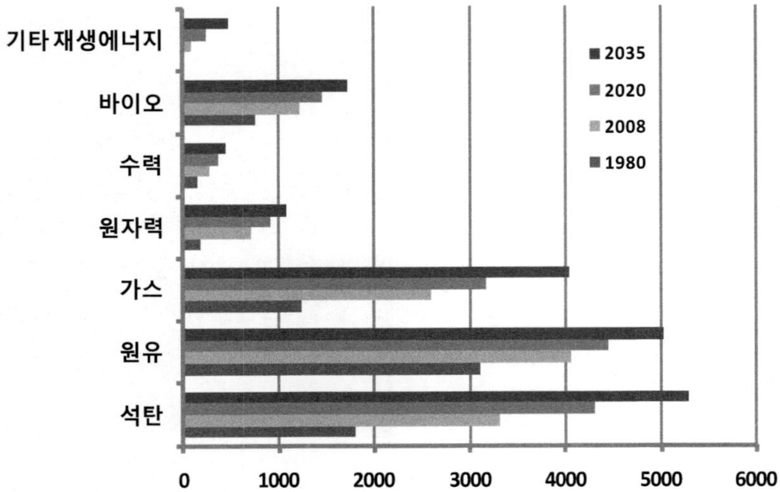

그림 1.2 에너지자원의 사용 현황과 수요 전망[4]

표 1.1 연도별 사용 에너지자원 구성비[4]

에너지원	에너지자원 구성비, %			
	1980년	2008년	2020년	2035년
석탄	24.8	27.0	28.9	29.3
원유	43	33.1	29.8	27.8
가스	17.1	21.2	21.3	22.4
원자력	2.6	5.8	6.1	6.0
수력	2.0	2.2	2.4	2.4
바이오	10.4	10.0	9.8	9.5
기타 재생에너지	0.2	0.7	1.6	2.6

표 1.2와 그림 1.3은 세계에너지기구(International Energy Agency, IEA)에서 발행한 "2020년 세계 에너지 전망보고서"에서 밝힌 전력 생산에 사용한 에너지원별 비율을 나타낸다. 총 전력 생산은 4배 정도 증가하는 동안 전력 생산에 사용된 주요 연료는 석탄으로 비율도 38.8%에서 36.7%로 조금 감소했을 뿐이다. 석유의 사용은 급감했으나 이산

화탄소배출이 상대적으로 적은 천연가스 사용은 12.1%에서 23.6%로 거의 2배 증가하였다. 그러나 전체 화석연료 사용 비율은 65.2%에서 63.1%로 큰 변화는 없으나 절대 사용량은 계속하여 증가하고 있다. 원자력과 재생에너지도 10%대로 증가하였으나 수력은 상대적으로 감소했다. 수력발전소는 건설에 필요한 입지가 많지 않으므로 급격하게 증가시키기 쉽지 않다. 결국 2019년까지도 화석연료 이용이 절대적 우세를 보여주고 있다.

표 1.2 전력 생산에 사용된 에너지원별 비교[5]

원료	1973년(6,131TWh)	2019년(26,963 TWh)
석탄	38.3	36.7
석유	24.8	2.8
천연가스	12.1	23.6
원자력	3.3	10.4
수력	20.9	15.7
신재생에너지	0.6	10.8

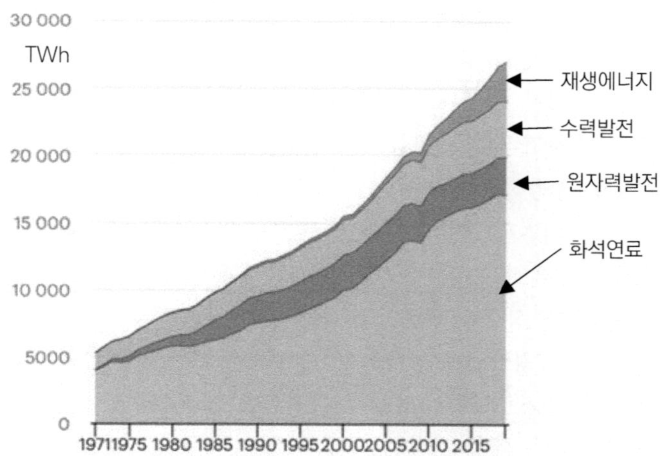

그림 1.3 1971~2019년 에너지원별 세계 전력 생산량 비교[5]

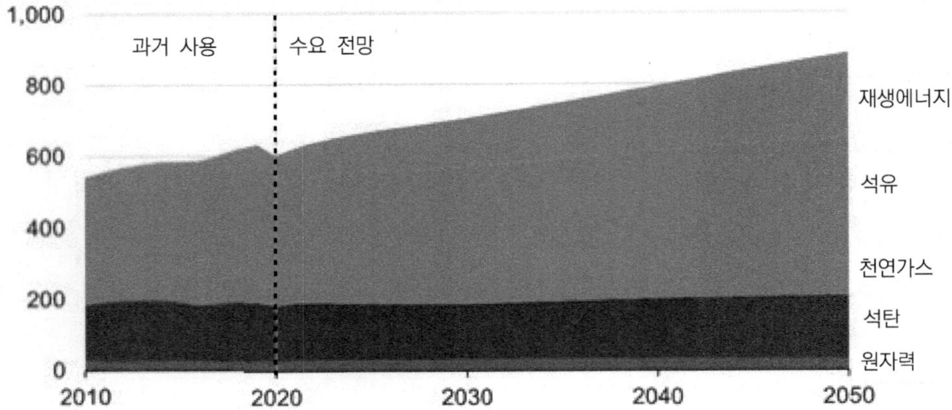

그림 1.4 에너지자원의 사용 현황과 수요 전망[6]

그림 1.4는 "2021년 세계 에너지 전망보고서"에 나타난 에너지원별 과거 사용량과 수요 전망을 나타내고 있다. 재생에너지 사용은 계속 증가하고 있으나 화석연료인 석탄, 석유, 천연가스의 사용도 변함없이 유지될 것으로 전망하고 있다. 한편 원자력발전도 적은 양이지만 현재의 수준을 유지할 것으로 전망한다.

그동안 주로 사용한 화석연료 중에서 석탄은 여러 나라에서 생산되었으나 원유는 일부 국가에서 생산되었다. 따라서 매우 극심한 가격 변화가 있었다. 그림 1.5는 1965년부터 2022년까지의 연평균 원유가격의 변화를 나타낸다. 1973년 중동에서 이스라엘과 아랍국가 사이에 발생한 4차 중동전쟁과 1979년 이란의 혁명으로 촉발된 원유가격의 상승은 1980년대 중반까지 계속되었다. 이후 1990년 이라크의 쿠웨이트 침공으로 잠시 원유가가 상승했으나 1990년대 말까지 대체로 안정을 유지했다. 그러나 2000년대에 들어와서 중국과 인도의 급격한 경제 성장과 가수요가 겹쳐서 원유가격은 상승하기 시작하여 2008년 6월에 월평균 가격으로 최고인 126달러를 기록하는 폭등세를 나타냈다. 그러나 2008년에 시작된 미국의 금융위기로 세계 경제가 불경기를 맞게 되어 원유 수요의 감소로 가격은 폭락하였다. 이후 다시 세계 경제의 회복과 함께 원유가격도 점점 회복되어 연평균 가격이 100달러를 초과했다. 2019년에 발생한 코로나바이러스감염(COVID19 팬데믹) 사태로 인한 경제 활동의 침체로 원유가는 다시 급격히 하락하였다. 그러나 2022년에 발생한 러시아와 우크라이나 사이의 전쟁으로 다시 증가하고 있다. 이상과 같이 원유가는 국제 정세에 매우 민감하게 변화하는 모습을 나타낼 뿐만 아니라 세계 각국의 경제 상황에 따른 원유 수급에 밀접하게 연계되어있다. 또한 원유는 주요 에너지로 사용되고 있으나 중동, 남미, 러시아와 같은 석유 수출국(OPEC)과 미국 등 일부 국가에서 생산되고 있어서 공급이 매우 제한적이기 때문이다.

현재 원유를 생산하고 있는 유정의 생산량은 그림 1.6과 같이 급격히 줄어들기 시작하고 있다. 그러나 이산화탄소 배출량이 상대적으로 적은 천연가스가 계속하여 개발되고 있다. 개발되지 않은 유정과 심해지역 및 극지방에서 앞으로 발견될 유정에 등을 예상하면 앞으로도 현재의 생산량을 유지할 수 있을 것으로 예상된다. 특히 EOR(enhanced oil recoveries)이라 불리는 새로운 기술과 방법으로 추가로 개발되는 유정의 매장량이 있지만, 개발비용의 증가로 유가는 상승할 것으로 예상된다. 또한 캐나다 앨버타주에 매장되어 있는 오일샌드(tar sands)와 베네수엘라에 매장되어 있는 중질유(heavy oil) 등의 비정통적인(unconventional oil) 원유의 매장량은 전체 매장량의 극히 일부이다. 극지방과 깊은 바다에 매장되어 있는 원유는 비용은 많이 들지만 앞으로 개발될 예정으로, 유가의 상승을 유도할 주요 인자이다.

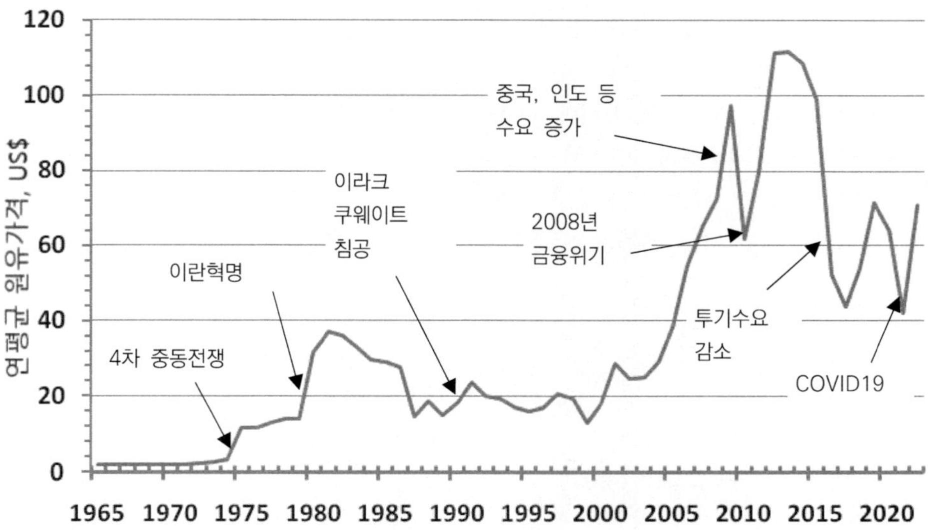

그림 1.5 1965~2022년 사이의 연평균 원유가격 변화[7]

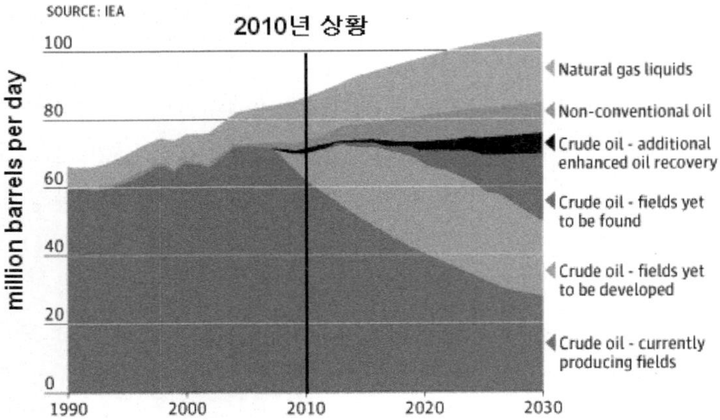

그림 1.6 예상 원유 및 가스 생산량[8]

그림 1.6에서 상대적으로 이산화탄소배출이 적은 천연가스의 비중이 더욱 증가하고 있다. 특히 새로운 시추 기술이 개발되어 최근에 각국의 관심이 쏠리고 있는 셰일가스(shale gas)는 퇴적암층의 미세한 틈새에 널리 분포하여 채굴이 어려웠던 비전통 가스의 일종이다. 퇴적암층을 수평으로 시추하여 물, 모래와 화학약품 등의 혼합한 액을 고압으로 퇴적암 속으로 분사하여 암석에 균열이 발생하면 빠져나오는 가스를 시추관을 통하여 모으는 방법으로 채굴한다. 따라서 많은 양의 물이 필요하고, 채굴 비용이 많이 들고, 화학약품을 암반에 분사하므로 토양을 오염하는 문제 등이 발생한다. 그러나 셰일가스의 성분은 기존 천연가스의 화학성분과 거의 유사하여 현재의 전통적인 가스와 함께 셰일가스가 중요한 에너지자원으로 부상하고 있으며 미국이 대표적인 생산국가다.

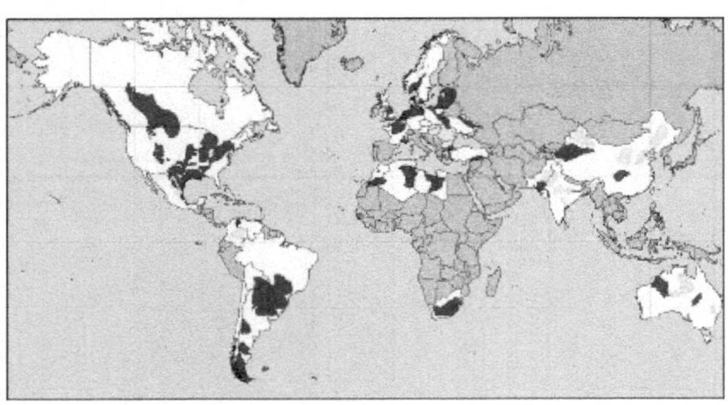

그림 1.7 주요 셰일가스 매장 지역[9]

셰일가스의 매장량은 약 184.5조 m^3로 많으며 그림 1.7과 같이 주로 미국, 케나다, 멕시코, 폴란드, 아르헨티나, 남아공, 중국 등에 대량 매장되어 있다. 최근 미국에서 적극적으로 생산하고 있어서 미국이 세계 최대 셰일가스 생산으로 부상했다. 셰일가스는 고가의 채굴 비용과 수송하기 위하여 가스를 액화시키는 비용 등을 고려하면 가격 인하 효과는 미미하여질 예정이다. 현재 천연가스를 많이 생산하고 있는 러시아와 중동의 채굴 비용과는 비교할 수 없을 정도로 높다.

지금과 같은 에너지 수요와 소비 형태는 경제적으로나 환경적인 측면에서 지속되기 어렵다. 특히 생산이 몇몇 국가에 편중되어 있고, 경제협력개발기구(OECD) 국가와 아시아의 급격한 수요 증가는 공급의 불안정과 가격의 급격한 상승 등을 초래할 위험이 매우 크다. 또한 화석연료의 계속된 사용 증가는 지구온난화 현상이 더욱 가속화되어 지구의 평균 온도를 6℃ 상승시킬 수 있다. 따라서 안정적인 에너지 공급과 지구온난화를 방지하기 위하여 에너지 절약과 신재생에너지 개발에 큰 노력과 투자가 필요하다. 과거 사우디아라비아의 '야마니' 석유장관이 이야기한 "돌이 부족하여 석기시대가 끝난 것이 아니다"라는 명언을 생각하면 화석연료의 고갈 염려를 떠나서 또 다른 이유에서 이제 새로운 에너지 시대가 전개되리라 전망된다.

1.3.2 이산화탄소감축

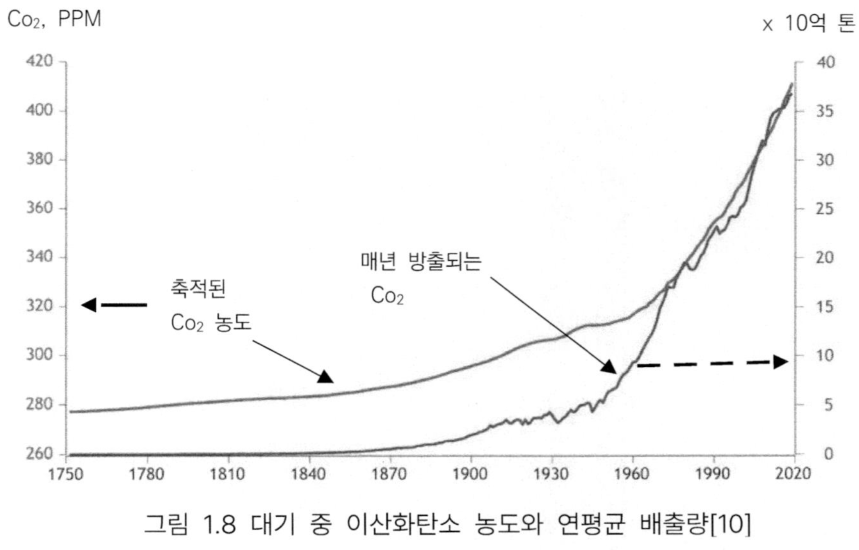

그림 1.8 대기 중 이산화탄소 농도와 연평균 배출량[10]

그림 1.8은 1750년부터 2019년 사이에 대기 중에 이산화탄소 농도 변화와 연평균 배출량을 나타내고 있다. 산업화 이전까지 이산화탄소 농도는 270~300 ppm을 유지했으나 1900년대부터 시작하는 산업화과정에서 과도한 화석연료 사용으로 약 100년 사이에 이산화탄소 농도는 400 ppm까지 급격히 증가했다. 또 매년 300~400억 톤의 이산화탄소가 공기 중에 배출되고 있다. 이러한 증가추세라면 2100년에는 900 ppm에 도달하리라 예상되고, 그때의 지구 평균 온도는 산업화 이전보다 약 4.8도 증가가 예상된다.

이산화탄소 농도 증가가 지구온난화에 어떻게 작용하는지 살펴보면 그림 1.9와 같다. 그림은 표면온도가 약 5,800 K인 태양에서 방출된 태양에너지(주로 가시광선과 적외선)의 지구 표면 도달과정을 보여주고 있다. 일부 태양에너지는 구름이나 지표면에 있는 눈에 반사되어 우주로 방출되나 대부분은 대기권을 통과하여 지구 표면에 잘 도달한다. 반대로 이산화탄소, 메탄 등이 대기 중에 누적되면 낮은 온도(약 300 K)의 지구 표면에서 방출되는 장파장(3 μm 이상)의 적외선 에너지가 차단되어 우주로 방출되지 못한다. 따라서 태양에너지는 계속하여 지구에 도달하지만, 더욱 적은 양의 에너지가 우주로 방출되므로 지구 대기의 온도가 계속 상승한다. 이런 현상을 지구온난화라 한다. 자동차를 햇빛 아래 주차하면 차 내부가 뜨거워지는 현상과 유사하다. 따라서 대기 중의 이산화탄소나 메탄의 농도를 줄여야 지구온난화를 방지할 수 있다.

대기 중의 이산화탄소 농도를 줄여 산업화 이전보다 지구 온도의 1.5℃ 상승을 유지하기 위하여 2015년에 195개국이 "파리협정"을 맺었다. 그림 1.8과 같이 매년 급격하게 증가하는 이산화탄소 배출량을 줄이기 위한 노력이다. 내용은 2019년 기준 전 세계

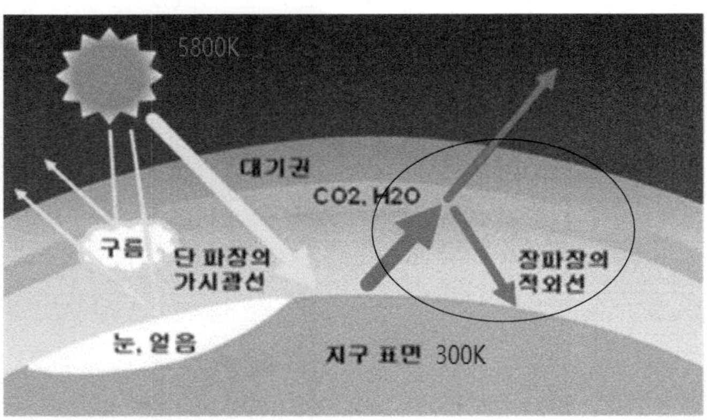

그림 1.9 지구온난화 개념도

이산화탄소 배출량 358억 톤을 2050년에 100억 톤으로 줄이고, 2070년에는 0으로 감축하는 것이다. 이에 대응하여 국내에서도 2021년 8월 "탄소중립 기본법(기후 위기 대응을 위한 탄소중립-녹색성장 기본법)"을 제정했다. 내용은 2030년 온실가스 감축 목표를 2018년 기준으로 하여 기존의 26.3%에서 35%로 감축목표를 상향시키는 것이다. 따라서 탄소 배출량이 많은 화석연료인 석탄, 석유와 천연가스를 사용하는 화력발전 비율을 더욱 줄이고, 탄소 배출량이 적은 원자력발전과 재생에너지 이용을 증가시켜야 한다.

1.3.3 신재생에너지 이용

신재생에너지는 재생에너지와 신에너지로 구분된다. 한번 사용하면 사라지는 화석연료와 달리 재생에너지는 계속 이용할 수 있는 에너지자원이다. 재생에너지는 태양열, 태양광, 풍력, 해양에너지(조력, 조류, 파력, 해수 온도차 에너지), 지열, 수력, 폐기물 소각, 바이오에너지 등이다. 신에너지는 수소, 연료전지와 석탄 가스화이다. 표 1.3은 우리가 이용할 수 있는 대표적인 재생에너지의 규모를 나타내고 있다. 태양에너지가 제일 많으며 풍력, 지열 및 수력이 그다음 순서다. 전체 세계인구가 이용하는 에너지는 15 TW ($1\ TW = 10^{12}\ W$)로 재생에너지의 0.017%에 해당하는 매우 적은 값이다. 따라서 재생에너지를 잘 이용하면 인류가 필요한 전체 에너지를 충분히 감당할 가능성이 있다. 그러나 재생에너지 자원은 청정하면서 무한하지만, 원하는 시간에 집중적으로 이용하기 어려우며, 일부 에너지는 설비에 대한 투자비가 매우 많아서 화석연료와 같이 쉽게 이용하지 못하는 단점이 있다.

표 1.3 이용할 수 있는 재생에너지 규모[11]

재생에너지	규모(TW)
태양에너지	86,000
풍력	870
지열	32
수력	7.2
합계	86,909.2
에너지 소비량	15(0.017%)

풍력이나 태양에너지 같은 재생에너지는 설비가 고장이 나지 않아도 자연환경에 영향을 많이 받으므로 발전설비 이용률이 낮다. 즉 적당한 세기의 바람이 불지 않으면 풍력터빈은 전기를 생산할 수 없고, 태양전지도 흐리거나 비 오는 날에는 물론 전기를 생산하지 못한다. 또한 태양전지는 맑은 날에도 하루 3~4시간 정도만 전기를 생산하기 때문에 이용률이 낮다. 수력발전소도 강수량에 크게 의존하므로 가뭄이 들면 전기를 충분히 생산하지 못하여 이용률이 떨어진다. 조력발전소도 하루에 두 번씩 변하는 바닷물의 수위 차이를 이용하므로 이용률이 낮다. 그러나 원자력발전, 화력발전이나 가스발전은 설비고장이 발생하지 않으면 원료를 계속 공급하여 가동할 수 있으므로 이용률이 높다. 지구 내부의 지열을 이용하는 지열발전도 이용률이 높다. 한편 원자력발전, 화력발전이나 가스발전은 터빈에서 나온 수증기를 응축시키기 위하여 냉각수가 필요하다. 따라서 대부분 해변이나 강변에 건설하여 냉각수를 얻는다. 그러나 강변에 있는 발전소는 가뭄이 들면 냉각수를 충분히 얻지 못하여 이용률이 떨어지는 문제가 발생하기도 한다.

발전설비 이용률(capacity factor)의 사전적 의미는 기계 또는 장치의 정격출력(定格, 설계 출력)에 대한 같은 기간 중의 실제 출력의 비를 이른다. 즉 발전소에서 설계 때 정해진 출력에서 생산한 총출력에 대하여 같은 기간 동안 발전소에서 실제 생산한 출력의 비를 말한다. 일 년 동안에 대한 이용률을 식으로 나타내면 다음과 같다[12].

$$\text{이용률} = \frac{\text{실제 생산한 출력}(W \cdot h)}{\text{정격출력}(W) \times 365(\text{일}) \times 24(\text{시간/일})} \times 100\% \tag{1.1}$$

$$\text{이용률} = \frac{8,322,000,000,000(W \cdot h)}{1,000,000,000(W) \times 365(\text{일}) \times 24(\text{시간/일})} \times 100 = 95\%$$

예를 들면 정격출력이 1 GW인 원자력발전소에서 일 년 동안 실제 생산한 전기량이 8,322 GWh이면 이용률은 95%로 다음과 같이 계산한다. 1 GW는 발전소가 어느 순간에 생산할 수 있는 최대출력이므로 이 값에 기간을 곱하면 일 년에 생산할 수 있는 설계된 최대출력이다. 이값으로 실제 같은 기간에 생산된 전기량을 나누면 이용률이 된다. 이용률이 낮으면 설치된 설비를 잘 이용하지 못하고 있다고 할 수 있으며, 투자비 회수 기간이 길어진다. 반대로 이용률이 높으면 설비를 많이 이용하고 있으므로 설비에 대한 신뢰도가 높고 투자비 회수 기간이 짧아질 수 있다.

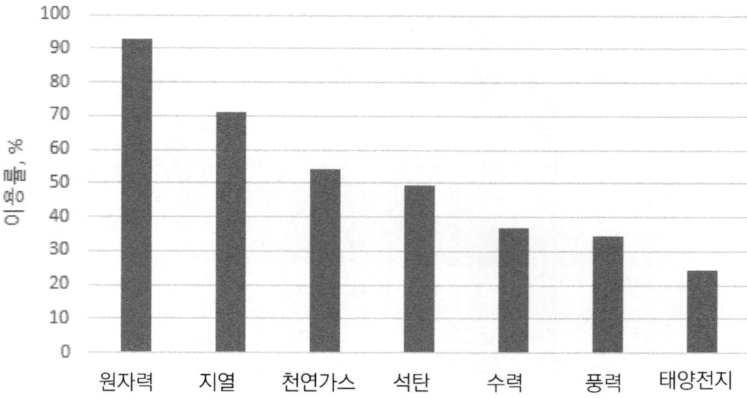

그림 1.10 미국에서 에너지원별 이용률 비교(2021년)[13]

그림 1.10은 미국 에너지정보국(EIA)에서 조사한 각 발전 연료별 평균 이용률 비교를 나타낸다. 원자력발전이 제일 높고 다음은 지열과 천연가스발전이다. 풍력은 이용률이 30~40%이고, 태양전지는 20~30%로 매우 저조하다. 재생에너지는 청정하고 무한한 에너지이나 자연환경에 영향을 많이 받기 때문에 이용률이 낮다. 이처럼 이용률이 낮으면 전력 예비율을 유지하기 위하여 추가로 다른 발전설비가 필요하거나 에너지 저장 장치가 필요하다. 또한 이용률이 낮은 발전소에서 전력을 송전하는 송전설비도 이용률이 낮은 결과를 초래한다. 특히 해상풍력터빈은 해안에서 먼바다에 설치되므로 송전설비 비용이 많이 든다.

또한 발전방식에 따라서 이용률뿐만 아니라 설계된 정격출력에 도달하는 필요한 시간이 매우 다르다. 예를 들면 원자력발전은 몇 날이 걸릴 수 있고, 화력발전은 몇 시간이 필요하다. 연료를 연소하여 발생한 열을 이용하여 물을 가열하고 고온고압의 수증기를 만들어 터빈을 돌려서 전기를 생산하는 데 필요한 시간이다. 그러나 수력발전, 풍력발전과 태양전지는 수증기를 만들 필요가 없어 바로 몇 분 내에 전기를 생산할 수 있다. 따라서 원자력발전소와 화력발전소는 쉽게 멈추고 다시 작동할 수 없다. 그러므로 원자력발전과 화력발전은 전력수요의 기저 전력을 담당하고 있다. 그림 1.11은 하루 24시간 동안 전력수요와 다양한 발전원의 전력공급 내용이다.

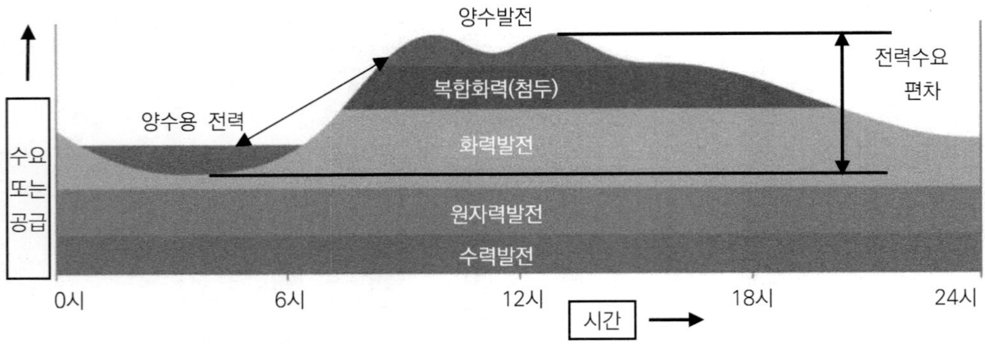

그림 1.11 전력수요와 발전원별 전력공급[14]

그림 1.11에서 밤과 낮의 전력수요 편차가 매우 크다. 따라서 원자력발전과 수력발전은 24시간 일정하게 전력을 공급하고, 화력은 낮에 수요가 많을 때는 출력을 늘리고, 수요가 적은 밤에는 출력을 줄이고 있다. 특히 낮에는 전력수요가 매우 많으므로 가스 복합화력을 사용하여 추가 수요를 충당한다. 태양전지도 특성상 낮에 주로 전력을 생산하므로 맑은 날에는 최대 부하를 담당하는 역할이 크다. 그러나 풍력은 날씨와 낮과 밤을 가리지 않고 적당한 바람이 불면 전력을 생산하므로 낮의 최대 부하를 항상 담당하기는 어렵다. 낮 12시 전후에 발생하는 추가 전력수요는 예측이 가능한 양수발전을 이용한다. 양수발전은 낮에 전력이 긴급하게 필요하면 상부저수지의 수문을 열어 바로 몇 분 이내에 전기를 생산하여 최대 부하를 담당하게 한다. 국내에 운영 중인 양수발전소는 7개소에 16기가 있고, 설비용량은 4,700 MW이다.

신에너지인 수소는 원소주기율표에서 첫 번째인 물질이다. 즉 가장 가벼운 물질로 공기 중에 노출되면 바로 날아간다. 공기 중에 수소 비율은 0.00005%로 매우 희박하여 공기 중에서 얻기 힘든 물질이나 다양한 방법으로 생산할 수 있다. 수소는 연소하면 산소와 결합하여 물과 열이 발생하고 다른 배기가스는 발생시키지 않는 청정한 자원이다. 수소가 연소하여 발생하는 고위발열량은 120,000 kJ/kg(286 kJ/mole)로 매우 높다. 그러나 수소는 −253℃에서 액체 상태로 응축되므로 상온에서는 항상 기체 상태이다. 따라서 액화하기가 매우 어려운 기체로 수송에 큰 비용이 예상된다.

일반적으로 수소는 화학 공정에서 부가적으로 생산되어 다양한 분야에 활용되고 있다. 이처럼 화학 공정에서 생산되는 수소를 부생수소라 한다. 현재 가장 저렴하게 수소를 생산하는 방법이다. 다른 방법은 수증기개질반응 방법으로 700~1,000℃의 고온에서 메탄

(천연가스)과 수증기가 반응하여 일산화탄소와 수소 기체가 생성된다. 이때 생긴 일산화탄소와 수증기를 더 반응시키면 일산화탄소가 이산화탄소가 되면서 수소를 추가로 생산할 수 있다. 이 공정은 이산화탄소를 발생시키는 단점이 있으나 수소를 대량 생산하는 방법이다. 제삼의 방법은 물을 전기분해 하여 수소를 추출하는 방법으로 이산화탄소를 생산하지 않는 가장 이상적인 방법이다. 그러나 이때 사용하는 전기가 어떤 방식으로 생산되는가에 따라서 다르게 분류한다. 저렴하게 대량으로 수소를 생산하기 위하여 효율적인 물 전기분해 설비가 필수적이다. 표 1.4는 수소 생산 방식과 특징을 나타낸다. 외딴곳에 있는 태양전지나 풍력터빈에서 간헐적으로 생산되는 전기를 이용하여 수소를 생산하여 그곳에 저장하면 에너지 저장 역할도 하고, 전력 송전선 설치 비용을 줄이거나 이미 설치된 송전에 과부하가 생기는 것도 피하는 방법이다.

수소는 연소하면서 배기가스를 전혀 배출하지 않는 연료이므로 다양한 방법으로 응용하려고 연구하고 있다. 현재 상용화가 이루어진 경우는 연료전지를 이용하여 전기를 생산하는 방법으로 우주선, 자동차, 선박과 전기발전에 이미 이용되고 있다. 또 다른 유망한 방법은 수소를 연소시켜 가스터빈을 회전시켜서 동력을 얻는 경우이다. 연료전지를 이용하지 않고 천연가스에 일정 비율로 수소를 혼합하거나, 또는 수소만을 연소하여 기존의 가스터빈에 직접 사용하면 활용도가 더욱 높을 수 있다.

표 1.4 수소 생산 방법과 특징

이용 자원	종류	방법	특징	기타
화석연료	그레이수소	화학 공정에서 부가적으로 수소 생산	정유, 석유화학, 철강 등 공정에서 부생(부생수소)	저비용
	블루수소	천연가스와 수증기를 이용한 수증기개질 반응	천연가스에서 수소 추출 CO_2 발생	고온
원자력	핑크수소	물을 전기분해	원자력 잉여전력 이용	저장
재생에너지	그린수소	물을 전기분해	태양전지, 풍력 등 재생에너지 전력 이용	저장

표 1.5 이용할 수 있는 에너지원별 특징

연료 종류	저탄소 배출	안정적 공급	가격	안전성	특징
화석연료	x	△	x	o	고탄소 배출, 수입, 정치적 영향
원자력	o	o	o	△	최적 에너지, 위험
태양광	o	x	△	o	청정, 간헐적 공급
풍력	o	x	o	o	청정, 간헐적 공급
수력(양수)	o	x	o	o	강수량 의존, 소형
그린수소	o	x	x	o	청정, 고비용

이상 논의된 에너지원별 특징을 표 1.5와 같이 간략하게 정리해보면 화석연료는 이산화탄소 배출량이 많고, 전량 수입에 의존하고, 국제정치 상황에 따라서 공급과 가격이 불안정한 단점이 있다. 원자력은 공급과 가격 면에서 최적의 에너지원이나 안전이 문제가 될 수 있다. 태양광(태양전지)과 풍력은 청정하고 무한하지만, 공급이 간헐적이어서 발전설비의 이용률이 매우 낮다. 따라서 전력예비율을 유지하기 위하여 추가적인 발전설비가 필요하여 투자비가 많이 든다. 또는 에너지 저장 장치가 필요하다. 수력은 강수량에 크게 의존하며 국내에는 대용량의 발전소를 건설할 수 없는 형편이다. 그러나 최대 부하를 담당하기 위해서 양수발전이 이용되고 있다. 그린수소는 청정하나 생산과 수송에 큰 비용이 예상된다.

여러 에너지원을 함께 살펴본 결과 에너지원별로 장단점이 있어서 절대적으로 우수한 에너지를 선별하기 어렵다. 즉 원자력, 풍력, 태양전지, 수소, 가스 복합화력, 양수발전 등의 적절한 혼용이 필수적이다. 예를 들면 간헐적으로 에너지를 생산하는 태양전지와 풍력을 이용하여 그린수소를 생산하고 저장하면 에너지 저장 효과와 송전에 필요한 송전설비에 대한 과도한 투자를 절약할 수 있다. 또 전력수요가 적은 시간에 이산화탄소 배출량이 적고 생산 원가가 낮은 원자력발전의 잉여전력으로 수소를 생산하여 저장하면 전력공급 과부하를 줄이고 수소 생산 원가를 줄이는 효과를 얻을 수 있다. 이때 저장한 수소를 이용하여 가스터빈이나 연료전지를 작동시켜 생산한 전기를 공급하면 이산화탄소배출 없이 최대 부하를 담당할 수 있다.

우리나라는 화석연료 대부분을 수입에 의존하고, 산지가 70%인 좁은 국토를 가지고 있다. 또 바람도 약한 자연환경에 처해 있으며 유럽 국가처럼 주변 국가와 에너지 교환이 불가능한 에너지 섬나라이다. 또한 이산화탄소감축 정책과 함께 RE-100과 ESG 등 친환경 정책이 요구되고 있다. RE-100은 기업들이 사용하는 에너지의 100%를 재생에너지를 사용하는 정책으로 많은 세계적인 기업들이 이 정책의 지지를 선언하고 있다. 앞으로 제품 구매자가 RE-100 정책을 지지하는 기업의 제품만 구매하는 시대가 올 수도 있다. ESG(environmental, social, governance)는 환경, 사회, 지배구조를 뜻하는 말로 기업에 대한 투자의 지속 가능성과 사회적 영향을 측정하는 요소이다. 이러한 평가도 기업들이 환경친화적인 정책을 펴도록 요구하고 있다. 따라서 지구온난화, 국제분쟁, 자연재해 등에 대응할 장래에 요구되는 에너지의 조건은 이산화탄소 배출량이 적고, 가격과 공급이 안정적이고, 안전한 에너지이어야 한다. 또 불균형적인 전력수요와 공급에 탄력적 대응이 가능한 에너지여야 한다. 이런 조건을 한 종류의 에너지로는 충족시키기가 불가능해 보인다. 따라서 에너지원별 특징, 전력수요의 특성, 국내에서 이용이 가능한 자원과 기술을 고려하여 다양한 에너지의 적절한 혼용이 필수적이며, 동시에 에너지 절약도 필수적이다.

CHAPTER 2

태양 에너지 예측

태양계의 중심에 있는 태양은 주위를 회전하는 지구의 모든 것을 주관하고 있다. 즉 지구 환경의 변화와 모든 생물의 활동은 태양에 의존하고 있다. 해가 뜨면 세상이 밝아져서 활동을 시작하고, 해가 지면 어두워져서 활동을 멈추고 휴식을 치하며 다시 해가 돋기를 기다리는 생활을 반복한다. 이와 반대로 어두우면 활동을 시작하고 날이 밝으면 쉬는 생물이 있다. 태양 빛으로 광합성을 하는 식물 중에는 해가 비취는 기간이 길어지면 꽃이 피는 것이 있고, 반면에 해가 비취는 시간이 짧아지면 꽃이 피고 열매를 맺는 식물도 있다.

또한 여러 신재생에너지 즉 태양열, 태양광발전, 풍력, 수력, 파력, 조력 및 해수온도차 발전 등은 태양에 의해서 생성되는 것으로 태양은 에너지의 원천이다. 예를 들어보면 수력발전의 경우 바다나 호수에 있는 물은 태양에너지에 의하여 증발하여 구름이 되고 다시 비가 되어 댐에 모이면 수력발전을 가능하게 한다. 따라서 먼저 신재생에너지의 원천인 태양에너지의 특성에 대하여 살펴본다.

2.1 복사에너지

태양에서 지구로 전달되는 에너지는 복사열전달에 의하여 전달된다. 따라서 복사에 대한 일반적인 이론을 먼저 이해하면 태양에서 지구로 전달되는 태양에너지에 대한 이해를 쉽게 할 수 있다. 복사열전달에 의하면 절대영도(T=0 K)보다 높은 온도를 가지는 표면은 광범위한 파장의 에너지를 모든 방향으로 방출한다. 그러나 표면으로부터 방출되는 에너지의 양은 표면의 온도, 상태 및 물질에 따라서 다르다. 같은 온도의 물체라도 표면의 상태가 다르면 서로 다른 양의 에너지를 방출하게 되어, 주어진 온도에서 표면이 방출할 수 있는 최대의 에너지양에 대한 궁금증을 가지게 된다. 그러므로 표면의 상태와 관계없이 최대의 에너지를 방출하는 가상표면을 가지는 물체인 흑체(Black body)에 대한 정의가 필요하다.

흑체는 이상적인 복사에너지 흡수체이며, 방사체이다. 따라서 주어진 온도에서 최대의 에너지를 모든 방향에 균일하게 방사하고, 표면에 입사되는 복사에너지를 파장과 방향에 관계없이 전부 흡수하는 완전한 이상적 물체이다. 1879년 흑체가 방사하는 에너지는 Joseph Stefan에 의하여 실험적으로 식 2.1로 결정되었으며, 1884년 Ludwig Boltzmann

에 의하여 이론적으로 증명되었다. 이 식을 두 사람의 이름을 따서 Stefan-Boltzmann 법칙이라 한다. 식 2.1을 이용하여 주어진 온도에서 물체의 표면에서 방출되는 최대 복사에너지를 계산할 수 있다.

$$E_b = \sigma T^4 \qquad (W/m^2) \tag{2.1}$$

$\sigma = 5.67 \times 10^{-8}\ W/m^2K^4$이며 Stefan-Boltzmann 상수라 한다.

식 2.1은 모든 파장에서 흑체가 방사하는 복사에너지의 합으로 각 파장에서 방출되는 에너지를 알 수가 없다. 따라서 1901년 Max Planck는 양자이론을 이용하여 주어진 온도와 파장에서 방출되는 에너지를 구하는 식을 유도하였으며, 이 식 2.2를 Planck의 법칙이라 한다.

$$E_{b\lambda}(\lambda, T) = \frac{C_1}{\lambda^5[\exp(C_2/\lambda T) - 1]} \qquad (W/m^2 \cdot \mu m) \tag{2.2}$$

$$C_1 = 2\pi h c_0^2 = 3.742 \times 10^8\ W \cdot \mu m^4/m^2$$
$$C_2 = hc_0/k = 1.439 \times 10^4 \mu m \cdot K$$

λ는 방사되는 복사의 파장이고, T는 절대온도이다. h는 Planck 상수로 $h = 6.6256 \times 10^{-34} J \cdot s$이다.

그림 2.1은 식 2.2를 이용하여 파장과 온도의 변화에 따라서 계산한 복사에너지 결과를 그린 것으로 다음과 같은 특성이 있다.

- 표면에서 방출되는 복사에너지는 파장의 연속함수이고, 파장이 증가함에 따라 증가한 후 최고치에 도달하고 감소한다.
- 주어진 파장에서 표면에서 방출되는 복사에너지는 온도의 증가에 따라서 증가한다.
- 온도가 증가하면 곡선은 짧은 파장으로 치우친다. 즉 높은 온도에서는 복사에너지의 많은 양이 짧은 파장에서 방출된다.
- 5,780K의 흑체로 간주하는 태양에서 방사되는 복사에너지의 최고치는 가시광선 영역이다. 따라서 구름이 없는 낮 동안에 세상은 매우 밝다.

그림 2.1에서 온도가 증가하면 곡선의 변곡점은 단파장 쪽으로 이동한다. 주어진 온도에서 복사에너지의 최댓값을 가지는 파장은 빈의 변위(Wein's displacement) 법칙에 따라 구할 수 있으며 식은 다음과 같다.

$$(\lambda T)_{\max power} = 2,897.8\,\mu m \cdot K \quad (2.3)$$

이 식은 1894년 Willy Wein이 열역학을 이용하여 유도하였으나, 또한 식 2.2를 각 온도에서 λ에 대하여 미분한 값 즉 기울기를 영으로 하여 구할 수 있다. 태양에너지의 최고치가 되는 파장은 즉 λ = 2,897.8/5,780 = 0.5 μm로 거의 가시광선 영역의 중간이다. 또한 상온(T = 298 K)에서는 최대 복사에너지가 9.72 μm에서 발생하며 이 파장은 적외선 영역으로 우리 눈에 보이지 않는다.

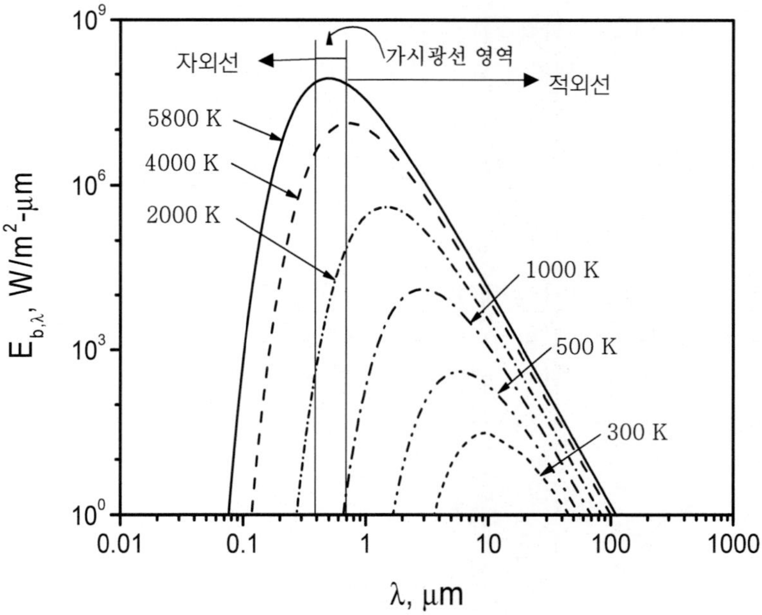

그림 2.1 흑체표면에서 방사되는 복사에너지의 온도 및 파장에 따른 변화[1]

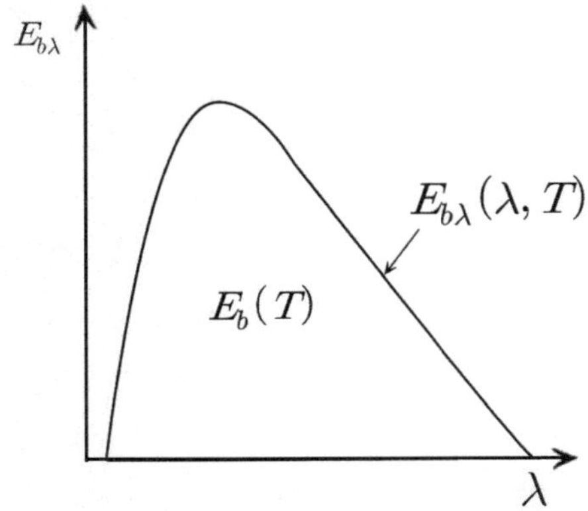

그림 2.2 흑체 복사에너지의 파장에 따른 분포

그림 2.2와 같이 Planck의 법칙은 주어진 온도에서 방사되는 복사에너지($E_{b\lambda}(\lambda, T)$)의 파장에 따른 분포를 나타내며, Stefan-Boltzmann 법칙은 전체 복사에너지($E_b(T)$)를 나타낸다. 따라서 Planck의 법칙을 나타내는 식을 전체 파장에 대하여 적분하면 식 2.4와 같이 Stefan-Boltzmann 법칙이 되고, 그림 2.2에서 곡선 아래의 면적과 같다.

$$E_b(T) = \int_0^\infty E_{b\lambda}(\lambda, T)d\lambda = \sigma T^4 \quad (W/m^2) \tag{2.4}$$

식 2.4는 주어진 온도에서 흑체에서 방사되는 모든 파장의 복사에너지를 합한 총에너지이나, 때에 따라서는 전체 파장이 아닌 일부분의 파장에 대한 복사에너지를 계산할 필요가 있다. 예를 들어서 백열전구에서 방출되는 가시광선 영역의 복사에너지를 계산할 때 위의 식에서 전체 파장에 대하여 적분하는 대신 요구되는 파장까지만 적분하면 되고, 식은 다음과 같다.

$$E_{b,0-\lambda_1}(T) = \int_0^{\lambda_1} E_{b\lambda}(\lambda, T)d\lambda \qquad (W/m^2) \tag{2.5}$$

위 식으로 계산된 값은 그림 2.3에서 곡선의 전체 면적이 아닌 주어진 파장까지의 면적이다.

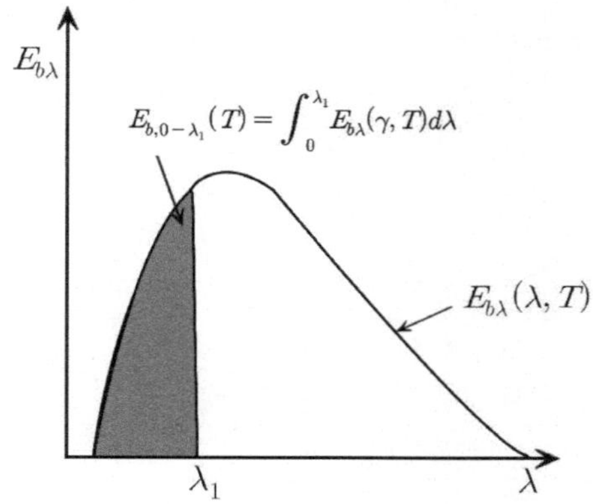

그림 2.3 파장 범위가 0 ~ λ_1인 흑체 복사에너지 분포

식 2.5의 적분은 쉽지 않으며 주로 수치해석으로 계산된다. 따라서 매번 계산하는 어려움을 피하고자 무차원 값을 가지는 흑체복사함수(f_λ)를 아래와 같이 정의하였다.

$$f_\lambda(T) = \frac{\int_0^\lambda E_{b\lambda}(\lambda, T) d\lambda}{\sigma T^4} \tag{2.6}$$

이 함수는 온도 T의 흑체가 방사하는 전체 복사에너지 중에서 파장이 0에서 λ 사이에 분포하는 복사에너지 비이다. 이 값은 수치해석에 의하여 계산되어서 표 2.1과 같이 주어진다. 만약 흑체에서 방사되는 복사에너지 중에서 파장이 λ_1과 λ_2 사이의 복사에너지를 얻고자 하면 이때 전체 복사에너지에서 위의 파장 사이에 존재하는 에너지의 비는 식 2.7과 같으며 그림 2.4에 표시된 면적에 해당한다.

$$f_{\lambda_2 - \lambda_1}(T) = f_{\lambda_2}(T) - f_{\lambda_1}(T) \tag{2.7}$$

표 2.1 식 2.6에 정의된 흑체복사함수 값

$\lambda T, \mu m-K$	f_λ	$\lambda T, \mu m-K$	f_λ
200	0.0	6200	0.754140
400	0.0	6400	0.769234
600	0.0	6600	0.783199
800	0.000016	6800	0.796129
1000	0.000321	7000	0.808109
1200	0.002134	7200	0.819217
1400	0.007790	7400	0.829527
1600	0.019718	7600	0.839102
1800	0.039341	7800	0.848005
2000	0.066728	8000	0.856288
2200	0.100888	8500	0.874608
2400	0.140256	9000	0.890029
2600	0.183120	9500	0.903085
2800	0.227897	10,000	0.914199
3000	0.273232	10,500	0.923710
3200	0.318102	11,000	0.931890
3400	0.361735	11,500	0.939959
3600	0.403607	12,000	0.945098
3800	0.443382	13,000	0.955139
4000	0.480877	14,000	0.962898
4200	0.516014	15,000	0.969981
4400	0.548796	16,000	0.973814
4600	0.579280	18,000	0.980860
4800	0.607559	20,000	0.985602
5000	0.633747	25,000	0.992215
5200	0.658970	30,000	0.995340
5400	0.680360	40,000	0.997967
5600	0.701046	50,000	0.998953
5800	0.720158	75,000	0.999713
6000	0.737818	10,000	0.999905

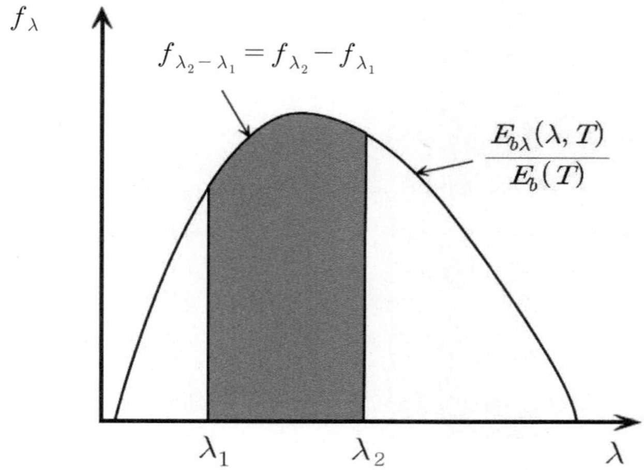

그림 2.4 파장 λ_1 - λ_2 범위의 흑체 복사에너지 분포

예제 2-1) 흑체로 가정한 백열전구의 필라멘트 온도가 2,500 K일 때 전구에서 방사되는 복사에너지 중에서 가시광선(표 2.2)에 해당하는 복사에너지의 비를 구하라.

❖ **풀이** :

가시광선의 파장 : 0.40 - 0.76 μm

전구 온도 : 2,500 K

$\lambda_1 T = 0.4 \times 2{,}500 = 1{,}000\,\mu m \cdot K$

$\lambda_2 T = 0.76 \times 2{,}500 = 1{,}900\,\mu m \cdot K$

표 2.1에서 흑사복사함수를 읽으면 다음과 같다.

$$f_{\lambda 1} = 0.000321,\ f_{\lambda 2} = 0.053035$$

즉 0.4 μm이하의 파장에서 방사되는 에너지는 0.03%이고, 0.76 μm이하의 파장에서 방사되는 에너지는 5.3% 정도이다. 두 파장 사이에서 방출되는 에너지는 다음과 같다.

$$f_{\lambda1-\lambda2} = f_{\lambda1} - f_{\lambda2} = 0.053035 - 0.000321 = 0.0527135$$

그러므로 전체 복사에너지의 약 5% 정도가 가시광선 범의에 속한다. 즉 공급된 전기에너지의 95%는 적외선으로 전환되어 우리 눈에 보이지 않는다. 이 때문에 효율이 매우 낮은 전구라는 것이 판명되어 백열전구보다 형광등이 에너지 절약을 위하여 많이 사용되고 있다. 또한 이 백열전구에서 방사하는 최대에너지가 갖는 파장은 Wein's displacement 법칙인 식 2.3을 이용하여 계산하면 다음과 같다.

$$\lambda_{\max} = \frac{2897.8\ \mu m \bullet K}{2500\,K} = 1.16\ \mu m$$

계산 결과 최대에너지가 방사되는 파장은 역시 적외선 영역이다.

표 2.2 가시광선의 색채별 파장

빛의 색깔	파장(μm)
보 라	0.380 - 0.450
파 랑	0.450 - 0.495
초 록	0.495 - 0.570
노 랑	0.570 - 0.590
주 황	0.590 - 0.620
빨 강	0.620 - 0.760

2.2 태양에너지 특성

모든 생물 활동의 근원인 태양은 구의 형태를 하고 있으며 지름이 1.39×10^9 m이고 질량이 2×10^{30} kg이다. 이 태양은 지구로부터 약 1.5×10^{11} m 거리에 있으며 약 3.8×10^{26} W의 에너지를 방출하고 있다. 그 중 1.7×10^{17} W가 지구에 도달하여 지구를 따뜻하게 유지하고, 식물이 광합성을 하면서 생명을 유지하게 한다. 그림 2.5는 태양과 지구의 관계를 보여주고 있다.

끊임없이 방출되는 태양에너지는 두 개의 수소 원자핵이 융합하여 한 개의 헬륨 원자핵을 형성하는 과정에서 생성되는 에너지이다. 따라서 태양은 핵융합이 계속하여 일어나고 있는 원자로와 같으며, 태양 중심의 온도는 약 40,000,000 K이다. 그러나 태양의 표면 온도는 복사열전달 의한 냉각으로 약 5,800 K 정도이다.

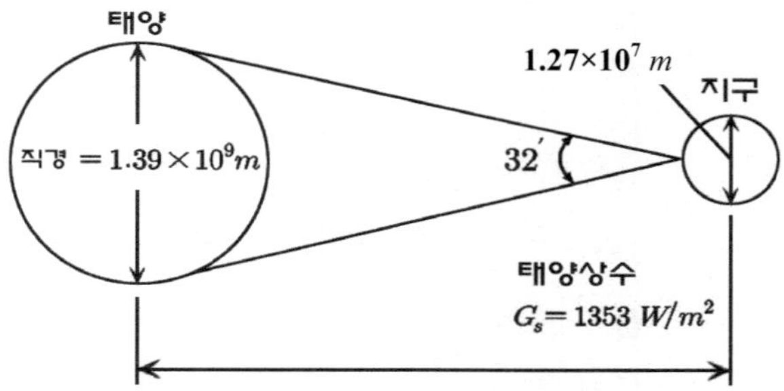

그림 2.5 태양과 지구의 크기 및 거리[2]

무한한 에너지의 원천인 태양은 핵융합을 통하여 계속하여 에너지를 방출하고 있으며, 이 에너지는 전자기파 또는 전자기복사 (Electro-magnetic wave or radiation)의 형태이며 이 전자기파의 파장은 주로 0.25 - 3.0 μm 범위이다. 전체 전자기파의 스펙트럼은 그림 2.6과 같으며, 열전달이 동반되는 열복사(Thermal radiation)는 0.1 - 100 μm 사이다. 특히 태양이 방출하는 전자기파를 태양복사(solar radiation)라고 하며, 표 2.2와 같이 우리가 볼 수 있는 가시광선 범위 (0.38 - 0.76 μm)의 태양복사는 전체의 약 47%이다. 자외선(0.01 - 0.38 μm)은 태양복사의 7%로 살균작용을 하며 또한 인체에 해를 입히고, 나머지는 적외선 (0.76 - 100 μm)이다.

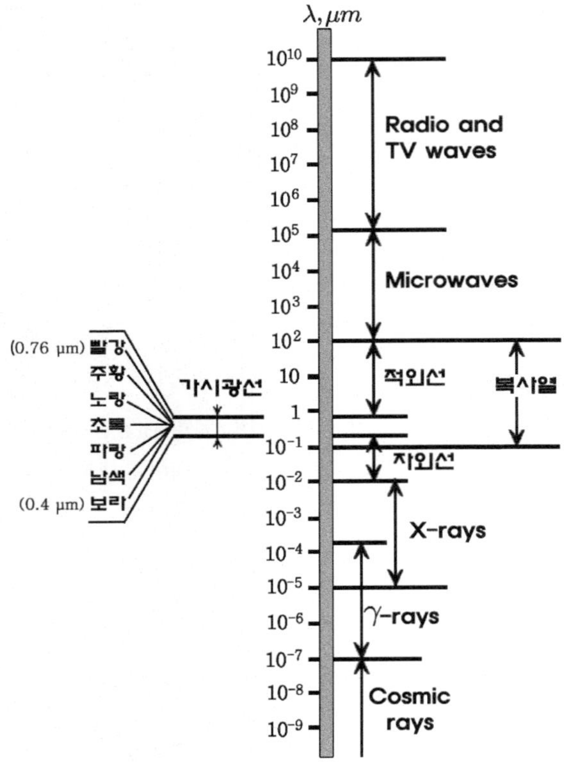

그림 2.6 전자기파의 스펙트럼 분포[1]

태양복사는 여러 가지 방법을 사용하여 측정한 결과 지구 대기권 표면에 1,353 W/m^2 (또는 1,367 W/m^2)의 세기로 전달되고 있다는 것이 밝혀졌다. 측정 오차는 ±1.5%다. 이 값을 총 태양조사(Solar irradiation) 또는 태양상수(G_s)라 부르며, 그림 2.7과 같이 지구가 태양으로부터 평균 거리에 있을 때 태양 빛에 수직인 지구 대기권 밖의 단위 표면에 도달한 태양에너지의 양이다. 이 측정값을 이용하면 태양의 유효표면온도를 아래와 같은 관계식을 이용하여 구할 수 있다.

$$(4\pi L^2)G_s = (4\pi r^2)\sigma(T_{sun})^4 \tag{2.8}$$

L은 태양의 중심과 지구 표면 사이의 평균 거리이며, r은 태양의 반지름이다. 이 식을 이용하여 계산하면 태양의 유효표면온도(T_{sun})는 5,780 K이다.

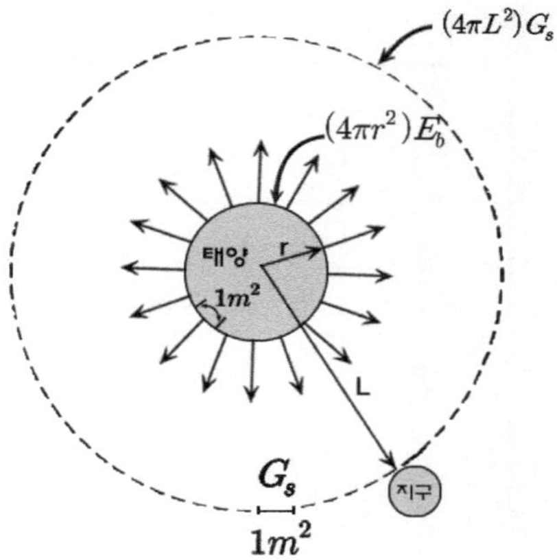

그림 2.7 태양에서 방출되는 태양에너지

전체 파장에 대한 태양상수 값도 중요하지만 각 파장의 평균 태양에너지($G_{s,\lambda}$)를 아는 것이 매우 유용하다. 따라서 대기권 밖에서 파장에 따라 측정한 태양에너지 값과 임의의 파장까지의 에너지 분률($f_{0-\lambda}$)을 표 2.3에 정리하였다.

■ **예제 2-2)** 대기권 밖에 도달하는 태양에너지의 중에서 자외선($\lambda < 0.38\ \mu m$), 가시광선($0.38\ \mu m < \lambda < 0.76\ \mu m$) 및 적외선($\lambda > 0.76\ \mu m$)의 범위에 해당하는 에너지양을 표 2.3을 이용하여 계산하라.

❖ **풀이 :**

표 2.3에서 가시광선 파장 0.38과 0.76 μm에 해당하는 $f_{0-\lambda}$을 구하면 0.07과 0.5256이다. 따라서 태양에너지 중에서 각 영역에 속하는 에너지는 식 2.6을 이용하여 아래와 같이 계산된다. $G_s = 1,353\ W/m^2$

자외선 : $\int_0^{0.38} G_{s,\lambda}(\lambda, T)dt = f_{0-0.38}G_s(T) = 0.07 \times 1353\ W/m^2 = 94.7\ W/m^2$

표 2.3 대기권 밖에서 태양에너지 분포

λ (μm)	$G_{s,\lambda}$ ($W/m^2\mu m$)	$f_{0-\lambda}$	λ (μm)	$G_{s,\lambda}$ ($W/m^2\mu m$)	$f_{0-\lambda}$	λ (μm)	$G_{s,\lambda}$ ($W/m^2\mu m$)	$f_{0-\lambda}$
0.24	63.0	0.0014	0.47	2033	0.1817	1.0	748	0.6949
0.25	70.9	0.0019	0.48	2074	0.1968	1.2	485	0.7840
0.26	130	0.0027	0.49	1950	0.2115	1.4	337	0.8433
0.27	232	0.0041	0.50	1942	0.2260	1.6	245	0.8861
0.28	222	0.0056	0.51	1882	0.2401	1.8	159	0.9159
0.29	482	0.0081	0.52	1833	0.2538	2.0	103	0.9349
0.30	514	0.0121	0.53	1842	0.2674	2.2	79	0.9483
0.31	689	0.0166	0.54	1783	0.2808	2.4	62	0.9586
0.32	830	0.0222	0.55	1725	0.2938	2.6	48	0.9667
0.33	1059	0.0293	0.56	1695	0.3065	2.8	39	0.9731
0.34	1074	0.0372	0.57	1712	0.3191	3.0	31	0.9783
0.35	1093	0.0452	0.58	1715	0.3318	3.2	22.6	0.9822
0.36	1068	0.0532	0.59	1700	0.3444	3.4	16.6	0.9850
0.37	1181	0.0615	0.60	1666	0.3568	3.6	13.5	0.9872
0.38	1120	0.0700	0.62	1602	0.3810	3.8	11.1	0.9891
0.39	1098	0.0782	0.64	1544	0.4042	4.0	9.5	0.9906
0.40	1429	0.0873	0.66	1486	0.4266	4.5	5.9	0.9934
0.41	1751	0.0992	0.68	1427	0.4481	5.0	3.8	0.9951
0.42	1747	0.1122	0.70	1369	0.4688	6.0	1.8	0.9972
0.43	1639	0.1247	0.72	1314	0.4886	7.0	1.0	0.9982
0.44	1810	0.1373	0.75	1235	0.5169	8.0	0.59	0.9988
0.45	2006	0.1514	0.80	1109	0.5602	10.0	0.24	0.9994
0.46	2066	0.1665	0.90	891	0.6337	50.0	0.00039	1.0000

$$\text{가시광선 :}\int_{0.38}^{0.76} G_{s,\lambda}(\lambda, T)dt = (f_{0-0.76} - f_{0-0.38})G_s(T)$$
$$= (0.5256 - 0.07) \times 1353\, W/m^2 = 616.4\, W/m^2$$

$$\text{적외선 :}\int_{0.76}^{50.0} E_b(\lambda, T)dt = (f_{0-50.0} - f_{0-0.76})E_b(T)$$
$$= (1.0 - 0.5256) \times 1353\, W/m^2 = 641.8\, W/m^2$$

계산 결과를 정리하면 다음 표 2.4와 같다. 태양에너지는 자외선이 7%, 가시광선이 45.6%, 적외선이 47.4% 등으로 구성되어 있다.

표 2.4 태양에너지의 자외선, 가시광선 및 적외선 분포

	파장(μm)	에너지 분률(%)	에너지량(W/m^2)
자외선	0 - 0.38	7.0	94.7
가시광선	0.38 - 0.76	45.6	616.4
적외선	0.76 - 50.0	47.4	641.8

예제 2-3) 태양을 5,780 K의 흑체로 가정하고, 대기권 밖에 비치는 파장별 태양에너지($G_{s,\lambda}$)를 계산하라.

❖ 풀이 :

식 2.2를 이용하면 흑체 표면에서 방출되는 파장별 태양복사에너지를 구할 수 있다. 태양의 온도를 5,780 K로 가정하였으므로 식 2.2에 이 온도를 대입하여 구하면 된다. 한편 구하는 에너지가 흑체 표면이 아닌 지구의 대기권 밖에서이므로 식 2.8을 이용하면 다음과 같은 관계식이 유도된다.

$$(4\pi L^2)G_{s,\lambda} = (4\pi r^2)E_{b,\lambda} \quad => \quad G_{s,\lambda} = \frac{4\pi r^2}{4\pi L^2}E_{b,\lambda} = \frac{r^2}{L^2}E_{b,\lambda}$$

r은 태양의 반지름으로 $6.95 \times 10^8\, m$이고, L은 $1.495 \times 10^{11}\, m$이다. 따라서 에너지는 다음의 식을 사용하여 구한다.

$$G_{s,\lambda} = \frac{r^2}{L^2} E_{b,\lambda} = \frac{(6.95 \times 10^8)^2}{(1.495 \times 10^{11})^2} E_{b,\lambda} = 2.16 \times 10^{-5} E_{b,\lambda}$$
$$= 2.16 \times 10^{-5} \frac{3.742 \times 10^8}{\lambda^5 [\exp(1.439 \times 10^4 / \lambda T) - 1]} = \frac{8082.7}{\lambda^5 [\exp(1.439 \times 10^4 / \lambda T) - 1]}$$

만약 파장이 0.2 μm이면 계산 결과는 다음과 같다.

$$G_{s,\lambda} = \frac{8082.7}{\lambda^5 [\exp(1.439 \times 10^4 / \lambda T) - 1]} = \frac{8082.7}{0.2^5 [\exp(1.439 \times 10^4 / 0.2 \times 5780) - 1]}$$
$$= 99.1\ W/m^2 - \mu m$$

또 파장이 0.5 μm 이면 결과는 1,791.6 $W/m^2 - \mu m$이다. 같은 방법으로 파장 0.2 μm에서 3.0 μm 범위에 대하여 계산하면 파장 별 태양에너지를 구할 수 있다.

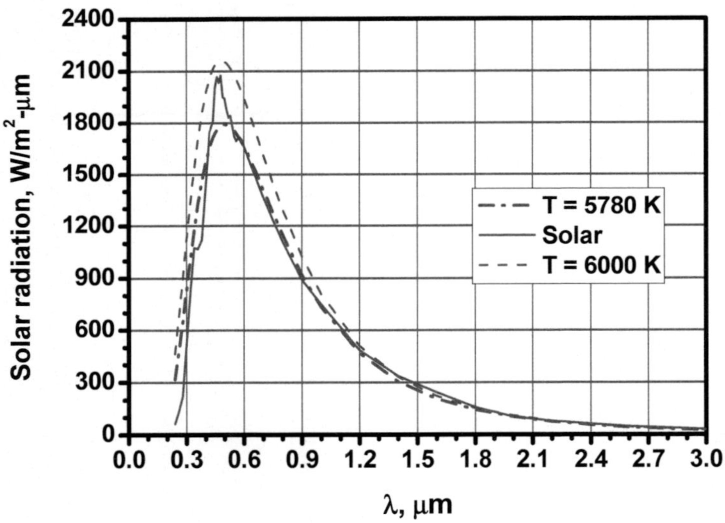

그림 2.8 지구의 대기권 밖에서 흑체 복사에너지와 태양에너지 스펙트럼 비교

태양을 흑체로 가정하고, 예제 2-3과 같이 식 2.2와 2.8을 이용하여 흑체의 온도 5,780 K와 6,000 K에 대한 파장별 복사에너지와 표 2.3에 주어진 대기권 밖에서 측정된 태양에너지를 비교하면 그림 2.8과 같다. 그림에서 세 곡선을 비교해보면 파장이 짧은 영

역을 제외하면 매우 유사한 분포를 나타낸다. 가시광선 영역에서 태양에너지의 강도가 최댓값을 가지고 파장이 긴 적외선 영역에서는 강도가 현저히 낮았다.

표 2.5는 태양에너지가 대기권을 통과하면서 흡수, 산란 및 투과되는 양을 나타낸다. 태양에너지는 지표 30 ~ 40 km를 덮고 있는 대기권을 통과하면서 흡수, 산란 및 투과되며, 표에서 태양에너지의 약 11 ~ 30%는 대기에 흡수되고, 또 약 1.6 ~ 11%는 우주로 산란 되어 손실되며 약 5 ~ 26%는 산란한 후 다시 지표로 되돌아온다. 따라서 맑은 날에는 태양에너지의 33 ~ 83%가 직접 지표에 입사되고, 약 59 ~ 88% 정도가 직접 또는 산란 후 확산하여 지표에 도달하며, 흐린 날에는 10% 정도가 확산하여 지표에 도달한다. 이와 같은 감소는 대기권에 있는 오존(O_3), 공기 분자(H_2, O_2, N_2), 수증기, 먼지 및 불순물, CO_2 가스 등이 태양에너지를 흡수, 반사 및 산란하여 발생한다.

표 2.5 대기권에서 태양에너지의 흡수 및 산란

구 분	태양에너지 흡수량	산란 후 지표로 확산	산란 후 우주공간으로 손실
오존층 20 ~ 40 km	0.5 ~ 3%	0	0
고공 먼지 및 불순물 층 15 ~ 25 km	1 ~ 5%	0.6 ~ 4%	0.3 ~ 2%
공기층 0 ~ 30 km	6 ~ 8%	4%	1%
수증기층 0 ~ 3 km	3 ~ 9%	0.4 ~ 4%	0.1 ~ 1%
저공 먼지층 0 ~ 3 km	0.5 ~ 5%	0.4 ~ 14%	0.2 ~ 7%
합 계	11 ~ 30%(손실)	5 ~ 26%	1.6 ~ 11%(손실)

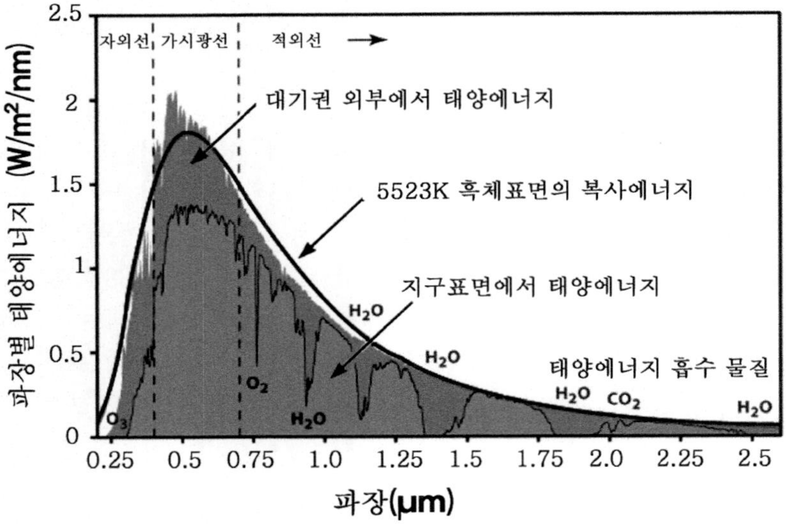

그림 2.9 대기권 밖의 태양에너지와 지표에 도달한 태양에너지 비교[3]

그림 2.9에서 대기권 밖에서 측정된 태양에너지 스펙트럼과 지표면에서 측정한 태양에너지 스펙트럼의 비교를 보면 현격한 차이가 있다. 지상 20 ~ 40 km 상공에 있는 오존은 0.3 μm 아래 파장의 자외선을 거의 흡수하고, 한편 가시광선의 일부도 흡수한다. 그러나 오존층에서 산란은 발생하지 않는다. 따라서 오존은 자외선을 차단하는 매우 중요한 물질이며 오존을 보존하기 위하여 큰 노력을 기울이고 있다. 또한 대기 중의 수증기 방울과 이산화탄소는 적외선 파장의 에너지를 주로 흡수하며, 공기 중의 먼지나 이물질들도 여러 파장의 에너지를 흡수한다. 특히 가시광선 영역에서 태양에너지의 크기는 2,100 $W/m^2-\mu m$에서 1,400 $W/m^2-\mu m$로 감소하였다. 지표에 도달하는 에너지는 주로 0.3에서 2.5 μm 사이의 파장을 가진다.

한편 태양에너지는 대기권을 통과하면서 공기 분자, 대기 중의 먼지, 스모그와 수증기 등과 같은 이물질에 의하여 산란한다(표 2.5). 공기 분자인 산소와 질소 분자는 비슷한 크기의 파장을 가지는 보라와 파란색 파장의 태양복사를 산란시켜서 하늘이 푸르게 보이게 한다. 한편 태양이 뜨는 아침과 해가 지는 저녁의 하늘이 붉은 것은 비슷한 현상으로 아침과 저녁에는 태양복사가 지표에 도달하기 위하여 통과하는 대기권의 두께가 하루 중 제일 길다(그림 2.10). 따라서 파장이 짧은 태양에너지는 전부 흡수 또는 산란하고 파장이 긴 빨강, 오렌지 및 노랑만 통과하여 지표에 도달하기 때문이다. 이와 같은 현상에 의하여 밤에 빨간색이 가장 멀리까지 보인다.

표 2.5와 그림 2.9 ~ 2.10과 같이 태양과 지구 사이에 존재하는 대기권은 지표에 도달하는 태양에너지량에 많은 영향을 미친다. 특히 그림 2.9에서 태양에너지 스펙트럼이 대기 중에 있는 수증기 및 이산화탄소 가스에 의하여 크게 영향을 받고 있음을 알 수 있다. 결론적으로 태양 빛이 대기권을 어떻게 통과하는가에 따라서 지표에 도달하는 태양에너지의 특성이 결정된다. 따라서 이 요소를 정량화하기 위하여 대기질량(Air mass, AM)을 다음과 같이 정의하였다.

$$\text{대기질량}(AM) = \frac{\text{실제 태양 빛이 대기권을 통과한 거리}}{\text{태양 빛이 대기권을 통과한 최단거리}} \tag{2.9}$$

$$= \frac{1}{\cos\theta_z + 0.50572\,(96.07995 - \theta_z)^{-1.6364}}$$

$$\approx \frac{1}{\cos\theta_z}$$

위 식은 Karsten과 Young[4]에 의하여 소개되었으며, 지구가 원형이 아니고 평면으로 가정하면 대략 간략하게 $1/\cos\theta_z$로 계산할 수 있다. θ_z는 지표에 수직과 태양이 이루는 각도를 의미하며, 정오에는 0도이고 일출과 일몰 시각에는 90도이다. 식의 분모는 태양이 지표에 수직인 위치에 있을 때 태양 빛이 대기권을 통과한 거리를 의미한다. 대기권 밖에서는 대기의 영향이 없으므로 AM=0이며, 태양이 지표에 수직일 때 즉 θ_z = 0°이면 AM=1이다. 즉 AM=1일 때는 태양 빛이 대기권을 통과하는 거리가 최단 거리로 대기에 의한 흡수 및 산란이 최소화된다. 태양이 지표의 수직과 이루는 각이 클수록 AM 값은 증가한다. 예를 들어 θ_z = 60°이면 AM=2가 된다. 즉 태양 빛이 대기를 통과한 거리가 2배로 증가하였다는 의미가 있다. 태양이 뜰 때와 질 때는 θ_z = 90°이며, 이때 AM=37.92로 가장 큰 값을 가지고 태양 빛이 가장 긴 대기권을 통과한다. 따라서 주로 적외선 범위의 태양에너지가 투과되어 태양이 매우 붉게 보이고, 매우 적은 양의 태양에너지가 지구에 도달한다.

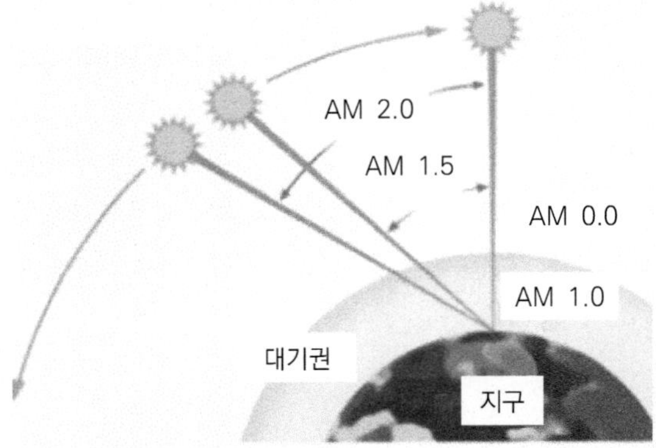

그림 2.10 대기질량의 비교

2.3 태양에너지 입사량

지표에 입사되는 태양에너지는 대기 중의 물질에 의하여 흡수 또는 산란 되지 않고 직접 태양에서 지표에 도달하는 에너지와 대기 중에 산란한 에너지가 다시 지표에 도달하는 두 분류로 나눌 수 있다. 그림 2.11과 같이 직접 태양에서 지표에 비춰는 태양에너지를 직사태양에너지(G_D)라 하며, 산란한 태양에너지는 모든 방향에서 균일하게 지표에 입사되며, 즉 이 에너지를 확산태양에너지(G_d)라 한다. 보통 맑은 날에는 약 90%의 에너지는 직사태양에너지이고 약 10%는 확산태양에너지이다. 그러나 완전히 구름 낀 날에는 100%가 확산에너지이다. 따라서 지표면 단위 면적당 받는 전체 태양에너지는 다음과 같다. 그림 2.11과 같이 θ_z는 입사되는 태양 빛과 지면에 수직인 선과 이루는 각을 나타낸다.

$$G_t = G_D \cos\theta_z + G_d \qquad (W/m^2) \tag{2.10}$$

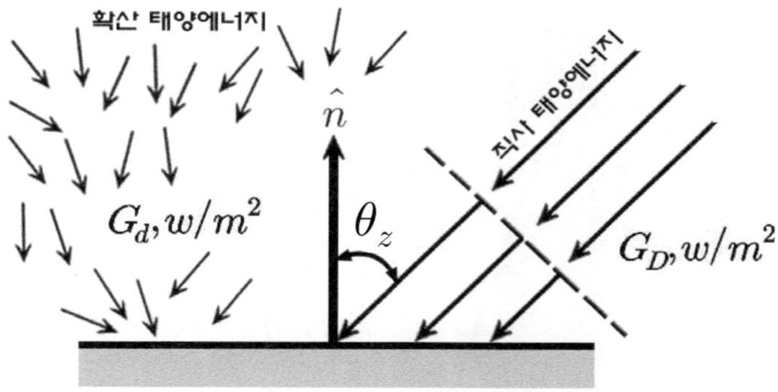

그림 2.11 지표에 도달되는 직사태양에너지와 확산태양에너지

보통의 온도에서 대기 중의 수소, 산소 및 질소 가스가 흡수 또는 방출하는 에너지는 미미하지만, 크기가 5 ~ 8 μm 범위와 13 μm 이상의 크기에 있는 수증기와 이산화탄소 분자들이 흡수 또는 방출하는 에너지는 상당히 크다. 예를 들면 약 1 m 두께의 1기압 100℃ 상태의 수증기가 방출하는 에너지는 같은 온도에서 흑체가 방출하는 에너지의 50% 이상을 방출한다. 수증기와 이산화탄소가 방출하는 복사에너지는 흑체의 복사에너지 방출과 같지는 않으나 어떤 가상의 낮은 온도에 있는 흑체의 복사에너지 방출로 가정하여 계산한다. 이 가상온도를 유효대기온도(effective sky temperature, T_{sky})라 하며, 대기권에서 지표에 방출되는 복사에너지는 대기권 복사에너지라 하며 다음 식과 같다.

$$G_{sky} = \sigma T_{sky}^4 \qquad (W/m^2) \tag{2.11}$$

T_{sky}의 값은 대기조건에 따라서 결정되며, 보통 맑은 하늘은 230 K이며 흐린 하늘은 280 K로 가정한다. 유효대기온도는 상온과 차이가 작아서 Kirchhoff의 법칙에 의하면 지표의 흡수율(α)과 방사율(ϵ)은 같으므로 대기권에서 지표에 도달되는 대기권 복사에너지는 다음과 같다.

$$E_{sky} = \alpha G_{sky} = \epsilon G_{sky} = \epsilon \sigma T_{sky}^4 \qquad (W/m^2) \tag{2.12}$$

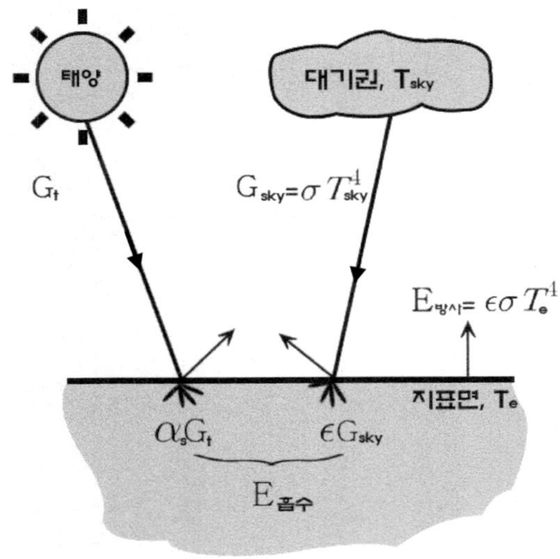

그림 2.12 지표에서 흡수되고 방출되는 복사열전달 관계

따라서 직접 및 간접으로 지표에 도달하는 복사에너지는 그림 2.12와 같으며, 복사에너지의 총합은 다음 식과 같다.

$$\begin{aligned} q &= \sum E_{흡수} - \sum E_{방사} \qquad (W/m^2) \\ &= \alpha G_t + \epsilon G_{sky} - \epsilon\sigma T_e^4 \\ &= \alpha G_t + \epsilon\sigma(T_{sky}^4 - T_e^4) \\ &= \alpha(G_D \cos\theta_z + G_d) + \epsilon\sigma(T_{sky}^4 - T_e^4) \end{aligned} \tag{2.13}$$

식 2.13에서 첫 번째 항은 태양에서 직접 지표에 입사되는 직사태양에너지이며, 두 번째 항은 산란 후 지표에 확산하는 확산태양에너지이고, 세 번째 항은 대기권에 흡수된 에너지가 다시 지표로 확산하는 대기권 복사에너지이다. 네 번째 항은 위의 세 가지 방법으로 흡수된 에너지에 의하여 지표가 가열된 후 지표에서 우주로 방사되는 복사에너지이다. T_e는 지표 온도이고, ϵ는 상온에서 지표의 방사율이다. 식 2.13에서 계산된 값이 양수이면 지면이 복사에너지를 받고 있으며, 음수이면 복사에너지가 지표에서 우주로 방출되고 있음을 의미한다. 식 2.13을 이용하여 태양에너지를 계산하기 위해서는 태양의 고도를 알아야 한다. 그러나 태양의 고도는 계속하여 변하고 있으므로 먼저 태양의 위치를 계산해야 한다.

2.4 태양의 위치

매일 접하는 태양에너지는 세 가지의 형태로 지표에 전달되어 우리의 생활에 영향을 미친다. 첫째, 직접 태양에서 지표에 비취는 태양에너지로 맑은 날에는 전체 태양에너지의 약 90%를 차지한다. 그중 우리가 눈으로 볼 수 있는 가시광선 부분은 직진 성질을 가지며 지표의 큰 물체를 만나면 그림자를 만든다. 둘째, 태양에너지가 지표 가까이에 있는 대기 중의 수증기, 이산화탄소, 불순물 등에 의하여 일부가 흡수 및 산란한 후 다시 지표에 비취는 에너지로 구름이 낀 날은 100%가 이와 같은 에너지로 모든 방향에서 일정하게 비춰어진다. 셋째, 태양에너지가 지표면이나 건물의 유리와 같은 반사면에서 반사되는 부분으로 지표의 지형 및 땅 위 물체에 따라서 많은 차이가 있을 수 있다. 어느 지역에서 태양에너지 이용 가능성을 조사하기 위하여서는 반드시 이 세 가지를 정확히 계산하는 것이 첫 번째 임무이다. 따라서 계속하여 이동하고 있는 태양에서 집열기에 전달되는 태양에너지의 양을 계산하기 위해서는 서로의 위치를 정확하게 묘사하는 것이 매우 중요하다. 태양의 이동으로 시시각각 변하는 태양의 고도, 적위각, 방위각과 집열판의 기울기와 방위각 등을 이용하여 태양에서 집열판에 전달되는 태양에너지를 계산하는 간단한 식을 소개한다[2, 5].

2.4.1 태양의 고도

지표에서 태양의 위치를 정확히 계산하는 것이 태양에너지의 약 90%를 차지하는 직접조사에너지를 계산하기 위하여 필수적이다. 실제는 지구가 태양 주위를 돌고 있지만, 지구에서 보면 그림 2.13과 같이 태양이 지구 주위를 돌고 있는 것과 같다. 이렇게 가정하고 태양의 위치를 정하는 것이 편리하므로 실제와 다르지만, 지구를 중심으로 태양의 움직임을 묘사한다. 또한 태양의 위치를 규정하기 위하여 관측자의 위치에서 태양의 고도와 방위각을 사용한다.

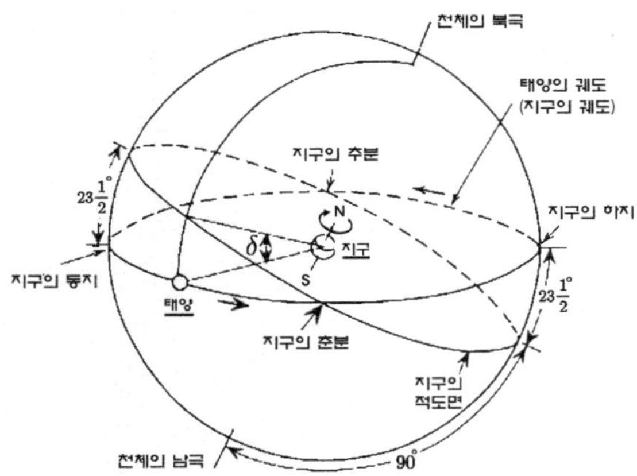

그림 2.13 지구를 중심으로 한 천체에서 태양의 이동 궤적[5]

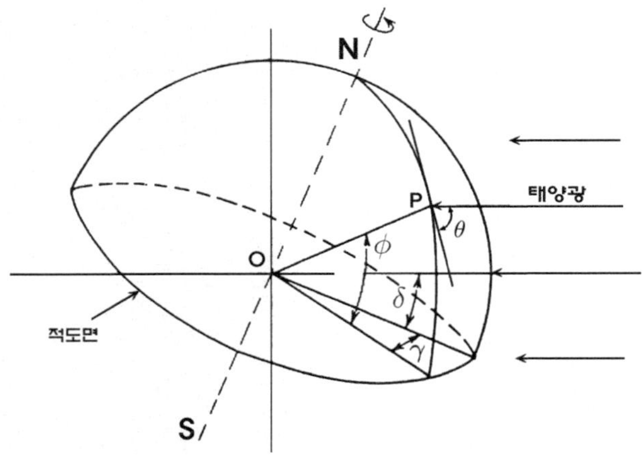

그림 2.14 지구의 북반구에서 지표(P)의 위도, 태양의 적위각과 방위각

태양의 고도(θ)는 그림 2.14와 같이 기준점(P)의 지표에서 태양과 수평면이 이루는 각도로 지구상의 위도, 계절 및 하루 중 시간의 함수이다. 가장 간단한 경우인 정남향의 수평면에 대한 태양의 고도는 다음의 식에 의하여 계산된다. 즉 식 2.14에서 태양고도(θ)는 적위각(δ), 위도(ϕ)와 방위각(ω)의 함수이다.

$$\sin\theta = \cos\delta\cos\phi\cos\omega + \sin\delta\sin\phi \tag{2.14}$$

이 변수를 하나씩 살펴보면 먼저 δ는 태양의 적위각(solar declination angle)이며 그림 2.14와 같이 주어진 날짜의 정오에 태양광과 적도면이 이루는 각으로 연중 변화는 ±23.5°이다. 그림 2.15와 같이 지구는 자전축이 23.5°기울어진 상태에서 자전하면서 태양의 주위를 공전하기 때문에 항상 태양이 지구의 적도 부근을 지나지 않고 여름에는 지구의 북반구 쪽에 그리고 겨울에는 남반구 쪽에 기울어져 있다. 또 봄과 가을에는 지구 적도 부근을 지나게 된다. 적위각은 매우 천천히 변하기 때문에 며칠 동안은 같은 값을 사용해도 된다. 지구 북반구에서 6월 21일에 최댓값 23.5°을 가지며 12월 21일에 최솟값 -23.5°을 가진다. 또한 각 날짜에 대한 정확한 값은 다음의 식으로 계산되며, 그림 2.16은 태양의 적위각(δ)의 연중 변화를 나타낸다.

$$\delta = -23.5^\circ \cos\left[\frac{360(n+10.5)}{365}\right] \tag{2.15}$$

여기서 n은 1월 1일부터 시작되는 날수를 의미한다.

그림 2.14와 같이 ϕ는 지표 점(P)의 위도를 의미하며, 지도를 보면 쉽게 얻을 수 있다. 북반구에 있는 지점은 "+"사인을 가지며 남반구에 있는 지점은 반대로 "-"사인을 가진다. 또한 지구가 24시간 동안 360°를 회전하므로 1시간에 15°를 회전한다. 따라서 태양의 방위각(ω)은 태양이 남중(정오)할 때와 관심 시간 사이의 시간에 15°을 곱하여 얻어진다.

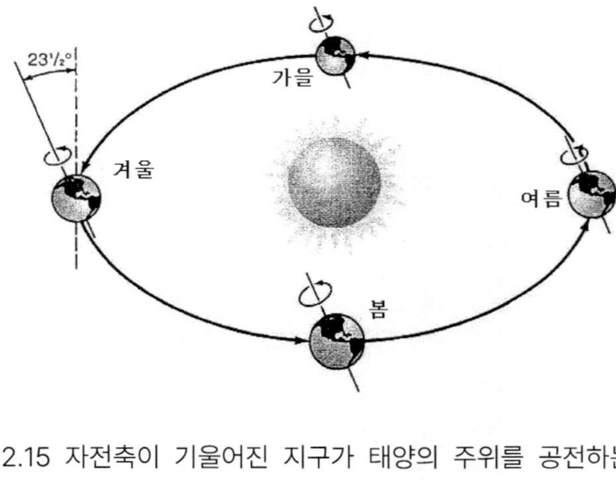

그림 2.15 자전축이 기울어진 지구가 태양의 주위를 공전하는 모습

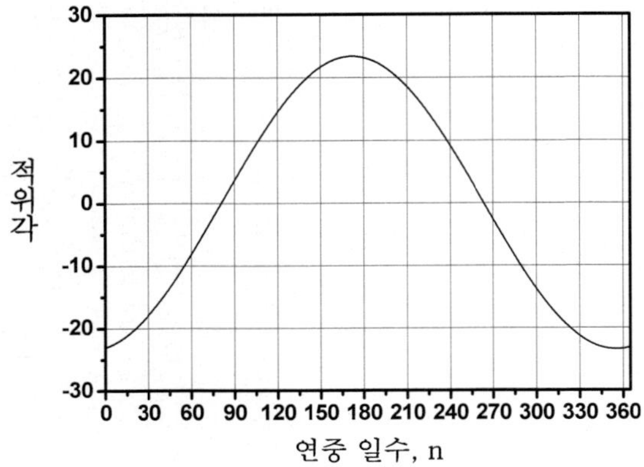

그림 2.16 태양의 적위각(δ)의 연중 변화

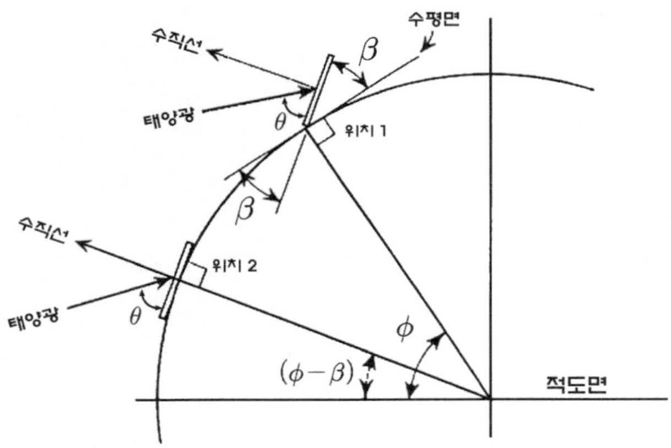

그림 2.17 정남향에서 태양의 고도(θ), 지표의 위도(ϕ) 및 평면 기울기(β) 관계

만약 수평면이 아닌 일정한 각도(β)만큼 기울어진 평면에 대한 태양의 고도는 면의 기울어진 각이 위 식에 포함되어 보다 복잡한 형태를 가진다. 그림 2.17은 기울어진 면을 수평면과 비교한 경우로 위치 1에서 각도(β)만큼 기울어진 면은 위치 2에서 기울기가 없는 수평면의 상태와 같다. 즉 면의 기울기만큼 측정점의 위도가 감소하였다고 생각할 수 있고, 위도가 50도인 점에서 평면이 30도 기울어져 있다면 위도가 20도인 위치에서 수평면이 받는 태양의 고도와 같다. 따라서 식 2.14에 위도 값(ϕ)에 (ϕ-β)를 대입하여 식을 전개하면 다음 식이 유도된다.

$$\sin\theta = \sin\delta\sin\phi\cos\beta - \sin\delta\cos\phi\sin\beta + \cos\delta\cos\phi\cos\beta\cos\omega + \cos\delta\sin\phi\sin\beta\cos\omega \tag{2.16}$$

식 2.16에 표면의 방위각(γ_s)의 영향을 추가로 고려하면 다음과 같은 결과를 얻을 수 있다. 식 2.17은 매우 복잡해 보이나 평면의 방위각(γ_s)이 영이면 식 2.16이 되고, 다시 평면의 기울기가 영이면 식 2.14로 간략하게 된다.

$$\sin\theta = \sin\delta\sin\phi\cos\beta - \sin\delta\cos\phi\sin\beta\cos\gamma_s + \cos\delta\cos\phi\cos\beta\cos\omega + \cos\delta\sin\phi\sin\beta\cos\gamma_s\cos\omega + \cos\delta\sin\beta\sin\gamma_s\sin\omega \tag{2.17}$$

그림 2.18은 지구 북반구 지방에서 겨울, 여름, 춘분 및 추분에 볼 수 있는 태양의 고도 차이를 나타낸다. 그림 2.19는 식 2.14를 이용하여 낮 12시에 북위 35도 지역의 태양고도 변화를 나타내며 하지에 제일 높고, 동지에 낮다.

한편 태양의 일출 및 일몰 시각은 태양의 고도가 영인 시간이기 때문에 앞에서 소개된 태양고도 식을 이용하면 다음과 같이 나타낼 수 있다. 따라서 식 2.15와 2.18에 지역의 위도와 날짜를 입력하면 원하는 날에 태양의 일출 및 일몰 시각을 바로 알 수 있다.

$$\omega_s = \cos^{-1}[-\tan\delta\tan\phi] \tag{2.18}$$

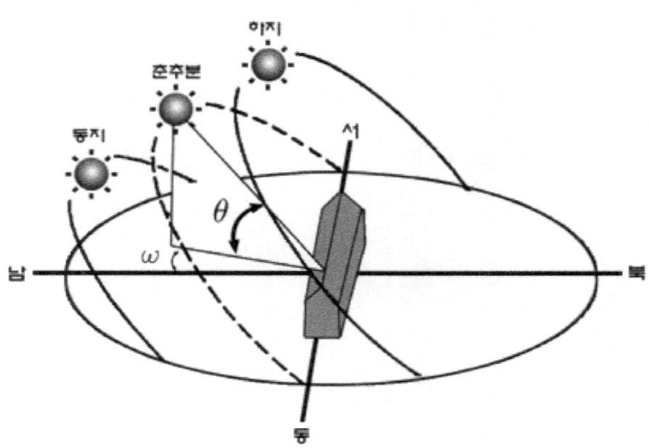

그림 2.18 지구의 북반구 지역에서 계절의 변화에 따른 태양고도 비교

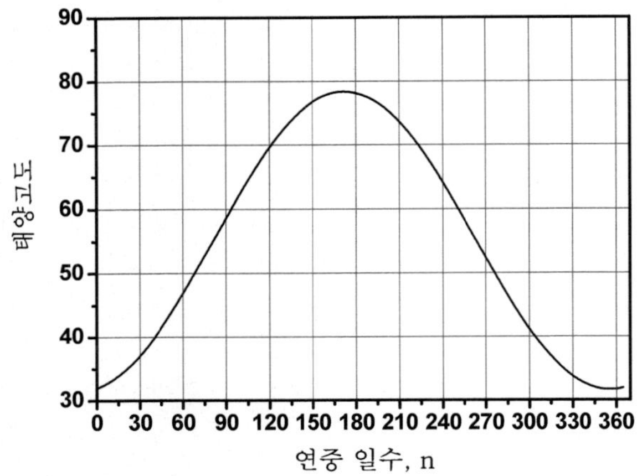

그림 2.19 북위 35도인 지역에서 연중 태양고도 변화

예제 2-4) 울산지방의 4월 13일에 오후 3시에 수평면에 대한 태양의 고도와 일출 및 일몰 시각을 계산하라.

표 2.6 울산의 경도 및 위도

시청 소재지	위 치	지 명	경도, 위도
울산광역시 남구 신정1동 646-4	극 동 극 서 극 남 극 북	북구 당사동 울주군 상북면 이천리 울주군 서생면 명산리 울주군 두서면 복안리	동경 129도 36분 동경 129도 01분 북위 35도 30분 북위 35도 43분

❖ **풀이 :**

우선 울산의 위도는 위의 표에서 대략 북위 35도로 가정한다.

$$\phi=35\text{도}$$

4월 13일 : n= 31+28+31+13=103일

식 2.15를 이용하여 적위각을 구한다.

$$\delta=-23.5^\circ\cos[0.986(n+10.5)]=-23.5^\circ\cos[0.986(103+10.5)]=8.77\text{도}$$

$$\omega=3\times15=45\text{도}$$

태양고도는 식 2.14를 이용하면 다음과 같다.

$$\theta = \sin^{-1}[\cos\delta\cos\phi\cos\omega + \sin\delta\sin\phi]$$
$$= \sin^{-1}[\cos(8.77)\cos(35)\cos(45) + \sin(8.77)\sin(35)]$$
$$= \sin^{-1}(0.66) = 41.3\text{도}$$

따라서 태양의 고도는 41.3도이다. 또한 일출 및 일몰 시각은 식 2.18을 이용하면 다음과 같다.

$$\omega_s = \cos^{-1}[-\tan\delta\tan\phi] = \cos^{-1}[-\tan(8.77)\tan(35)] = 83.8\text{도}$$

이 값을 15도로 나누어 시간을 계산한다. 83.8/15=5.59시간 즉 태양이 정남에서 5.59시간 후에 일몰이 되며, 정남에서 5.59시간 전에 해가 뜬다. 따라서 이날은 11.18시간 동안 태양을 볼 수 있다.

만약 태양을 받는 면이 수평면과 30도 기울어져 있고, 정남향을 향하고 있다면 즉 면의 방위각(γ_s)은 영이며, 면의 기울기(β)는 30도이다. 이 값을 식 2.17에 대입하면 다음과 같은 결과를 얻는다.

$$\begin{aligned}\sin\theta = {} & \sin(8.77)\sin(35)\cos(30) - \sin(8.77)\cos(35)\sin(30)\cos(0) \\ & + \cos(8.77)\cos(35)\cos(30)\cos(45) \\ & + \cos(8.77)\sin(35)\sin(30)\cos(0)\cos(45) \\ & + \cos(8.77)\sin(30)\sin(0)\sin(45)\end{aligned}$$

θ=45.2도 즉 30도 기울어진 면에 대한 태양의 고도는 45.2가 된다. 또한 그림 2.17과 같이 위도를 35도 대신에 원래의 위도에서 면의 기울기를 뺀 ($\phi = 35 - 30$) 5도를 식 2.14에 대입하여 계산하여도 같은 값을 얻을 수 있다.

$$\theta = \sin^{-1}[\cos\delta\cos\phi\cos\omega + \sin\delta\sin\phi] = \sin^{-1}[\cos 8.77\cos 5\cos 45 + \sin 8.77\sin 5]$$
$$= 45.2\text{도}$$

울산지역의 연중 적위각, 태양고도 및 일조 시간의 변화를 동지, 하지, 춘분 및 추분날과 각 월 15일에 식 2.14, 2.15와 2.18을 사용하여 구한 결과표 2.7과 같다. 태양의 고도는 하지인 6월 21일 제일 높은 78.5도이고 동지인 12월 21일에 가장 낮은 31.5도이다. 일조 시간도 하지에 제일 긴 14.4시간이고, 동지에 제일 짧은 9.6시간이다. 따라서 겨울에는 울산지역에 비치는 태양에너지가 적고, 여름에는 상대적으로 많다는 것을 알 수 있다. 북반구에 있는 울산지역에서 태양의 위치 변화는 그림 2.18과 2.19와 유사하다.

표 2.7 위도 북위 35도인 지역에서 태양의 위치 변화 및 일조 시간

	월											
	1	2	3 춘분	4	5	6 하지	7	8	9 추분	10	11	12 동지
일수(n)	15	45	80	104	134	172	196	227	264	288	319	355
적위각	-21.3	-13.6	-0.3	9.2	18.5	23.5	21.5	13.7	-0.3	-9.7	-19.2	-23.5
고도	33.7	41.4	54.7	64.2	73.5	78.5	76.5	68.8	54.7	45.3	35.8	31.5
일조 시간	9.9	10.7	12.0	12.9	13.8	14.4	14.1	13.3	12.0	11.1	10.1	9.6

2.4.2 태양의 방위각

태양의 방위각(ω)은 그림 2.18과 같이 지표면에서 정남과 태양이 이루는 각으로, 태양이 정남 쪽에 위치하면 방위각은 영도이고 일몰이나 일출 때 큰 각을 이룬다. 또한 3월 21일 춘분과 9월 21일 추분 사이에 속한 날짜에는 태양이 12시간 이상 떠 있으므로 방위각이 90도 이상이 된다. 태양의 방위각은 태양의 고도(θ), 적위각(δ) 및 지역의 위도(ϕ)의 함수로 계산하는 식은 다음과 같다.

$$(\omega) = \cos^{-1}\left[\frac{\sin\theta - \sin\delta\sin\phi}{\cos\delta\cos\phi}\right] \tag{2.19}$$

그림 2.20은 북위 40도에서 동지, 춘추분 및 하지 때 태양의 고도와 방위각을 나타낸 것으로 왼쪽 그림은 태양의 고도이며, 오른쪽은 같은 시각에 대한 태양의 방위각이다.

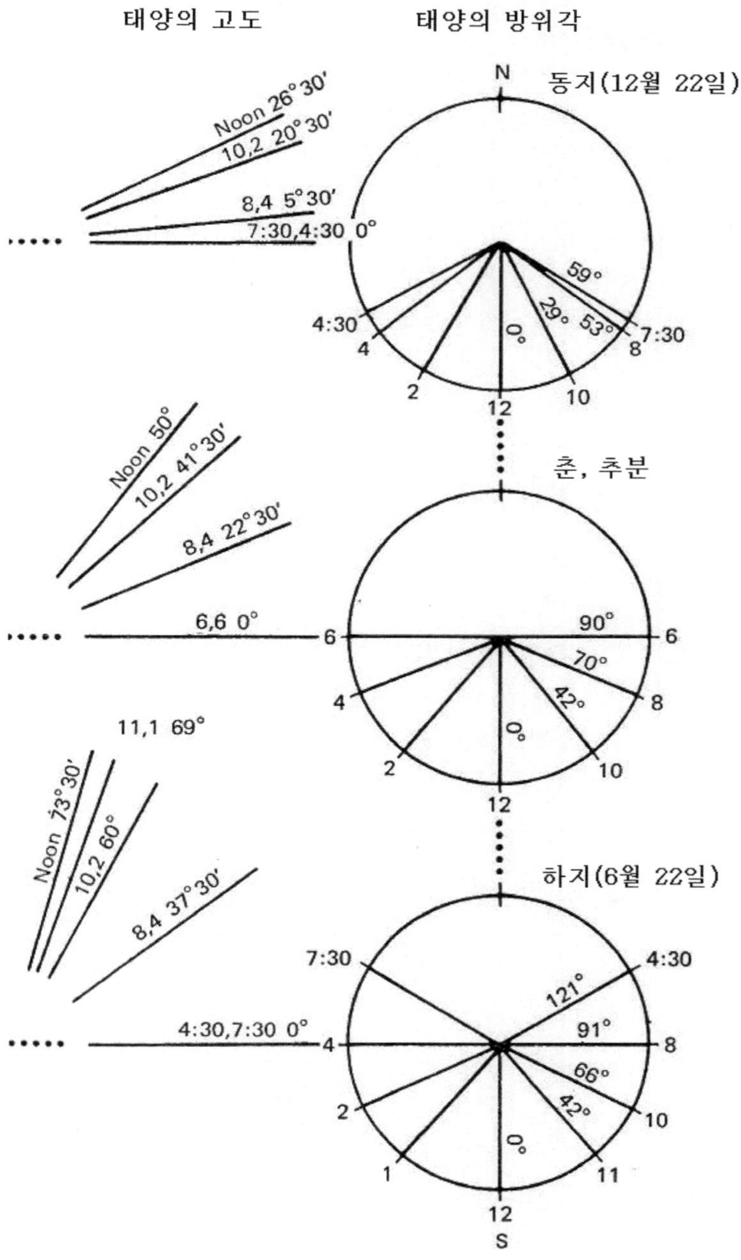

그림 2.20 북위 40도 지역의 동지, 하지, 춘추분 날 태양고도 및 방위각[6]

2.5 태양에너지 예측

태양열 및 태양광을 이용하는 설비를 설계하기 위하여 원하는 지역에 도달하는 태양에너지의 정확한 계산이 필수적이다. 앞 절에서 설명한 태양의 고도와 방위각을 계산하는 방법을 토대로 대기권을 투과하여 경사면에 비취는 태양에너지를 구하는 방법에 대하여 자세히 설명한다. 구름이 있는 날도 지역에 따라서 많이 있을 수 있으나, 우선 맑은 날에 지표에 도달하는 태양에너지를 정확하게 예측할 수 있으면 태양에너지 시스템 설계에 매우 유효한 자료가 될 수 있다.

2.5.1 대기권 밖의 태양에너지

태양과 관측자의 상관관계를 정확히 묘사하여도 지표에 도달하는 정확한 태양에너지의 계산은 매우 복잡한 과정이다. 왜냐하면, 지표의 기후 상태, 지표의 특성 및 태양과 지구의 위치 등이 복잡하게 서로 연관되어 있기 때문이다. 그러나 기후 상태와 지표의 특성을 제외하고, 단지 태양과 지구의 위치에 관계한 이상적 태양에너지를 계산하면 태양에너지 장치를 설계할 때 매우 유용한 자료로 활용될 수 있다. 따라서 주로 위도의 변화를 고려하여 각 위도에서 각 달의 평균 태양에너지를 계산한다. 앞에서 태양으로부터 대기권 밖에 도달하는 평균 태양에너지 즉 태양상수(G_s)는 1,353 W/m^2로 주어졌다.

그러나 일 년 중 태양과 지구 사이의 거리가 조금씩 변하면서 날짜에 따라 태양에너지가 ±3% 정도 변한다. 이 변화는 식 2.20을 사용하여 구하며 결과는 그림 2.21과 같다. 여기서 n은 일 년 365일 중 n 번 날짜를 의미하며, 이 에너지는 태양복사에 수직인 면에 도달하는 에너지이다[2].

$$G_{on} = G_s(1 + 0.033\cos\frac{360n}{365}) \qquad (W/m^2) \tag{2.20}$$

어느 순간에 수직이 아닌 지표 평면에 도달하는 태양복사는 다음과 같다.

$$G_o = G_s(1 + 0.033\cos\frac{360n}{365})\sin\theta \tag{2.21}$$

식 2.21에서 $\sin\theta$는 태양고도에 관련된 값으로 식 2.14, 2.16과 2.17 중에서 선택하여 사용한다. 한편 하루의 태양에너지를 필요할 때는 식 2.21을 일출부터 일몰까지의 기간에 대하여 적분하여 구하며, 식 2.21에 식 2.14를 대입하여 구한 식을 사용하여 하루의 태양에너지를 계산하면 식 2.22와 같다. ω_s는 일몰 시각을 각도로 환산한 값이다.

$$H_o = \frac{24\times 3600\,G_s}{\pi}\left[1+0.033\cos\left(\frac{360n}{365}\right)\right] \quad (J/m^2) \qquad (2.22)$$
$$\times\left[\cos\phi\cos\delta\sin\omega_s + \frac{2\pi\omega_s}{360}\sin\phi\sin\delta\right]$$

또한 하루 중에서 주어진 시간 동안에 즉 주어진 시각을 각도로 환산하여 ω_1에서 ω_2로 하면 지표에 전달되는 에너지는 다음과 같다.

$$I_o = \frac{12\times 3600\,G_s}{\pi}\left[1+0.033\cos\left(\frac{360n}{365}\right)\right] \quad (J/m^2) \qquad (2.23)$$
$$\times\left[\cos\phi\cos\delta(\sin\omega_2 - \sin\omega_1) + \frac{2\pi(\omega_2-\omega_1)}{360}\sin\phi\sin\delta\right]$$

식 2.22를 이용하여 각 달의 중간 날에 각 위도에서 태양에너지를 구하고 표를 만든 것이 표 2.8이다. 이 표를 이용하면 각 위도에서 각 달의 대기권의 영향을 무시한 대표적인 태양에너지를 구할 수 있다.

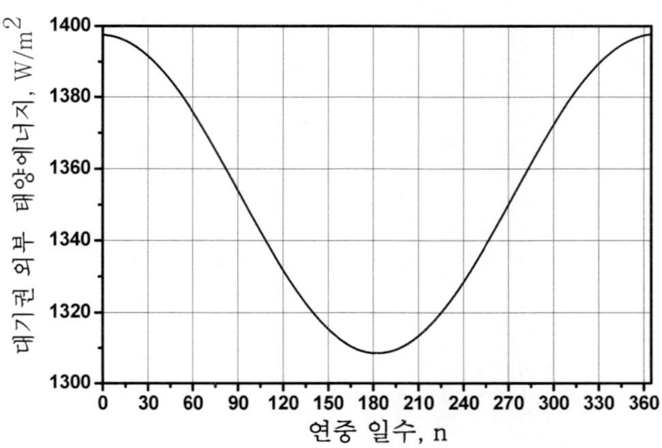

그림 2.21 식 2.20을 사용한 대기권 밖에서 태양에너지의 연중 변화

표 2.8 위도에 따른 각 달의 수평면에 대한 평균 태양에너지

위도	1월	2월	3월	4월	5월	6월	7월	8월	9월	10월	11월	12월
60	3.5	8.2	16.7	27.3	36.3	40.6	38.4	30.6	203.	10.7	4.5	2.3
55	6.1	11.2	19.6	29.3	37.2	40.8	39.0	32.2	22.9	13.6	7.2	4.8
50	9.1	14.2	22.3	31.2	38.1	41.1	39.6	33.7	25.3	16.6	10.2	7.6
45	12.1	17.2	24.8	32.9	38.8	41.3	40.0	35.0	27.5	19.4	13.2	10.5
40	15.1	20.1	27.2	34.3	39.3	41.3	40.2	36.1	29.5	22.1	16.2	13.6
35	18.1	22.8	29.3	35.5	39.5	41.1	40.2	36.9	31.3	24.7	19.1	16.7
30	21.1	25.5	31.2	36.4	39.6	40.7	40.0	37.5	32.9	27.1	22.0	19.7
25	23.9	27.9	32.9	37.1	39.4	40.0	39.6	37.8	34.2	29.3	24.8	22.6
20	26.7	30.2	34.4	37.5	38.9	39.1	38.9	37.8	35.3	31.3	27.4	25.5
15	29.3	32.3	35.5	37.6	38.1	38.0	37.9	37.6	36.1	33.1	29.8	28.2
10	31.7	34.1	36.4	37.5	37.1	36.6	36.7	37.1	36.6	34.6	32.1	30.8
5	33.9	35.7	37.1	37.1	35.9	35.0	35.3	36.3	36.8	35.9	34.1	33.1
0	35.9	37.0	37.4	36.4	34.4	33.2	33.6	35.3	36.8	36.9	36.0	35.3
-5	37.6	38.1	37.5	35.4	32.7	31.1	31.7	34.1	36.5	37.7	37.5	37.3
-10	39.1	38.9	37.3	34.2	30.7	28.9	29.6	32.6	35.9	38.1	38.9	39.0
-15	40.4	39.4	36.8	32.7	28.6	26.5	27.4	30.8	35.0	38.3	39.9	40.4
-20	41.4	39.6	36.0	31.0	26.3	23.9	24.9	28.8	33.9	38.2	40.7	41.7
-25	42.1	39.6	35.0	29.0	23.8	21.3	22.3	26.7	32.5	37.8	41.3	42.6
-30	42.5	39.3	33.7	26.9	21.2	18.5	19.7	24.3	30.9	37.2	41.5	43.3
-35	42.7	38.7	32.1	24.5	18.4	15.7	16.9	21.8	29.0	36.3	41.5	43.8
-40	42.7	37.8	30.3	22.0	15.6	12.8	14.0	19.2	27.0	35.1	41.3	44.0
-45	42.4	36.7	28.3	19.4	12.8	9.9	11.2	16.5	24.7	33.7	40.8	44.0
-50	41.9	35.3	26.1	16.6	9.9	7.1	8.3	13.6	22.2	32.0	40.1	43.8
-55	41.3	33.8	23.6	13.7	7.1	4.5	5.6	10.8	19.6	30.2	39.2	43.5
-60	40.6	32.1	21.0	10.8	4.4	2.1	3.1	7.9	16.8	28.1	38.3	43.2

* 단위는 MJ/m^2이다.

■ **예제 2-5)** 북반구에서 위도가 43도인 지역에서 4월 15일 오전 10시에서 11시 사이에 수평면에 전달되는 태양에너지와 하루 동안 같은 지역에 전달되는 태양에너지를 구하라.

❖ 풀이 :

4월 15일 -> n=31+28+31+15=105, 위도 43도 -> ϕ=43

오전 10시 -> ω_1=-30도, 오전 11시 -> ω_2=-15도

식 2.15를 이용하여 δ를 아래와 같이 계산한다.

$$\delta = -23.5^\circ \cos[\frac{360(n+10.5)}{365}] = -23.5^\circ \cos[\frac{360(105+10.5)}{365}] = 9.5\text{도}$$

식 2.23을 이용하여 오전 10시에서 11시 사이에 수평면에 전달된 태양에너지는 다음과 같다.

$$\begin{aligned} I_o &= \frac{12\times 3600\times 1353}{\pi}[1+0.033\cos(\frac{360\times 105}{365})] \\ &\times \left\{\cos 43\cos 9.5[\sin(-15)-\sin(-30)] + \frac{2\pi(-15+30)}{360}\sin 43\sin 9.5\right\} \\ &= 3.75\ MJ/m^2 \end{aligned}$$

4월 15일 하루 동안 전달된 에너지는 식 2.22를 사용하여 계산한다.

$$\begin{aligned} H_o &= \frac{24\times 3600\times 1353}{\pi}[1+0.033\cos(\frac{360\times 105}{365})] \\ &\times [\cos 43\cos 9.5\sin 98.9 + \frac{2\pi\times 98.9}{360}\sin 43\sin 9.5] \\ &= 33.4\ MJ/m^2 \end{aligned}$$

식 2.22에 필요한 일출 및 일몰 시각은 식 2.18을 이용하여 계산한다.

$$\omega_s = \cos^{-1}[-\tan\delta\tan\phi] = \cos^{-1}[-\tan 9.5\tan 43] = 98.9\text{도}$$

예제 2-6) 위도가 35도인 지역에서 9월 21일(추분) 하루 동안 수평면에 전달되는 태양에너지의 70% 이상은 낮 12시를 기준으로 오전 몇 시부터 오후 몇 시까지인가?

❖ **풀이 :**

$\phi =$ 35도, $n = 31+28+31+30+31+30+31+31+21 = 264$

$\delta = 0$ (추분) 또는 정확한 적위각 : $\delta = -23.5 \times \cos[\frac{360 \times (264+10.5)}{365}] = -0.3$

일출 및 일몰 소요 시간: $\omega_s = \cos^{-1}[-\tan(-0.3) \times \tan 35] = 90$도 (오전 6시와 오후 6시)

단위 시간당 조사되는 에너지를 나타내는 식 2.23에 앞에서 계산한 값들을 대입하면 다음과 같다. ω_1과 ω_2를 제외하면 모두 상수다. 따라서 아래와 같이 간단하게 나타낼 수 있다.

$$\begin{aligned} I_o &= \frac{12 \times 3600 G_s}{\pi}[1+0.033\cos(\frac{360n}{365})] \\ &\quad \times [\cos\phi\cos\delta(\sin\omega_2 - \sin\omega_1) + \frac{2\pi(\omega_2-\omega_1)}{360}\sin\phi\sin\delta] \\ &= \frac{12 \times 3600 G_s}{\pi}[1+0.033\cos(\frac{360 \times 264}{365})] \times [\cos 35(\sin\omega_2 - \sin\omega_1)] \\ &= C_1(\sin\omega_2 - \sin\omega_1) \end{aligned}$$

위 식을 이용하여 매시간에 대하여 계산한 결과는 표 2.9와 같다.

표 2.9 오후 각 시간에서 태양에너지 조사율

시각	ω_1(도)	ω_2(도)	I_o/C_1	I_o/C_1의 누계
12시 ~ 1시	0	15	0.2588	0.2588
1시 ~ 2시	15	30	0.2412	0.5000
2시 ~ 3시	30	45	0.2071	0.7071
3시 ~ 4시	45	60	0.1589	0.8660
4시 ~ 5시	60	75	0.0999	0.9659
5시 ~ 6시	75	90	0.0341	1.0000

앞의 결과에서 정오에서 오후 3시까지 에너지의 합이 70.71%이다. 따라서 하루를 기준으로 하면 오전 9시에서 오후 3시까지 6시간 동안에 받은 태양에너지가 9월 21일 하루 동안에 비취는 태양에너지의 70% 이상이다. 그러므로 일출(오전 6시)부터 9시까지와 오후 3시부터 일몰까지 수평면에 비취는 태양에너지의 양은 매우 미미하다고 할 수 있다.

2.5.2 대기권을 투과한 태양에너지

구름이 없는 맑은 날에도 태양에너지는 대기권을 통과하면서 대기 중에 있는 습기, 오염물질 및 공기 분자들에 의하여 일부는 흡수되고, 일부는 산란하여서 일부가 지표에 도달된다. 따라서 대기권의 영향을 생략한 태양에너지는 실제 값보다 과대평가된 값이다. 즉 태양에너지의 대기권 투과율을 알면 직접 지표에 도달하는 태양에너지를 계산할 수 있다. 또한 공기 때문에 산란한 태양에너지도 다시 지표에 비치기 때문에 이 값도 정확히 계산하는 것이 필요하다.

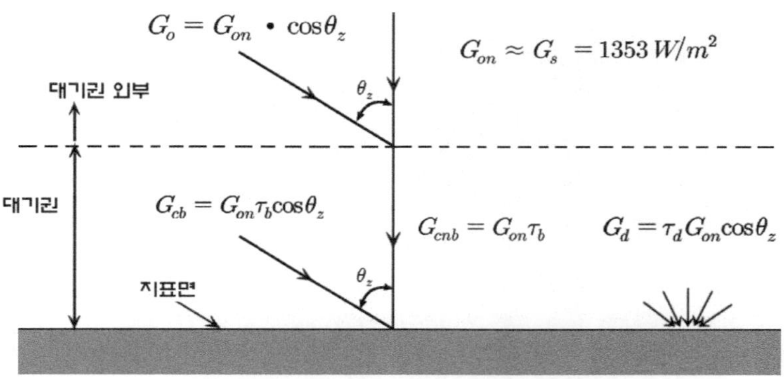

그림 2.22 태양에너지의 대기권 투과율

이 절에서는 맑은 날에 대기권을 통과하여 수평면에 비치는 태양에너지를 계산하고자 한다[2]. 먼저 태양에너지의 대기권 투과율(τ_b)이 사계절, 지표의 고도 및 표준 대기상태의 영향을 고려하여 다음과 같으며, 그림 2.22는 서로의 상관관계를 나타내고 있다.

$$\tau_b = \frac{G_{cnb}}{G_{on}} = \frac{G_{cb}}{G_{on}\cos\theta_z} = a_o + a_1 e^{-k/\cos\theta_z} \tag{2.24}$$

위 식의 상수 a_o, a_1 및 k는 가시거리가 23 km인 표준대기 상태에서 지역의 고도(A, km) 함수로 다음과 같다. 각 θ_z는 수평면의 수직선과 태양 빛이 이루는 각이며 태양의 고도와는 다음과 같은 관계를 맺는다.

$$\theta_z = (\pi/2 - \theta) \tag{2.25}$$

$$\cos\theta_z = [\cos\delta\cos\phi\cos\omega + \sin\delta\sin\phi] \tag{2.26}$$

$$a_o^* = 0.4237 - 0.00821(6.0 - A)^2 \tag{2.27}$$

$$a_1^* = 0.5055 - 0.00595(6.5 - A)^2 \tag{2.28}$$

$$k^* = 0.2711 - 0.01858(2.5 - A)^2 \tag{2.29}$$

또한 표 2.10과 같이 기후의 영향을 고려하여 보정계수를 줬다.

식 2.24와 표 2.10을 이용하여 지역의 태양에너지 대기권 투과율을 구하면 지표에 도달하는 직접 태양에너지를 계산할 수 있고 또한 한 시간에 비치는 태양에너지도 다음과 같이 구할 수 있다.

$$I_{cb} = I_{on}\tau_b\cos\theta_z \tag{2.30}$$

표 2.10 기후에 따른 보정계수[2]

날씨 형태	$r_o = a_o/a_o^*$	$r_1 = a_1/a_1^*$	$r_k = k/k^*$
열대지역	0.95	0.98	1.02
중간 위도 지역 여름	0.97	0.99	1.02
극지 근처 지역 여름	0.99	0.99	1.01
중간 위도 지역 겨울	1.03	1.01	1.00

태양에너지 중에서 지표에 직접 도달되는 에너지 외에 대기 중에서 산란한 후 지표에 도달하는 태양에너지(G_d)는 방향성이 없으며 모든 방향에서 일정하게 지표에 비취며, 이 에너지의 투과율은 다음과 같은 실험식을 이용하여 계산한다.

$$\tau_d = \frac{G_d}{G_o} = \frac{G_d}{G_{on}\cos\theta_z} = 0.2710 - 0.2939 \times \tau_b \tag{2.31}$$

따라서 전체 태양에너지는 직접 비취는 태양에너지와 산란 후 지표에 도달하는 에너지의 합으로 다음과 같다.

$$G_c = G_{cb} + G_d = G_{on}\cos\theta_z(\tau_b + \tau_d) \tag{2.32}$$

■ **예제 2-7)** 8월 22일 오전 11시 30분에 위도가 45도이고, 고도가 270 m인 지역에서 태양에너지 투과율을 구하라. 이 시각에 지표에 비취는 태양에너지 강도(G_{cb})를 계산하라. 또한 산란 후 지표에 도달하는 태양에너지를 포함하는 전체 태양에너지를 계산하라.

❖ **풀이** : $n = 234,\ \phi = 45^\circ,\ A = 0.27\ km$

$$\delta = -23.5^\circ \cos[\frac{360(234+10.5)}{365}] = 11.4^\circ$$

식 2.26을 이용하여 $\cos\theta_z$를 구한다.

$$\cos\theta_z = [\cos(11.4)\cos(45)\cos(-7.5) + \sin(11.4)\sin(45)] = 0.827$$
$$a_o^* = 0.4237 - 0.00821(6.0 - 0.27)^2 = 0.154$$
$$a_1^* = 0.5055 - 0.00595(6.5 - 0.27)^2 = 0.275$$
$$k^* = 0.2711 - 0.01858(2.5 - 0.27)^2 = 0.179$$

표 2.10의 기후 보정계수를 이용하여 a_o, a_1, k를 구한다. 중간 위도 지역의 여름 자료를 이용한다.

$$r_o = a_o/a_o^* = 0.97 \rightarrow a_o = 0.97 \times 0.154 = 0.149$$

$$r_1 = a_1/a_1^* = 0.99 \rightarrow a_1 = 0.99 \times 0.275 = 0.272$$

$$r_k = k/k^* = 1.02 \rightarrow k = 1.02 \times 0.179 = 0.183$$

$$\tau_b = a_o + a_1 e^{-k/\cos\theta_z} = 0.149 + 0.272\,e^{-0.183/0.827} = 0.367 \text{ (투과율)}$$

대기권에 도달하는 태양에너지는 1,353 W/m^2이며, 식 2.20을 사용하여 8월 22일에 해당하는 값을 다음과 같이 계산한다.

$$G_{on} = G_s(1 + 0.033\cos\frac{360n}{365}) = 1{,}353(1 + 0.033\cos\frac{360 \times 234}{365}) = 1{,}325\ W/m^2$$

따라서 지표에 수직이게 도달하는 태양에너지는 다음과 같다.

$$G_{cnb} = \tau_b \times G_{on} = 0.367 \times 1{,}325 = 486.3\ W/m^2$$

또한 8월 22일 오전 11시 30분에 지표에 비취는 태양에너지는 다음과 같다.

$$G_{cb} = G_{cnb} \times \cos\theta_z = 486.3 \times 0.827 = 402.1\ W/m^2$$

이 값이 실제 8월 22일 11시 30분에 지표에 직접 도달되는 태양에너지이다.
식 2.31을 이용하여 산란 후 지표에 도달하는 에너지를 구한다.

$$\tau_d = 0.2710 - 0.2939 \times \tau_b = 0.2710 - 0.2939 \times 0.367 = 0.163$$

$$G_d = G_{on} \times \tau_d \times \cos\theta_z = 1{,}325 \times 0.163 \times 0.827 = 178.8\ W/m^2$$

따라서 식 2.32를 이용하여 전체 태양에너지를 구하면 다음과 같다.

$$G_c = G_{cb} + G_d = 402.1 + 178.8 = 580.9\ W/m^2$$

오전 11시에서 12시 사이에 전달된 태양에너지는 위의 값에 3,600초를 곱하면 구할 수 있다.

$$I_c = 3600 \times G_c = 3600 \times 580.9 = 2.091 MJ/m^2 \text{ or } MWh/m^2$$

또한 하루 동안의 태양에너지를 구하려면 각 시간에 대한 I_c를 구하여 합하면 된다.

2.5.3 경사면에 조사된 태양에너지

수평면에 대한 태양에너지의 양을 식 2.32를 사용하여 계산하였고, 자료 대부분도 수평면에 대한 태양에너지를 다루고 있다. 그러나 태양열 집열판이나 태양전지 모듈은 수평면이 아니라, 수평면과 경사각 β를 가지게 설치되어 있다. 따라서 수평면과 경사면 사이의 관계를 알면 쉽게 경사면에 비취는 태양에너지를 구할 수 있다. 이 형상계수를 R이라 하며 식 2.33과 같이 정의된다. 식에서 분모는 주어진 시간에 수평면에 입사되는 전체 태양에너지이며, 분자는 같은 조건에서 수평면보다 β만큼 남쪽(적도 방향)으로 기울어진 면에 입사되는 전체 태양에너지이다. 순간적인 태양에너지를 계산하면 $G(W/m^2)$를 사용하고, 한 시간 동안의 태양에너지를 계산하면 $I(J/m^2)$를 사용한다.

$$R = \frac{\text{경사면에 입사된 전체 태양에너지}}{\text{수평면에 입사된 전체 태양에너지}} = \frac{G_T}{G} \text{ or } = \frac{I_T}{I} \tag{2.33}$$

경사면에 조사된 태양에너지는 직접 조사 태양에너지(I_b)와 산란 후 조사된 태양에너지(I_d)로 구분하여 다음과 같이 나타낼 수 있다.

$$R = \frac{I_T}{I} = \frac{I_{bT} + I_{dT}}{I} = \frac{I_b}{I}\frac{I_{bT}}{I_b} + \frac{I_d}{I}\frac{I_{dT}}{I_d} = \frac{I_b}{I}R_b + \frac{I_d}{I}R_d \tag{2.34}$$

$$R_b = \frac{\text{경사면에 직접 조사 태양에너지}}{\text{수평면에 직접 조사 태양에너지}} = \frac{I_{bT}}{I_b} \tag{2.35}$$

$$R_d = \frac{\text{산란 후 경사면에 태양에너지}}{\text{산란 후 수평면에 태양에너지}} = \frac{I_{dT}}{I_d} \tag{2.36}$$

직접조사태양에너지는 방향성을 가지고 또한 일반적으로 북반구에서 집열판의 방위각(γ_s)이 영이 되게 설치하기 때문에 평면의 경사각과 태양고도를 이용하여 다음과 같이 나타낸다.

$$R_b = \frac{G_{bT}}{G_b} = \frac{\sin\overline{\theta}}{\sin\theta} = \frac{\sin(\theta + \beta)}{\sin\theta} \tag{2.37}$$

$$= \frac{\cos(\phi - \beta)\cos\delta\cos\omega + \sin(\phi - \beta)\sin\delta}{\cos\phi\cos\delta\cos\omega + \sin\phi\sin\delta}$$

예제 2-8) 북위 43도의 지역에서 2월 13일 오전 10시 30분에 정남보다 서쪽으로 15도 틀어져서 수평면과 45도 기울어진 평면의 R_b를 구하라.

❖ **풀이** : 주어진 자료를 정리하면 다음과 같다.

$$n = 31 + 13 = 44$$

$$\omega = -22.5°,\ \phi = 43°,\ \gamma_s = 15°,\ \beta = 45°$$

식 2.15를 이용하여 다음과 같이 적위각을 구한다.

$$\delta = -23.5° \cos\left[\frac{360(n + 10.5)}{365}\right] = -23.5° \cos\left[\frac{360(44 + 10.5)}{365}\right] = -14°$$

식 2.17을 이용하여 45도 기울어진 경사면의 태양고도를 구한다.

$$\begin{aligned}\sin(\theta+\beta) &= \sin\delta\sin\phi\cos\beta - \sin\delta\cos\phi\sin\beta\cos\gamma_s \\ &\quad + \cos\delta\cos\phi\cos\beta\cos\omega \\ &\quad + \cos\delta\sin\phi\sin\beta\cos\gamma_s\cos\omega \\ &\quad + \cos\delta\sin\beta\sin\gamma_s\sin\omega \\ &= \sin(-14)\sin43\cos45 - \sin(-14)\cos43\sin45\cos15 \\ &\quad + \cos(-14)\cos43\cos45\cos(-22.5) \\ &\quad + \cos(-14)\sin43\sin45\cos15\cos(-22.5) \\ &\quad + \cos(-14)\sin45\sin15\sin(-22.5) \\ &= 0.817\end{aligned}$$

$\theta = 55°$ 즉 태양의 고도는 55도이다.

수평면에 대한 태양의 고도는 식 2.16에 경사각에 영을 대입하면 된다.

$$\begin{aligned}\sin\theta &= \sin\delta\sin\phi + \cos\delta\cos\phi\cos\omega \\ &= \sin(-14)\sin43 + \cos(-14)\cos43\cos(-22.5) \\ &= -0.165 + 0.656 = 0.491\end{aligned}$$

$\theta = 29.4°$ 즉 태양의 고도는 29.4도이다. 식 2.36을 이용하여 R_b를 구하면 다음과 같다.

$$R_b = \frac{G_{bT}}{G_b} = \frac{\sin(\theta+\beta)}{\sin\theta} = \frac{0.817}{0.491} = 1.67$$

즉 같은 위치에서 집열판을 45도 기울이면 수평면보다 1.67배의 태양에너지를 얻을 수 있다.

산란한 태양에너지에 대한 형상계수는 몇 가지 방법이 제안되었다. 첫째 산란한 태양에너지도 공중에서 발생하여 지구로 전달되기 때문에 직접 조사 태양에너지와 같은 방향성을 가지며 같은 형상계수를 가진다고 가정하는 경우이다 ($R = R_b = R_d$). 두 번째는 산란한 태양에너지는 방향성이 없이 모든 방향으로 산란하기 때문에 수평면이나 경사면이나 구분이 없이 같은 양의 에너지가 전달된다는 경우로 즉 $R_d = 1$이다. 셋째는 많이 추천되는 방법으로 경사면에 흡수되는 태양에너지는 세 가지로 구분하였다. 즉 직접 조사되는 태양에너지(I_b), 대기 중에서 산란 후 흡수되는 태양에너지(I_d)와 지표에서 반사된 에너지가 경사면에 흡수되는 태양에너지이다 [$\rho(I_b + I_d)$]. 경사면과 하늘 사이에 형상계수는 $(1 + \cos\beta)/2$이며, 경사면과 지면 사이의 형상계수는 $(1 - \cos\beta)/2$이다. 따라서 경사면이 받는 전체 태양에너지와 형상계수는 다음과 같다.

$$I_T = I_b R_b + I_d\left(\frac{1 + \cos\beta}{2}\right) + (I_b + I_d)\rho\left(\frac{1 - \cos\beta}{2}\right) \tag{2.38}$$

$$R = \frac{I_T}{I} = \frac{I_b}{I} R_b + \frac{I_d}{I}\left(\frac{1 + \cos\beta}{2}\right) + \rho\left(\frac{1 - \cos\beta}{2}\right) \tag{2.39}$$

위 식에 사용되는 지면의 반사율(ρ)은 지면에 눈이 없으면 0.2이며, 눈이 있으면 0.7을 사용한다.

경사각과 얻어지는 에너지의 관계를 나타내는 식을 통한 결과를 종합하면, 일반적으로 나타내는 법칙은 다음과 같다. 연간 최대 에너지를 얻기 위해서는 지역의 위도와 경사각을 같게($\phi = \beta$) 한 경우이며, 여름 동안 최대 에너지를 얻기 위하여서는 경사각이 위도보다 10 ~ 15도 정도 작아야 한다 ($\beta = \phi - 15$). 또한 겨울에 최대의 에너지를 얻기 위해서는 경사각이 위도보다 10 ~ 15도 정도 커야 한다 ($\beta = \phi + 15$).

예제 2-9) 위도 40도이고, 해발 1,650 m인 지역에 평판형 집열기가 60도의 경사각으로 설치되어 있다. 집열기는 정남향이며, 지표에는 눈이 덮여있다. 1월 13일에 해가 7시에 떠서, 오후 5시에 진다면 각 시각에 집열기에 도달되는 태양에너지를 구하라. 날씨는 맑은 것으로 가정함.

❖ **풀이** : n=13, A=1,650 m, ϕ =40° β =60°

우선 오전 7시에서 8시 사이에 값을 구한다.

$$\delta = -23.5^\circ \cos\left[\frac{360(n+10.5)}{365}\right] = -23.5^\circ \cos\left[\frac{360(13+10.5)}{365}\right] = -21.6^\circ$$

$$\omega = 15 \times 4 + 7.5 = 67.5^\circ$$

오전 7시와 8시 사이에 태양에서 대기권에 비취는 태양에너지(식 2.20) :

$$G_{on} = G_s\left(1 + 0.033\cos\frac{360n}{365}\right) = 1353 \times \left(1 + 0.033\cos\frac{360 \times 13}{365}\right) = 1396\ W/m^2$$

태양고도 : $\sin\theta = \sin\delta\sin\phi + \cos\delta\cos\phi\cos\omega$

$$= \sin(-21.6)\sin(40) + \cos(-21.6)\cos(40)\cos(67.5)$$

$$= -0.237 + 0.273 = 0.036$$

$\theta = 2.06^\circ$, $\theta_z = 90 - 2.06 = 87.94^\circ$

중간 위도 지역에서 겨울을 기준으로(표 2.10) 오전 7시와 8시 사이에 태양에너지 투과율 (식 2.24) :

$$a_o = 1.03 a_o^* = 1.03[0.4237 - 0.00821(6.0 - 1.65)^2] = 0.276$$

$$a_1 = 1.01 \times a_1^* = 1.01[0.5055 - 0.00595(6.5 - 1.65)^2] = 0.369$$

$$k = k^* = 0.2711 - 0.01858(2.5 - 1.65)^2 = 0.258$$

$$\tau_b = a_o + a_1 e^{-k/\cos\theta_z} = 0.276 + 0.369 e^{-0.258/\cos 87.94} = 0.2763$$

$$\tau_d = 0.2710 - 0.2939\tau_b = 0.2710 - 0.2939 \times 0.2763 = 0.191$$

오전 7시와 8시 사이에 지표에 투과된 직접 조사 태양에너지 :

$$I_b = 3600 \times G_{on}\sin\theta \times \tau_b$$

$$= 3600 \times 1396 \times \sin(2.06) \times 0.2763 = 0.05 MJ/m^2$$

오전 7시와 8시 사이에 산란 후 지표에 도달한 태양에너지 :

$$\begin{aligned} I_d &= 3600 \times G_{on} \sin\theta \times \tau_d \\ &= 3600 \times 1396 \times \sin(2.06) \times 0.191 = 0.034\ MJ/m^2 \end{aligned}$$

오전 7시와 8시 사이에 지표에 투과된 전체 태양에너지 :

$$I = I_b + I_d = 0.05 + 0.034 = 0.084\ MJ/m^2$$

지금까지 값은 수평면에 대한 것이며, 60도 기울어진 경사면에 대한 값을 구하면 다음과 같다. 식 2.37을 이용하여 형상계수를 구한다.

$$\begin{aligned} R_b &= \frac{I_{bT}}{I_b} = \frac{\cos(\phi-\beta)\cos\delta\cos\omega + \sin(\phi-\beta)\sin\delta}{\cos\phi\cos\delta\cos\omega + \sin\phi\sin\delta} \\ &= \frac{\cos(40-60)\cos(-21.6)\cos 67.5 + \sin(40-60)\sin(-21.6)}{\cos 40\cos(-21.6)\cos 67.5 + \sin 40\sin(-21.6)} \\ &= 12.97 \end{aligned}$$

식 2.38을 이용하여 경사면의 태양에너지를 구한다.

$$\begin{aligned} I_T &= I_b R_b + I_d\left(\frac{1+\cos\beta}{2}\right) + (I_b + I_d)\rho\left(\frac{1-\cos\beta}{2}\right) \\ &= 0.05 \times 12.97 + 0.034\left(\frac{1+\cos 60}{2}\right) + (0.05+0.034) \times 0.2 \times \left(\frac{1-\cos 60}{2}\right) \\ &= 0.65 + 0.0255 + 0.0042 = 0.68\ MJ/m^2 \end{aligned}$$

각 시간에 대하여 위의 계산을 되풀이하여 결과를 종합하면 다음 표와 같다. 경사면에 비취는 태양에너지(I_T)가 수평면에 비취는 태양에너지(I)더 훨씬 많다는 것을 알 수 있고, 또한 하루 중에서 정오 근처의 시간에 조사되는 태양에너지가 많다.

표 2.11 예제 2-9의 각 시각에 대한 계산 결과

시각	ω ①	θ ②	τ_b ③	τ_d ④	I_b ⑤	I_d ⑥	I ⑦	R_b ⑧	I_{bT} ⑨	I_{dT} ⑩	I_T ⑪
7 - 8	-67.5	2.06	0.276	0.190	0.05	0.034	0.084	12.97	0.65	0.030	0.680
8 - 9	-52.5	11.3	0.375	0.161	0.369	0.159	0.528	3.35	1.24	0.142	1.382
9 - 10	-37.5	19.2	0.444	0.140	0.734	0.231	0.965	2.45	1.80	0.220	2.020
10 - 11	-22.5	24.9	0.476	0.131	1.007	0.277	1.284	2.22	2.24	0.267	2.507
11 - 12	-7.5	28.0	0.489	0.127	1.154	0.300	1.454	2.12	2.45	0.294	2.744
12 - 1	7.5	28.0	0.489	0.127	1.154	0.300	1.454	2.12	2.45	0.294	2.744
1 - 2	22.5	24.9	0.476	0.131	1.007	0.277	1.284	2.22	2.24	0.267	2.507
2 - 3	37.5	19.2	0.444	0.140	0.734	0.231	0.965	2.45	1.80	0.220	2.020
3 - 4	52.5	11.3	0.375	0.161	0.369	0.159	0.528	3.35	1.24	0.142	1.382
4 - 5	67.5	2.06	0.276	0.190	0.05	0.034	0.084	12.97	0.65	0.030	0.680
식 번호		2.14	2.24	2.31	$G_o \sin\theta \tau_b$	$G_o \sin\theta \tau_d$	⑤+⑥	2.37	⑤x⑧		2.38

* 사용된 태양에너지 단위는 MJ/m^2

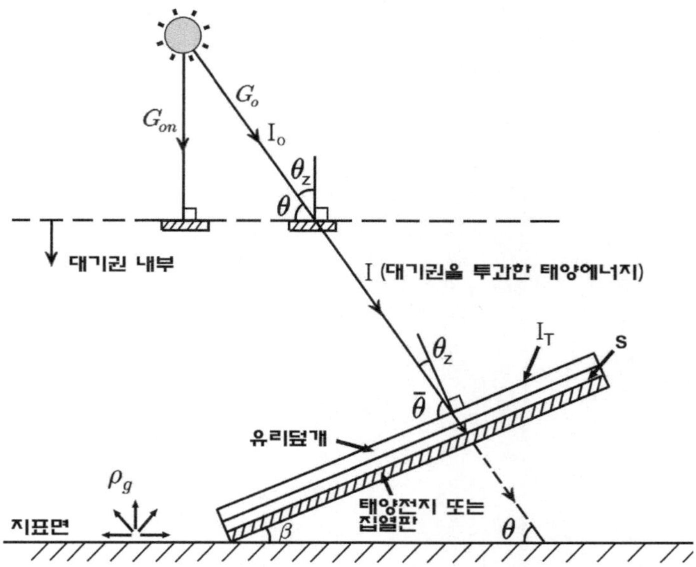

그림 2.23 태양에너지 흡수량 계산에 사용된 기호 종합

표 2.12 태양에너지 관련 계산 공식 종합

<table>
<tr><th></th><th>태양에너지 관련 공식</th><th>기타 공식</th></tr>
<tr><td>대기권외부</td><td>$G_s = 1,353\ W/m^2$
$G_{on} = G_s(1+0.033\cos\frac{360n}{365})$
$G_o = G_s(1+0.033\cos\frac{360n}{365})\sin\theta$
$I_o = \frac{12\times 3600G_s}{\pi}[1+0.033\cos(\frac{360n}{365})] \times[\cos\phi\cos\delta(\sin\omega_2-\sin\omega_1) + \frac{2\pi(\omega_2-\omega_1)}{360}\sin\phi\sin\delta]$
$H_o = \frac{24\times 3600G_s}{\pi}[1+0.033\cos(\frac{360n}{365})] \times[\cos\phi\cos\delta\sin\omega_s + \frac{2\pi\omega_s}{360}\sin\phi\sin\delta]$</td><td rowspan="3">$E_b = \sigma T^4$
$E_{b\lambda}(\lambda, T) = \frac{C_1}{\lambda^5[\exp(C_2/\lambda T)-1]}$
$C_1 = 2\pi hc_0^2 = 3.742\times 10^8\ W\cdot\mu m^4/m^2$
$C_2 = hc_0/k = 1.439\times 10^4\mu m\cdot K$
$(\lambda T)_{max\,power} = 2897.8\ \mu m\cdot K$
$\delta = -23.5^\circ\cos[\frac{360(n+10.5)}{365}]$
$\omega_s = \cos^{-1}[-\tan\delta\tan\phi]$
$\sin\theta = \cos\delta\cos\phi\cos\omega + \sin\delta\sin\phi$
$\sin\bar{\theta} = \sin\delta\sin\phi\cos\beta - \sin\delta\cos\phi\sin\beta\cos\gamma_s + \cos\delta\cos\phi\cos\beta\cos\omega + \cos\delta\sin\phi\sin\beta\cos\gamma_s\cos\omega + \cos\delta\sin\beta\sin\gamma_s\sin\omega$</td></tr>
<tr><td>대기권내부수평면</td><td>$I = I_b + I_d = \tau_b I_o + \tau_d I_o \text{ or } \tau_b G_o + \tau_d G_o$
$\tau_b = \frac{G_{onb}}{G_{on}} = \frac{I_{ob}}{I_o} = \frac{G_{ob}}{G_{on}\cos\theta_z} = a_o + a_1 e^{-k/\cos\theta_z}$
$\tau_d = \frac{G_d}{G_o} = \frac{G_d}{G_{on}\cos\theta_z} = 0.2710 - 0.2939\tau_b$
$a_o^* = 0.4237 - 0.00821(6.0 - A)^2$
$a_1^* = 0.5055 + 0.00595(6.5 - A)^2$
$k^* = 0.2711 + 0.01858(2.5 - A)^2$</td></tr>
<tr><td>경사면</td><td>$R = \frac{\text{경사면에 입사된 전체태양에너지}}{\text{수평면에 입사된 전체태양에너지}}$
$R = \frac{I_T}{I} = \frac{I_{bT}+I_{dT}}{I} = \frac{I_b}{I}R_b + \frac{I_d}{I}R_d$
$R_b = \frac{G_{bT}}{G_b} = \frac{\sin\bar{\theta}}{\sin\theta}$
$I_T = I_bR_b + I_d(\frac{1+\cos\beta}{2}) + (I_b+I_d)\rho_g(\frac{1-\cos\beta}{2})$</td></tr>
</table>

CHAPTER 3 태양열 발전

태양에너지를 가장 쉽게 이용하는 방법은 직접 열에너지로 이용하는 것이다. 태양에너지의 직접 이용에는 태양에너지를 습득하기 위한 특별한 설비의 여부에 따라서 크게 자연채광형과 설비형으로 구분할 수 있다. 자연 채광형은 용어가 의미하는 바와 같이 특별한 설비의 사용 없이 투명한 유리를 통과하여 직접 실내에 있는 바닥이나 벽에 열에너지를 저장하는 방법이다. 따라서 자연채광이 좋으면 겨울철에 난방비를 많이 절약할 수 있으므로 남향의 집을 매우 선호하고 있다. 또한 자연 채광형 중에서 실내에 벽돌, 콘크리트 또는 물을 사용하여 실내에 벽을 설치하고, 여기에 유도된 열에너지를 저장하여 더욱더 유용하게 태양열을 장시간 이용하는 방법도 있다. 설비형은 태양열을 습득하기 위하여 집열기를 사용하고, 집열기에서 물이나 공기를 가열하여서 온수와 난방으로 사용하는 방법으로 오랫동안 사용되어왔다. 태양열발전은 열을 몇십 배 또는 몇 백 배 집중하여 고온의 열을 이용하여 발전하는 보다 진보된 방법이다. 태양열을 온수와 난방 외에도 건물의 냉방에도 사용할 수 있다. 흡수식 냉동기에서 냉매를 증발시키기 위하여 태양열을 열원으로 사용하면 똑같은 집열방식을 이용하여 쉽게 가능하다.

3.1 태양열 집열기

그림 3.1은 오래전 미국 메릴랜드주에서 태양열을 이용하기 위하여 집열기를 판매하는 광고로 미화 25달러의 가격으로 판매되고 있었다는 것을 알 수 있다.

그림 3.1 태양열 시스템 판매 광고[1]

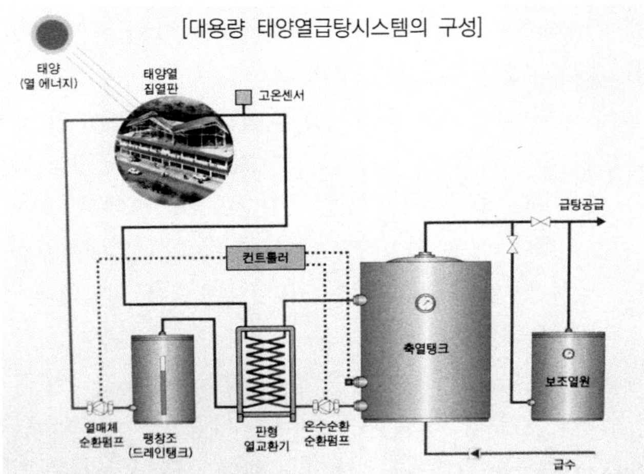

그림 3.2 태양열 시스템 구성도

태양에너지를 열로 이용하는 데 필요한 태양열 시스템은 그림 3.2와 같이 집열부, 열교환기, 축열부 및 보조부 등으로 구분된다. 특히 이 중에서 가장 중요한 장치가 태양열을 효과적으로 이용할 수 있는 열로 변환시키는 장치인 태양열 집열기이다. 집열기는 태양열을 이용하여 집열기에 흐르는 유체를 가열한다. 집열기 출구에 설치된 온도센서가 미리 설정한 온도에 이르면, 유체를 열교환기로 흘러가게 한다. 필요에 따라서 열교환기를 설치하지 않아도 되며, 외부 온도가 영하로 내려가는 지역에서는 집열기에 있는 관의 동파를 방지하기 위하여 집열기에 흐르는 유체에 부동액을 혼합한다. 따라서 이 유체를 직접 사용하지 못하고 열교환기를 통하여 열교환을 한 물을 온수와 난방에 사용한다. 가열된 온수는 축열조에 비축되어 필요에 따라서 가정에 공급된다. 한편 흐린 날과 밤에는 태양열을 이용할 수 없으므로 심야전기 보일러와 같은 보조 가열장치가 필요하다.

그림 3.3 ~ 3.7과 같이 집열기는 형태에 따라서 평판형(flat plate), 복합형(compound parabolic concentrator), 구유형(parabolic concentrator), 접시형(dish), 및 타워형으로 구분된다.

평판형은 그림 3.3과 같이 낮은 온도의 유체가 직접 집열기 관을 지나면서 태양열에 의하여 가열된다. 보통 온수와 난방을 목적으로 가정집에 사용할 때는 구조가 간단하고 제작비가 상대적으로 저렴하여 많이 보급되어 있다. 그러나 집열판이 한 방향으로 향하도록 고정되어 있어서 태양의 고도와 방위각의 변화에 따라서 얻는 태양에너지의 변화가 심한 단점이 있다.

그림 3.3 가정용 평판형 태양열 집열기[2]

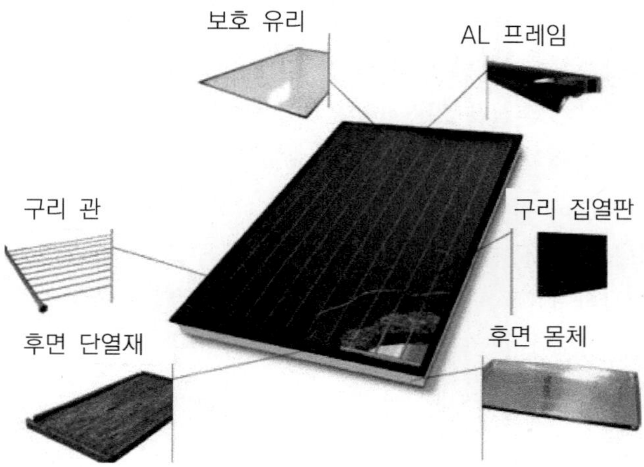

그림 3.4 평판형 집열기의 내부구조

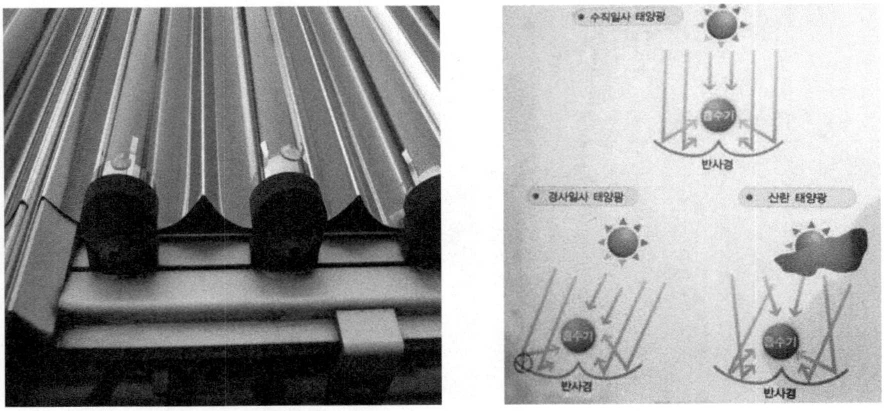

그림 3.5 복합형 태양열 집열기

평판형의 이런 단점을 보완하기 위하여 고안된 형태인 복합형은 그림 3.5와 같이 태양의 위치가 변해도 상당한 양의 태양에너지를 받을 수 있도록 반사면이 특별히 설계되어 있다. 따라서 구조는 복잡하지만, 반사경이 유체관 후면에 설치되어 있어서 태양의 위치 변화에 대한 태양에너지 손실을 최소화할 수 있다.

한편 외부로 열손실을 최소화하기 위하여 평판형을 약간 개량한 형태인 진공관형과 히트파이프 진공관형 등이 있다. 그림 3.6과 같은 진공관형은 유체가 흐르는 관 주위가 진공관으로 둘러싸여 있어서 전도열전달과 대류열전달에 의한 열손실이 없는 장점이 있다. 그러나 구조가 복잡하여 제작단가가 높고, 진공관이 파손되면 열손실이 많고 수리가 쉽지 않은 단점이 있다. 히트파이프 진공관형은 진공관형과 유사하나 유체가 직접 집열기를 지나지 않고, 진공관 내부에 열을 잘 전달하는 히트파이프가 설치되어 있어서 태양열이 히트파이프를 통해서 유체에 전달되는 시스템으로 구조도 복잡하여 비용이 상당히 비싼 점이 단점이다.

구유형, 접시형과 타워형은 태양열을 한 곳으로 집중하기 때문에 상대적으로 고온을 얻을 수 있다. 그림 3.7과 같은 구유형은 태양열발전에 주로 사용되며 약 400℃까지 유체를 가열할 수 있다. 특히 그림 3.8과 같은 접시형과 타워형은 많은 반사경을 이용할 수 있으므로 1,000℃ 이상의 고온을 얻을 수 있어서 태양열발전에 사용된다.

그림 3.6 진공관형 태양열 집열기와 단면구조

그림 3.7 구유형(parabolic concentrator) 태양열 집열기[2]

그림 3.8 접시형 및 타워형 태양열 집열기[3]

3.2 태양열발전

태양열발전(solar thermal power)은 태양열을 열원으로 이용하여 전기를 생산하는 방법으로, 화력발전소에서 화석연료를 사용하여 보일러에서 수증기를 생산하는 대신 태양열을 이용하여 수증기를 생산하는 점이 중요한 차이점이다. 이때 발생한 수증기는 터빈을 회전시키고, 이 회전축에 연결된 발전기가 전기를 생산한다. 그러나 지표에 도달하는 태양열로는 물체를 고온으로 가열할 수 없으므로 넓은 면적에 비취는 태양열을 좁은 면적에 집중하면 고온을 얻을 수 있다. 따라서 평판형 집열기 대신에 구유형, 접시형 또는 여러 개의 평판형 반사거울(heliostat)을 사용하여 태양열을 한 곳에 집중시키는 타워형 등이 있다.

태양열을 수십 또는 수천 배로 집중하여 얻은 고온의 열을 이용하여 소금, 물, 암모니아 또는 합성기름을 가열하거나 직접 스털링엔진을 가동하는 다양한 방법이 사용되고 있다. 태양열발전은 1, 2차 석유파동 이후부터 많은 연구가 진행됐으며 태양열을 집중하는 특성상 사막과 같은 장소가 필요하여 미국, 스페인 및 오스트레일리아 등의 국가에서 많은 관심을 가지고 대형의 설비를 설치하고 있다.

3.2.1 구유형 발전시스템

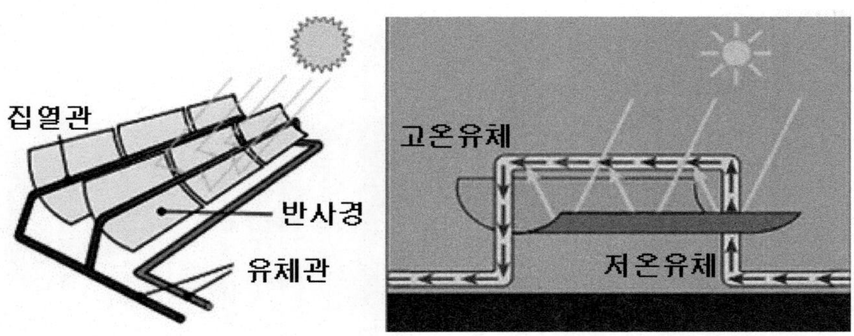

그림 3.9 구유형 태양열 집열기 개념도

그림 3.10 구유형 태양열 집열기[4]

현재 상업용으로 많이 사용되고 있는 방법으로 그림 3.9와 3.10과 같이 구유형 반사경으로 태양열을 수십 배(30 ~ 60배) 집중하여서 반사경의 초점에 있는 관 내부에 흐르는 유체를 약 400℃ 정도로 가열한다. 가열된 유체는 열교환기를 통과하면서 물을 가열하여 수증기를 발생시킨다. 발생한 수증기는 터빈에서 축을 회전시키고 이축에 연결된 발전기를 회전시켜 전기를 생산한다. 간략한 개념도는 그림 3.11과 같다.

보통 집열기에서 합성기름을 가열하여 열을 수송하며 열교환기에서 수증기를 발생시키고 냉각된 유체는 다시 펌프를 통하여 집열기로 보내져서 가열된다. 응용에 따라서 다양한 유체가 사용될 수 있다. 그러나 태양열을 이용할 수 없는 밤이나 흐린 날에는 발전 용량보다 큰 집열기를 설치하여 열의 일부를 열저장소에 저장하거나 보조 가열장치를 이용하여 유체를 가열하면 항상 발전시스템이 가동될 수 있다.

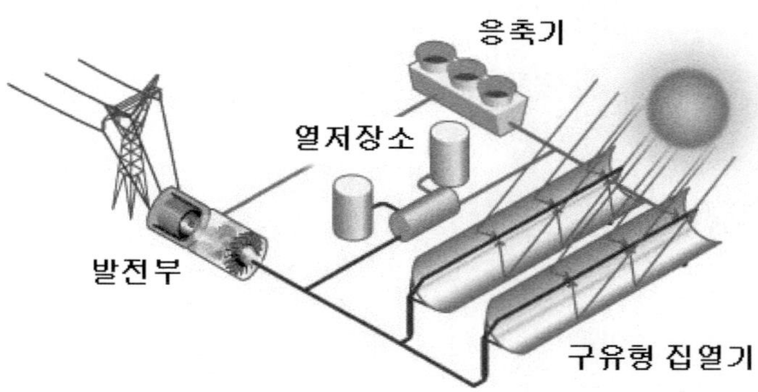

그림 3.11 구유형 태양열 발전시스템 개념도

그림 3.12 캘리포니아주 사막에 설치된 구유형 태양열발전소(SEGS)[4,5]

대표적인 설비로 미국 캘리포니아주 모하비(Mojave) 사막에 9개의 발전소(SEGS)가 1980년대에 건설이 시작되어 1985년부터 1991년 사이에 단계적으로 완공되어 현재 운영되고 있다. 전체 발전용량은 354 MW이며, 각각의 발전소는 최소 14 MW에서 최대 80 MW의 발전용량을 가지고 있다. 설비가 차지하는 면적도 48만 m^2에서 83만 m^2의 대단위이다. 집열부에서 가열된 유체의 최고 온도는 390℃ 정도이다. 이 발전소에는 야간과 흐린 날에 발전하기 위하여 가스를 이용한 유체 가열 시스템이 병렬로 설치되어 있으며 발전량의 25%를 차지하고 있다. 발전 단가는 건설 초기인 1984년에는 0.25 $/kWh 정도였으나 이후에 0.10 ~ 0.12 $/kWh로 현저히 감소하였다. 스페인에서도 2008년 11월에 50 MW 용량의 발전소가 준공되었으며, 열저장 설비를 갖춘 같은 규모의 발전소가 건설되고 있다.

3.2.2 타워형 발전시스템

타워형 발전시스템은 거울과 같은 반사경(heliostat)을 넓은 면적에 설치하고 이 반사경을 통하여 태양열이 중심에 있는 타워의 집열부에 집중되도록 각각의 반사경을 태양의 움직임에 따라서 조절한다. 따라서 수백 또는 수천 배의 태양열을 집중할 수 있으므로 대용량으로 건설할 수 있는 매우 효과적인 발전 방법이다. 그림 3.13에서 집열부는 태양열이 반사경에서 집중되어 작동유체를 가열하는 부분이며 내부 형태는 그림 3.14와 같다. 집열부 내부에는 많은 관으로 이루어진 열교환기가 있어 반사경에서 반사된 태양열이 열교환기 표면에 모여서 관 내부에 흐르는 작동유체를 가열한다. 따라서 고온의 열에너지를 이용하여 물을 가열하여 수증기를 발생시키거나 다양한 방법으로 태양열 일부를 저장하여 태양열을 받을 수 없는 시간에도 발전할 수 있는 장점이 있다.

그림 3.13에서 고온 열저장소는 가열된 작동유체가 저장되는 저장소이다. 태양열을 저장하기 위하여 소금이나 암모니아 등을 이용한다. 소금의 용융온도는 약 220℃로 고체상태의 소금을 약 290℃ 정도로 가열하여 액체상태로 유지한다. 소금을 타워에서 560 ~ 570℃로 가열하여 바로 발전에 사용되거나 약 50%의 소금을 저장하여 밤이나 흐린 날에 발전에 사용될 수 있다. 가열된 소금이 열교환기에서 물을 가열하여 수증기를 발생시키며, 수증기는 터빈과 발전기를 회전시켜서 전기를 생산한다. 열교환기에서 냉각된 소금은 저온 열저장소에 저장되었다가 다시 집열부에서 태양열을 받아서 가열된다. 비슷한 원리로 암모니아를 750℃로 가열하면 고온에서 암모니아는 수소와 질소로 분리되고, 태양열을 받을 수 없는 시간에 이 가스를 재결합시키면 암모니아로 환원되면서 고온의 열을 다시 얻을 수 있다.

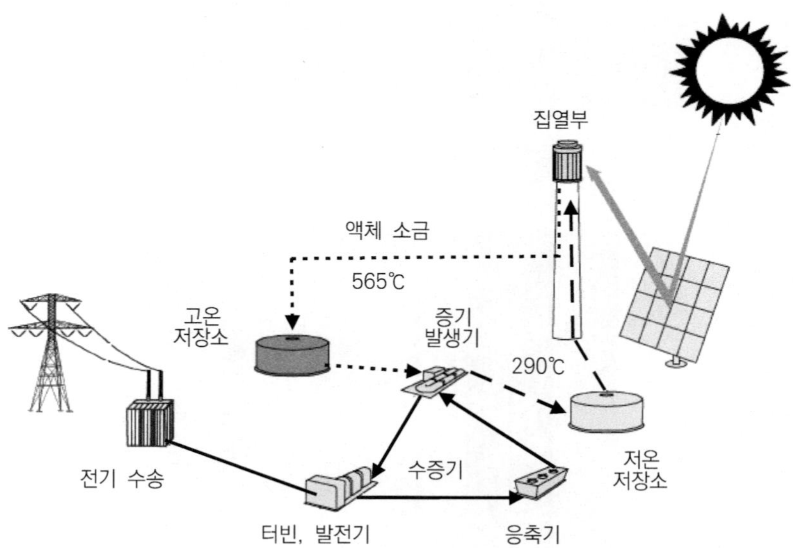

그림 3.13 타워형 발전시스템 개념도[5,6]

미국은 1982년부터 86년 사이에 캘리포니아 발스토우(Barstow) 지역에 10MW 규모의 발전소를 최초로 건설하여 운영하였다. 그 후 국립샌디아연구소(Sandia National Lab.)를 중심으로 뉴멕시코 앨버커키에 태양열을 이용하여 소금을 용융하여 50%는 저장하고 나머지 열을 사용하여 발전하는 시설을 설치하여 운영하였다. 이 발전소의 특징은 소금을 열 이송 매체로 사용하여 태양이 없는 밤에도 발전을 할 수 있다는 점이다. 사용된 소금의 용융점은 약 220℃이며, 저온 저장소에 약 288℃에서 액체 상태로 저장된 후 타워에 있는 태양열 집열부로 보내져서 566℃까지 가열되어 고온 저장소에 저장된다. 저장된 50% 열을 이용하여 밤과 태양이 비취지 않는 날에 발전을 할 수 있는 방법을 실험하여 거의 연속적으로 일주일 동안 24시간 발전하였다.

그림 3.14 타워형 발전시스템의 집열부 외부 및 내부[7]

그림 3.15 스페인 남부 세비야에 설치된 타워형 태양열 발전소[8]

타워형 발전소의 대표적인 설비는 그림 3.15와 같이 스페인 남부 세비야 외곽에 있는 사막에 연차적으로 건설되는 태양열 발전소이다. 스페인은 이 분야에 가장 앞선 기술을 가지고 있으며, 11 MW의 전력을 생산하는 타워형 발전소(Planta Solar 10)를 2007년에 완공하여 운영하고 있다. 이 발전소에는 624개의 반사경이 115 m의 타워에 있는 집열부에 태양열을 모아서 수증기를 발생시켜 터빈을 구동하여 발전한다. 또 근처에 테니스 코트의 절반 크기 정도의 반사경 1,255개가 축구장 100개 정도의 면적에 설치된 20 MW의 태양열 발전소(Planta Solar 20)가 2009년에 완공되었다. 반사경을 이용하여 중앙에 있는 160 m 높이의 집열부에 태양에너지를 모아서 1,000℃의 이상의 고온을 얻을 수 있다. 이곳은 연차적으로 300 MW의 전기를 생산하는 시설로 확장된다.

그림 3.16과 3.17은 2011년 대성에너지(주)가 대구에 건설한 타워형 태양열 발전시스템의 구성도와 전경이며, 발전용량은 200 kW로 소형이나 우리나라에서는 최초의 설비이다. 450개의 반사경을 사용하여 50m 높이의 타워에 태양열을 집열하여 공기를 700 ~ 1,000℃까지 가열하게 설계되었다. 약 800℃로 가열된 공기 일부는 저장되고 일부는 열교환기에서 물을 가열하여 수증기를 발생시킨다. 발생한 수증기는 터빈을 회전시켜 전기를 발전하고, 냉각된 수증기는 다시 열교환기로 돌아가서 가열된다. 열저장소에 저장된 공기는 흐린 날이나 밤에 발전하는 데 사용된다. 발전에 사용된 저온의 공기는 다시 타워에 있는 집열기로 보내져서 가열된다. 태양열을 받아서 전기를 생산하는 전 과정에 대한 발전시스템의 전체효율은 13%이다.

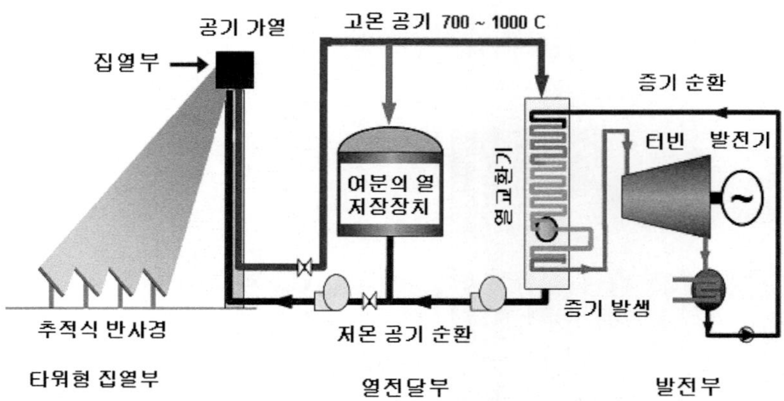

그림 3.16 대구에 설치된 200 kW급 타워형 태양열 발전소 구성도[9]

그림 3.17 대구에 설치된 200 kW급 타워형 태양열 발전소

3.2.3 접시형 발전시스템

접시형의 태양열 집열기가 태양열을 접시의 초점에 있는 집열부에 집광하여 유체를 가열한다(그림 3.18). 일반적으로 스털링엔진(Stirling engine)을 집열부에 설치하여 직접 발전한다. 집열기와 발전기 일체형은 1970년대 말과 1980년대에 미국에서 본격적으로 개발되었다. 1986년부터 1988년 사이에 25 kW급의 8대가 설치되어 실험적으로 운영되었으며, 접시형은 태양열 집광도가 높으므로 고온의 에너지를 얻을 수 있어서 전체 발전 효율이 약 30%에 이르는 높은 효율을 가지고 있다. 또한 발전시스템 자체가 인터넷을 통하여 원격으로 조정 및 작동할 수 있는 장점이 있다.

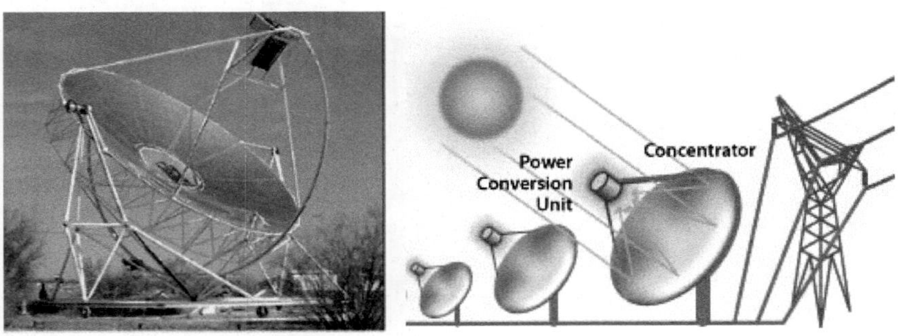

그림 3.18 접시형 발전시스템의 개념도[10]

접시형은 한 대의 규모가 크지 않기 때문에 여러 대의 소규모 발전설비를 그룹으로 설치하여 원격으로 조정하고, 필요에 따라서 발전 용량을 키울 수 있다. 2005년에 미국의 스털링엔진시스템(SES)에 의하여 6개의 접시형 발전시스템(그림 3.19)을 한 그룹으로 하는 발전설비를 설치하여 성공적으로 운영하고 있다. 이 시스템의 최고 효율은 31.25%로 반사경에 입사된 총 태양에너지와 발생한 전기에너지의 비이다. 이 설비는 운영자 없이 원격 조정에 의하여 아침부터 저녁까지 태양의 움직임을 따라서 작동하고 있다.

그림 3.19 스털링엔진 시스템사의 접시형 발전시스템[11]

그림 3.20 경남 진해에 설치되어 실증 연구가 시행된 접시형 발전시스템[12]

국내에서 연구개발은 주로 한국에너지연구원에서 실시되었다(그림 3.20). 2004~2006년에 10 kW급 접시형 집광시스템 실용화 연구를 시행하였으며, 집광시스템은 국내에서 개발하고 스털링엔진은 독일 제품을 사용하였다. 경남 창원시 진해구 하수종말처리장에 설치하여 실증연구를 실시하였으며 약 19%의 효율을 얻었다. 2003년부터 스털링엔진 발전시스템에 대한 실증 연구를 진행했고, 또한 2004년부터 가스터빈(30 kW)을 이용한 발전시스템에 관한 기술개발 연구를 진행했다.

표 3.1은 현재 운영 또는 건설 중인 대표적인 태양열 발전소들이다. 주로 스페인과 미국에서 사용 중이며, 대용량의 발전소 여러 개가 스페인에서 최근 완공되어 총 약 400 MW이며, 앞으로 스페인이 태양열발전 분야를 선도할 것으로 예상할 수 있다. 주로 구유형이 사용되고 있으며, 일부 타워형도 사용되고 있다.

표 3.1 대표적인 태양열 발전소 현황[5]

발전소명	국 명	위 치	발전용량 (MW)	발전형태	기타
Solar Energy Gen. Sys.	USA	Mojave	354	구유형 (Trough Type)	전체 9개 설비
Nevada Solar One	USA	Las Vegas	64	구유형	2007년 준공
Andasol 1	Spain	Granada	50	구유형	2008년 11월 준공
PS10 solar power tower	Spain	Seville	11	타워형	유럽 최초 상용설비 2007년 준공
Martin Next Gen. Solar Energy Center	USA	Florida	75	구유형	증기사이클
Andasol 2	Spain	Granada	50	구유형	열저장설비
Andasol 3	Spain	Granada	50	구유형	열저장설비
Alvarado/La Risca 1	Spain	Badajon	50	구유형	

Solnova 1	Spain		50	구유형	
Solnova 3	Spain		50	구유형	
Energia Solar De Puertollan SA	Spain		50	구유형	
Kuraymat Plant	Egypt		40	구유형	가스 가열
Hassi R'mel	Algeria		20	구유형	가스 가열
PS20 Solar	Spain	Seville	20	타워형	
Solar Tres Power Tower	Spain		17	타워형	열저장설비

3.2.4 우주선 태양열 발전시스템

소규모의 통신위성과 우주정거장에 사용되는 전기는 태양전지를 사용하여 전기를 공급한다. 그러나 장래에 필요할 대용량의 전기를 공급하기 위하여서는 새로운 발전설비가 필요하다. 또한 태양전지 패널의 면적은 전기 용량에 비례하여 증가하며 면적이 증가하면 우주에서 지구를 회전하면서 많은 저항을 받고 따라서 우주선 몸체의 자세제어가 자주 필요하게 된다. 이러한 단점을 보완하기 위하여 우주선 태양열 발전시스템(solar dynamic power system)이 미국 항공우주국(NASA)에서 연구해왔다. 브레이톤사이클(Brayton Cycle)을 사용하는 2 kW 용량의 발전설비가 제작되어 우주와 비슷한 환경을 재연한 진공 탱크에서 성능시험이 시행되었다(그림 3.21). 약 500시간 이상 작동하였으며, 생산한 전기는 400 W에서 2 kW 범위의 출력을 도출하였다. 실험 결과 브레이톤사이클의 효율은 약 30%이며, 전체 태양열발전 시스템의 효율은 17%로 현재 우주정거장에 사용되는 태양전지(4%)보다 월등한 효율을 보였다.

그림 3.21 미국 항공우주국에서 우주용으로 제작한 태양열 발전시스템[13]

3.2.5 에너지 변환장치

태양열 집열기에 모인 열에너지를 전기에너지로 변환하는 열기관의 사이클에는 대표적으로 렌킨사이클(Rankine cycle), 브레이톤사이클(Brayton cycle), 스털링사이클(Stirling cycle) 등 세 가지가 있다. 렌킨사이클은 구유형과 타워형 발전시스템에 증기터빈과 함께 사용되고, 브레이톤사이클은 우주용 발전시스템(그림 3.21)에 사용된다. 스털링사이클은 접시형 집열기의 집열부에 설치되는 스털링엔진에 이용된다(그림 3.18 ~ 3.20).

렌킨사이클은 증기사이클로 그림 3.22와 같이 보통 화력발전소의 보일러에서 수증기를 만들고 이 고온 및 고압의 수증기를 이용하여 터빈을 회전시켜 전기를 발전하는 과정에 사용된다. 즉 연료 대신에 태양열로 물을 가열하여 고온 및 고압의 수증기(② ~ ③′ 과정)를 만들고, 이 수증기가 터빈에 들어가서 터빈(③′ ~ ④ 과정)을 회전시켜서 전기를 생산한다. 터빈에서 나온 수증기는 응축기(④ ~ ① 과정)에서 열을 방출하고 액체상태가 되고, 다시 펌프(① ~ ② 과정)로 보일러에 보내져 수증기로 변환되는 과정을 되풀이한다.

또한 같은 렌킨사이클에 작동유체로 물 대신 톨루엔(Toluene)과 같은 유기물을 사용하는 유기물 렌킨사이클(Organic Rankine Cycle)도 있다. 이 사이클은 작동 방법은 같으나 톨루엔의 기화온도가 낮으므로 낮은 온도에 사용된다.

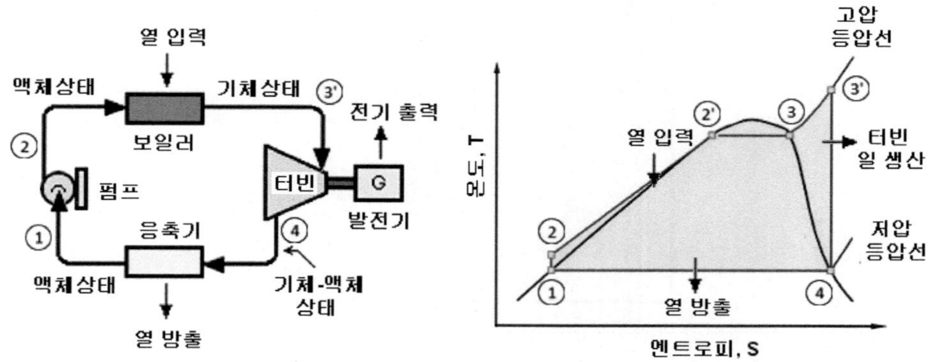

그림 3.22 렌킨사이클의 구성도 및 T-S 선도

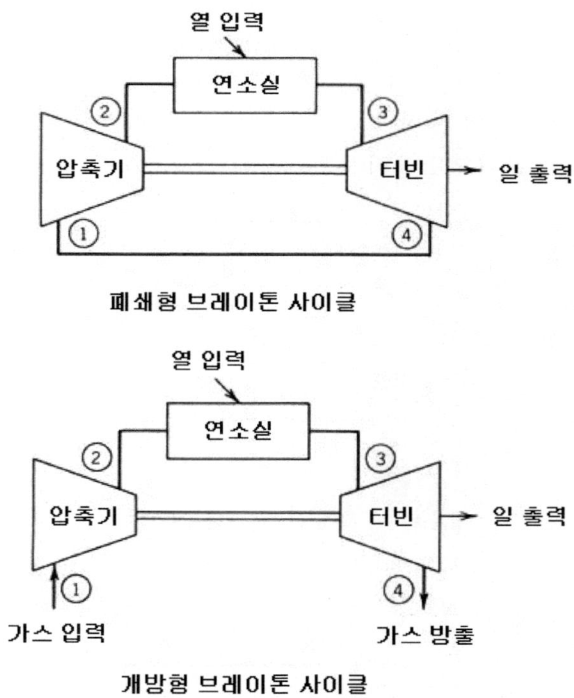

그림 3.23 브레이톤사이클의 구성도

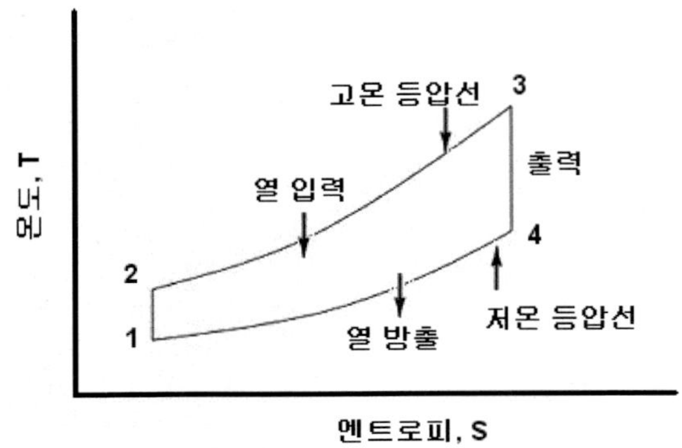

그림 3.24 브레이톤사이클의 T-S 선도

브레이톤사이클은 가스터빈의 기본 사이클로 가스를 사용하여 터빈을 작동시키는 방법으로 연료 대신에 집열부에서 얻은 태양열을 이용하여 공기나 가스를 가열(연소실)하면 상변화 없이 고온 및 고압의 가스가(② ~ ③과정) 된다. 이 가스는 터빈에 들어가서 터빈(③ ~ ④과정)을 회전시켜서 축일을 얻는다. 터빈을 통과하면서 저온 및 저압으로 냉각된 가스는 터빈과 같은 축에 연결된 압축기로 압축(① ~ ②)된 후 다시 연소실 돌아가서 가열 및 팽창과정을 되풀이한다. 그림 3.23과 같이 가스가 시스템 내부에서 계속 순환되면서 사용되는 폐쇄형과 사용된 가스를 외부로 방출하고 새로운 가스를 사용하는 개방형으로 구분한다. 그림 3.24는 브레이톤사이클의 T-S 선도를 나타낸다. 등압상태에서 연소실에서 가스를 가열(2~3 과정)하고, 터빈을 돌려서 일(3~4 과정)하고 냉각된 가스를 등압상태(4~1 과정)에서 냉각한다. 우주용으로 개발되는 태양열 발전시스템에 폐쇄형 브레이톤사이클을 사용하고 있다.

스털링사이클을 이용하는 스털링엔진은 1816년에 발명되어 많은 발전을 거듭하고 있다. 작동유체로 헬륨이나 수소를 사용하고 있으며, 태양열을 이용하여 이 작동유체를 가열하면 가열된 가스가 팽창하면서 피스톤을 밀어서 피스톤을 움직인다. 피스톤에 축이 연결된 경우와 피스톤에 축이 연결되지 않은 두 가지 형태가 있다. 피스톤에 축이 연결되지 않으면 피스톤이 왕복운동을 하면서 바로 전기를 발생시키는 발전기 역할을 한다(linear generator). 보통 접시형 발전시스템에 많이 사용되고 있다. 스털링엔진은 기름 외에 나무와 같은 바이오연료 등 다양한 연료를 연소시켜 작동시킬 수 있고, 또한 태양열, 온천수의 열 등 다양한 열원에서 열을 얻어서 사용할 수 있는 장점이 있다. 그러나 100 kW 정도의 작은 출력에 유리하며, 출력이 크면 경쟁력이 떨어진다.

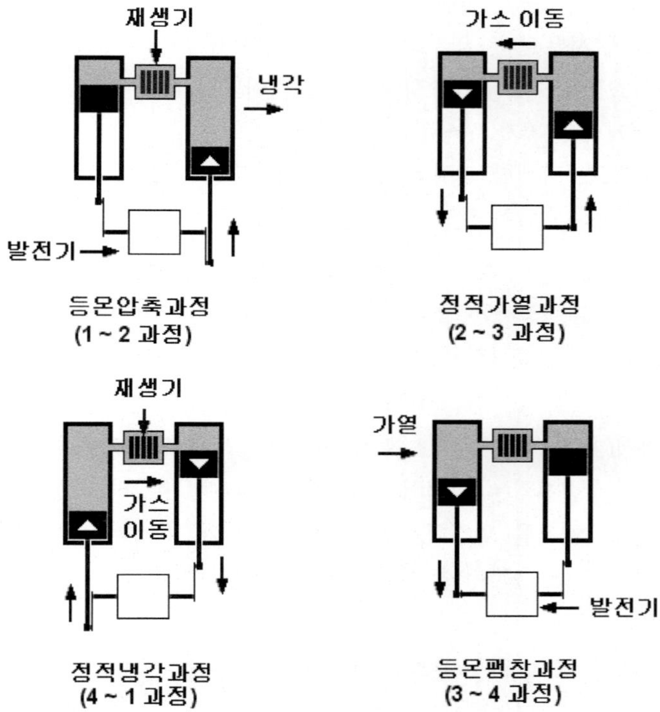

그림 3.25 스털링엔진의 작동 사이클

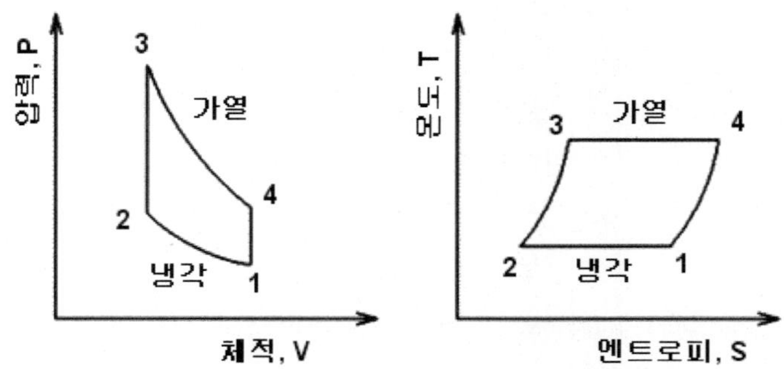

그림 3.26 스털링사이클의 P-V 및 T-S 선도

그림 3.25와 같이 두 개의 실린더가 재생기를 사이에 두고 서로 연결되어 있으며, 작동유체로 헬륨 등이 사용된다. 외부의 열원으로 작동유체가 가열 또는 냉각되면 왼쪽 피스톤과 오른쪽 피스톤은 서로 반대 방향으로 움직이면서 일을 한다. 이 과정 동안 피스톤에 연결된 발전기에서 전기가 생산된다. 이상적인 스털링사이클은 그림 3.26과 같이 4과정으로 이루어져 있고, 자세한 과정에 대한 설명은 다음과 같다.

- 등온압축과정(1~2 과정) : 저온에서 등온상태를 유지하며 가스를 압축하는 과정으로, 왼쪽 피스톤은 정지한 상태에서 오른쪽 피스톤이 가스를 압축한다. 한편 가스를 압축하면 온도가 상승하므로 등온상태를 유지하기 위하여 오른쪽 실린더에 냉각이 이루어진다.
- 정적가열과정(2~3 과정) : 가스의 체적을 일정하게 유지하면서 가스 온도를 저온에서 고온으로 상승시키는 과정이다. 왼쪽 피스톤은 팽창하고 동시에 오른쪽 피스톤은 압축하면서 체적을 일정하게 유지한다. 따라서 가스는 오른쪽 실린더에서 왼쪽 실린더로 재생기를 통과하여 이동하면서, 재생기에 저장된 열을 받아서 가스 온도가 증가한다.
- 등온팽창과정(3~4 과정) : 압축된 가스가 고온을 유지하면서 팽창하는 과정이다. 오른쪽 피스톤은 고정되었던 동안 왼쪽 피스톤은 팽창하면서 일을 한다. 가스가 팽창되면 온도가 떨어지므로 고온을 유지하기 위하여 외부 열원에서 왼쪽 피스톤에 열을 공급하여 고온을 유지한다.
- 정적냉각과정(4~1 과정) : 가스의 체적을 일정하게 유지하면서 가스 온도를 고온에서 저온으로 낮추는 과정이다. 체적을 일정하게 유지하기 위하여 왼쪽 피스톤은 압축하고, 오른쪽 피스톤은 팽창한다. 따라서 고온의 가스가 재생기를 통과하면서 왼쪽 실린더에서 오른쪽 실린더로 이동한다. 이 과정 동안 가스는 재생기를 가열하며 열을 재생기에 저장하고, 가스는 냉각된다.

스털링엔진은 열교환기의 일종인 재생기(regenerator)를 사용하여 고온 가스의 열의 일부를 저장하였다 다시 이용하는 과정을 거치면서 열효율을 증가시키는 장점이 있다. 재생기는 금속철망과 같은 구조물이 여러 겹 겹쳐진 형태로 고온의 가스가 통과하면서 열을 온도가 낮은 재생기에 전달하고, 반대로 저온의 가스가 통과하면서 재생기에 저장된 열을 받아 가스가 가열된다. 즉 등온압축과정(1~2 과정)에서 고온의 가스는 열을 재생기에 저장하면서 냉각되고, 오른쪽 실린더로 이동한다. 다음 정적가열과정(2~3 과정) 동안 작동유체가 오른쪽 실린더에서 왼쪽으로 이동하면서 재생기에 저장된 열을 받아서 가열된다. 따라서 작동유체의 가열에 필요한 열이 절약되어 스털링엔진의 효율이 상대적으로 높다.

CHAPTER 4

태양광 발전

4.1 태양전지의 개요

4.2 태양전지 효율

4.3 태양전지 성능 향상

4.4 염료감응 태양전지

4.5 페로브스카이트 태양전지

태양열을 이용하는 대신에 태양광을 이용한 에너지 변환에는 여러 가지 방법이 있다. 식물의 광합성을 통한 포도당 또는 전분의 생성, 물에 있는 반도체에 태양광이 조사되어 산소와 수소를 생성, 반도체에서 직접 전기를 생성하는 태양전지 등 그림 4.1과 같다. 가장 대표적인 경우가 태양에너지를 화학에너지로 변환시키는 광합성과 태양에너지를 전기에너지로 변환시키는 태양전지(solar cell)이다. 광합성은 그림 4.2와 같이 식물의 엽록소에서 공기 중에 있는 이산화탄소와 뿌리에서 공급받은 물을 이용하여 포도당과 산소를 생성하는 과정으로 태양에너지 이용률은 3%로 매우 미미하다. 주로 적색과 청색이 광합성에 많이 이용된다.

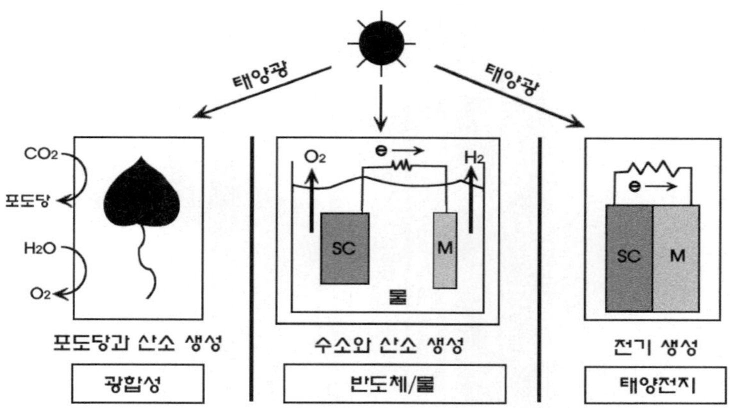

그림 4.1 태양에너지를 이용한 에너지 변환

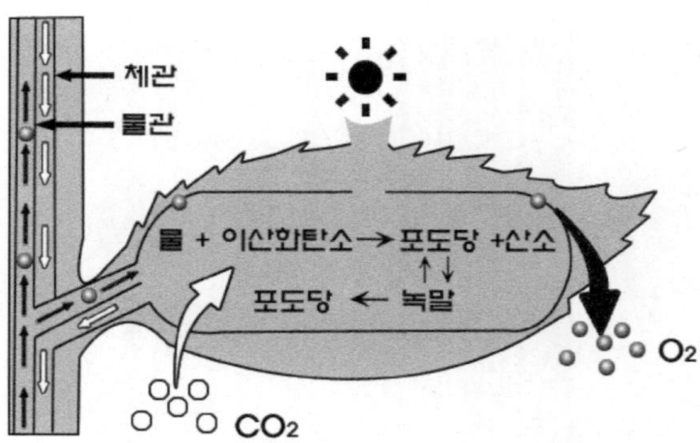

그림 4.2 태양에너지를 이용한 식물의 광합성 과정

광전효과를 이용하여 빛을 직접 전기로 변환하는 Photovoltaic(photo = light, voltaic = electricity, PV) cell은 에너지 변환 중에서 가장 주목받는 분야다. 특히 태양 에너지를 직접 전기로 변환하는 것을 태양전지(solar cell)라 한다. 1956년 고 순도 단결정 실리콘이 벨연구소에서 개발되어 4%의 효율을 가지는 태양전지가 제작되고, 1960년대 우주탐험의 시작과 함께 우주선에 전기를 공급하기 위하여 PV에 대한 많은 연구가 진행되었다. 1958년에 발사된 Vanguard 1호 위성에 처음 태양전지가 탑재되어 전기를 생산했다. 그림 4.3과 같이 PV 모듈이 인공위성 몸체를 둘러싼 형태로 설치되어 작동에 필요한 전기를 생산하고, 또한 우주정거장에 전기를 공급하는 주요 발전설비로 그림 4.4와 같이 대형의 태양전지 모듈이 사용되고 있다[1].

그림 4.3 520 W의 전력을 통신위성에 공급하는 태양전지판

그림 4.4 우주정거장에 설치된 태양전지

1980년대 단결정 실리콘 태양전지 제조 기술의 발전으로 실험실 효율이 약 20%에 이르렀다. 초기에는 제작비용이 매우 비쌌지만, 대면적화 및 대량 생산으로 현재는 제작비용이 저렴해졌으며, 에너지 변환 효율이 낮은 단점이 있다. 2000년 이후 수요 증가로 실리콘 원재료 및 실리콘 모듈 제조단가 인하, 원자재 수급 및 효율 향상의 문제에 직면해 있다. 그러나 에너지 변환 과정에서 환경에 영향을 미치는 오염물질이 거의 생성되지 않는 장점이 있고, 빛을 직접 전기로 변환하는 장점이 있다.

4.1 태양전지의 개요

빛을 전기로 변환하는 원리는 1887년 Heinrich Hertz에 의하여 발견되었으며, Albert Einstein에 의하여 자세히 설명되었다. 그림 4.5와 같이 빛이 어떤 금속 표면에 비취면 금속에서 전자가 방출된다는 사실이 관측되었으며 이런 현상이 광전효과(Photoelectric effect)다. 즉 빛이 금속 표면에 쪼이면 빛의 파장에 반비례하는 운동에너지를 가진 전자가 방출된다. 이 현상은 초기에는 별 관심을 끌지 못하였으나, 어떤 파장에 대하여서는 전자가 방출되지 않는다는 사실이 발견되면서 많은 연구자의 관심을 끌기 시작하였다. 그 당시 전통적인 물리학에서는 전자가 방출되는 것은 비추어지는 빛의 세기에 의존하지, 빛의 색깔(파장) 또는 주파수에 달려 있다고 생각하지 않았다.

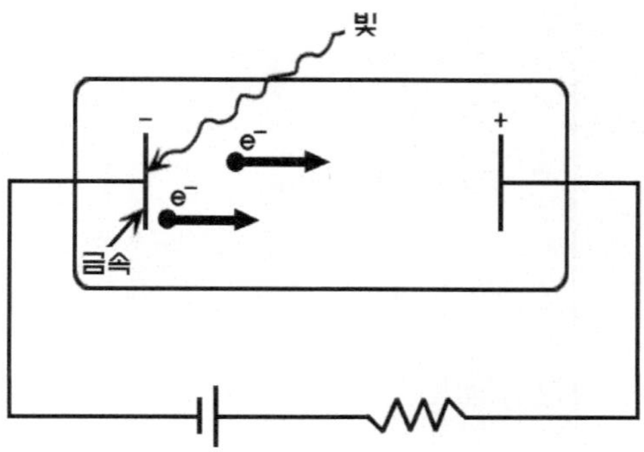

그림 4.5 광전효과

Einstein은 빛이 파(wave)이기보다 작은 입자(photon)와 같이 행동한다는 가정으로 광전효과(photoelectric effect)를 설명하였다. 빛이 물질의 표면에 비취면 물질의 전자는 빛 즉 photon으로부터 에너지를 받는다. 이때 이 에너지가 원자 내에서 전자가 가지는 결합에너지보다 크면 전자는 원자로부터 분리되어 방출될 수 있다. 즉 빛의 주파수가 충분히 크거나, 혹은 빛의 파장이 충분히 짧은 경우이다. 각 주파수에서 작은 빛의 입자(photon)가 가지는 에너지(ε)는 식 4.1과 같으며, 빛의 주파수 또는 파장과 다음과 같은 관계를 맺는다.

$$\varepsilon = h \times f = h\frac{c}{\lambda} = 3 \times 10^{8}\, m/s \times \frac{h}{\lambda} \tag{4.1}$$

여기서 h는 Planck 상수(6.62×10^{-27} erg-sec 또는 6.62×10^{-34}Js)이고, f와 λ는 그 빛의 주파수와 파장이다($1\,\text{Å} = 10^{-4}\,\mu m$). 빛의 속도는 주파수와 파장의 곱으로 $\lambda \times f = 3 \times 10^{8}$m/s이다. 그림 4.6은 식 4.1에 포함된 서로 다른 의미와 단위를 가지는 파장, 주파수 및 에너지의 연관 관계를 나타내고 있다.

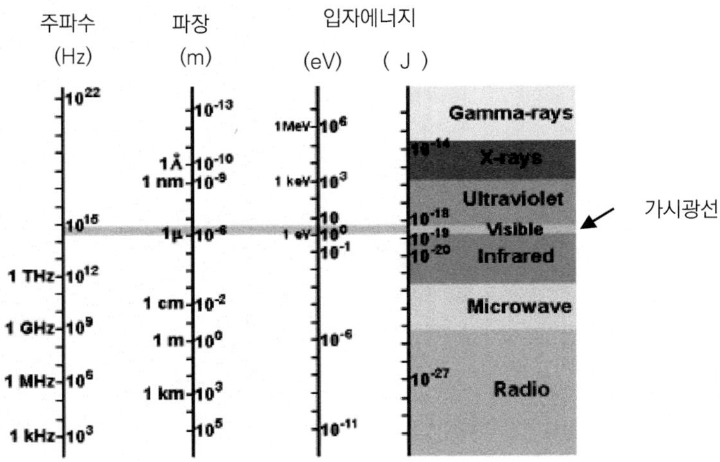

그림 4.6 파장, 주파수 및 에너지의 관계

예제 4-1) 파장이 6000 Å (0.6μm)인 붉은 빛 입자(photon)가 가지는 에너지는 다음과 같이 산출할 수 있다(1 Å = 1×10^{-8} cm).

❖ 풀이 :

$$\varepsilon = hf = hc/\lambda = 6.62 \times 10^{-27} erg - \sec \times \frac{3 \times 10^{10} cm/s}{6000 \times 10^{-8} cm} = 3.31 \times 10^{-12} erg$$

또한 1 electron volt(eV) = $1.6 \times 10^{-19} joule$ = $1.6 \times 10^{-12} erg$의 관계를 이용하면

$$\varepsilon = \frac{3.31 \times 10^{-12} erg}{1.6 \times 10^{-12} erg/eV} = 2.07\, eV \text{ 이다.}$$

식 4.1에 의하면 태양광 입자의 에너지는 파장에 반비례한다. 즉 파장이 3000 Å (0.3 μm) 이면 photon의 에너지는 4.14 eV로 두 배로 증가한다.

4.1.1 실리콘 태양전지 발전원리

태양전지 대부분은 특별히 처리된 두 개의 얇은 실리콘의 결합으로 이루어져 있으나, 보통의 상태에서 원자번호 14인 실리콘에는 자유전자가 없으므로 매우 훌륭한 반도체(半導體)이다. 실리콘은 원자가 전자 띠(valence band, 바깥전자 띠)에 네 개의 전자가 있어서 서로 이웃한 실리콘과 하나씩 공유하여 그림 4.7과 같은 구조를 하고 있다. 반도체는 상온에서 금속 또는 탄소봉 등 도체보다는 전자를 잘 이동시키지는 못하나 유리와 자기 등 부도체(不導體, 절연체)보다는 비교적 전자를 잘 이동시키는 물질(물체)이다. 또한 상온에서 전기저항의 저항률이 도체(導體)와 부도체의 중간 정도(대체로 10^{-3}~100 Ω·m)인 물질을 통틀어 말한다. 반도체는 극저온에서 부도체와 같은 정도로 무한대에 가까운 저항률을 나타내나(절대온도에서의 전기전도율이 0에 가깝게 된다), 온도 상승에 따라 저항률이 급격히 낮아진다. 이 성질은 반도체의 중요한 특성 중 하나이다. 또한 반도체는 온도 변화 외에 불순물의 첨가, 빛 조사 등 외부 요인에 의해 그 전기적 성질이 크게 변하는데, 이 특성은 저항률(전기전도율)에 관한 성질보다도 더욱 중요하며, 여러 응용 분야에서 많이 이용되고 있다.

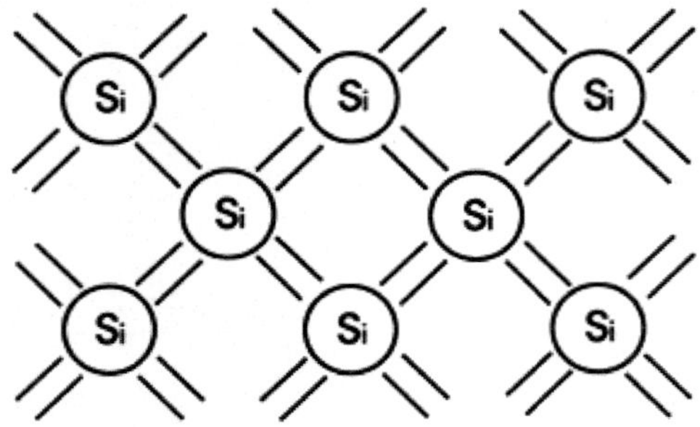

그림 4.7 실리콘 결정의 구성도

반도체의 특성을 가진 실리콘의 물성값을 변화시켜 전도체가 되게 하려면 도핑(Doping)이라는 공정을 이용하여 실리콘에 불순물을 주입한다. 예를 들어 원자번호 33인 비소(Arsenic, As)는 원자가 전자 띠에 5개의 전자를 함유하고 있어서 이를 실리콘에 미량 첨가한다. 그러면 그림 4.8과 같이 주위에 있는 실리콘과 4개의 전자를 공유하고 하나는 공유하지 못한 상태가 된다. 이 여분의 전자는 적은 양의 에너지에도 쉽게 전도띠(conduction band)에 옮겨져서 전기를 이송시키기 때문에 여분의 전자가 생성된 "n-형"(음극)반도체가 된다. 즉 적은 양의 에너지가 가해지면 이 전자는 쉽게 분리되어 이동하게 된다. "n-형"반도체를 위하여 비소(As) 외에 안티몬(Antimony) 또는 인(phosphorous) 등이 첨가제로 사용된다.

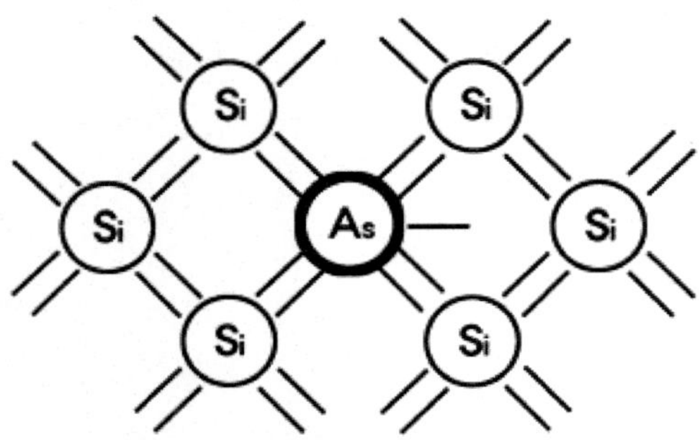

그림 4.8 비소(As)가 첨가된 "n-형" 실리콘 결정의 구성도

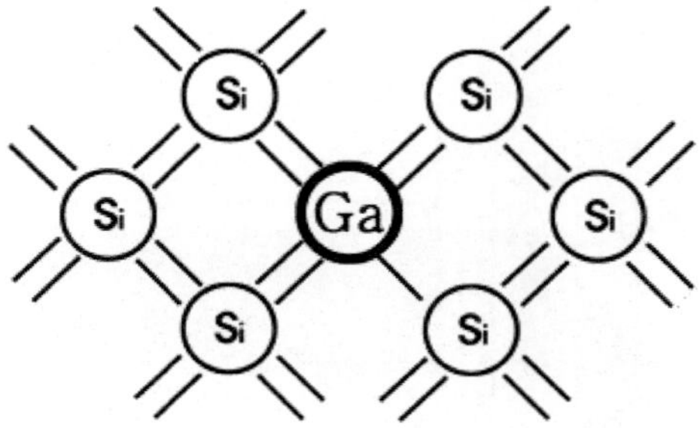

그림 4.9 갈륨(Ga)이 첨가된 "p-형" 실리콘 결정의 구성도

또한 원자번호 31인 갈륨(Gallium, Ga)은 원자가 전자 띠에 3개의 전자를 함유하고 있어서 이를 실리콘에 미량 첨가하면 그림 4.9와 같이 주위에 있는 실리콘과 3개의 전자를 공유하게 된다. 그러나 도핑한 실리콘은 정상의 실리콘보다 전자 수가 적은 즉 전자가 빠져나가서 빈자리(hole, 양공 또는 정공)가 생성된 "p-형"(양극) 반도체가 된다. 갈륨 외에 붕소(boron) 또는 알루미늄(aluminum) 등도 첨가제로 이용된다.

이 "n-형"과 "p-형"반도체가 결합하면 그림 4.10과 같이 "p-n 결합" 반도체가 형성된다. 이 반도체 물질에 충분히 큰 에너지를 가지는 파장의 빛이 입사되면 광전효과에 의하여 "n-형"반도체에 전자가 형성되고, "p-형"반도체에는 빈자리(hole, 정공)가 형성된다. 이때 "n-형"과 "p-형" 반도체가 외부 회로를 통하여 연결되면 전자는 "n-형"반도체의 전극으로 이동하여 전극에 연결된 회로를 통하여 "p-형"반도체로 들어가서 빈자리(hole)에 재결합되면서 전류가 흐르게 된다. 이때 발생하는 개방전압(open circuit voltage)은 두 반도체 밴드갭 에너지 차이에 의하여 결정된다.

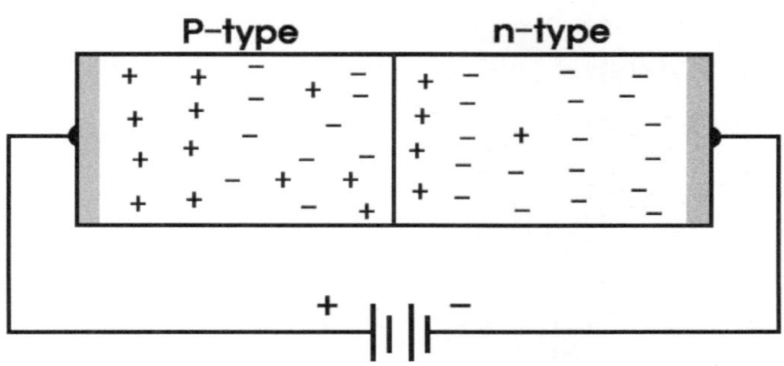

그림 4.10 "p-형"과 "n-형" 반도체의 결합

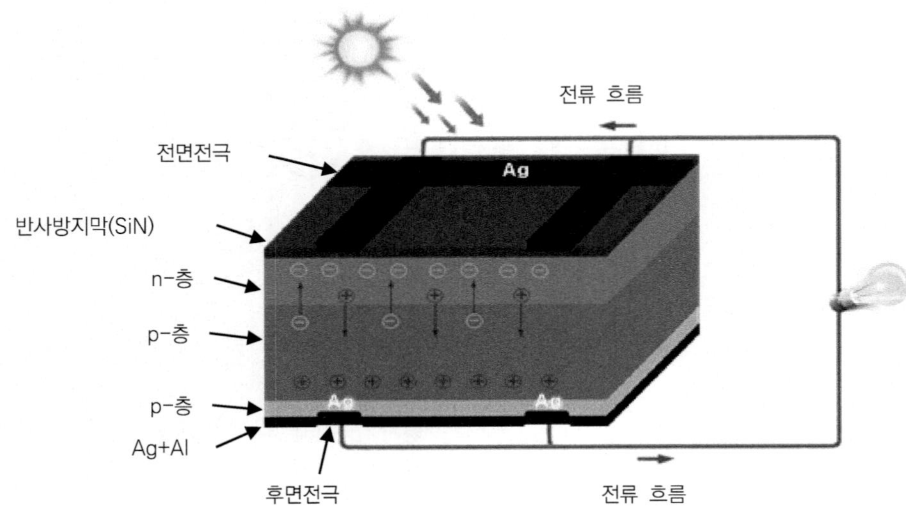

그림 4.11 태양전지 세부 구성도

그림 4.11은 태양전지의 구성을 보여주고 있다. 태양 빛이 잘 투과될 수 있게 두께가 약 1 μm ($10^{-6}\,m$)인 매우 얇은 "n-형" 실리콘의 표면에 태양광 반사 방지를 위하여 SiN(silicon nitride)를 사용하여 막이 코팅되어 있어서 항상 푸른색을 띠고 있다. 그 위에 가능한 빛 가림을 최소화할 전도체인 은으로 된 전면전극이 부착된다. 약 200 μm 두께의 "p-형" 실리콘이 "n-형" 아래에 접착되고 "p-형" 후면에도 은으로 된 후면전극이 부착되어 최소 단위의 태양전지인 셀(cell)이 완성된다. 기본 단위인 셀이 직렬 및 병렬로 여러 개가 연결되어 모듈을 형성하고, 모듈 위에 철분이 적게 함유된 투명한 유리로 전체 전지를 덮어서 외부 날씨 등으로부터 전지를 보호한다. 태양전지에 사용되는 실리콘 웨이퍼의 제작공정에 따라서 단결정질 또는 다결정질 태양전지가 제작되며, 다결정질은 그림 4.12의 왼쪽과 같이 결정의 경계면이 표면에 나타나 표면이 얼룩져 보인다. 또한 다결정질은 테두리가 사각형이나 단결정질은 모서리가 절단된 모습이다.

그림 4.12 다결정 및 단결정 태양전지 표면

4.1.2 밴드갭 및 최대 흡수파장

밴드갭(band gap) 또는 밴드갭 에너지는 반도체의 원자에서 원자가 전자 띠에 있는 전자가 떨어져 나와서 전자가 자유롭게 움직일 수 있는 전도띠에 도달하는데 필요한 최소의 에너지이다. 그러나 부도체는 밴드갭 에너지가 매우 커서 전자가 방출되지 못하기 때문에 전기가 통하지 못한다. 입사된 태양광에 의하여 전자가 방출되는데 필요한 최소의 에너지가 밴드갭 에너지(band gap energy, E_g)이고 물질에 따라서 서로 다른 값을 가진다. 예를 들어 실리콘의 밴드갭 에너지는 1.12 eV이며 그림 4.13과 같다. 따라서 태양광 입자가 가지는 에너지가 밴드갭 에너지보다 크면 전자와 빈자리(hole)가 형성된다. 태양광 입자가 가지는 에너지 크기를 나타내는 식 4.1을 사용하여 두 에너지의 관계를 나타내면 다음과 같다.

$$h\frac{c}{\lambda} \geq E_g \tag{4.2}$$

식 4.2로부터 태양광의 파장을 구하면 다음과 같다.

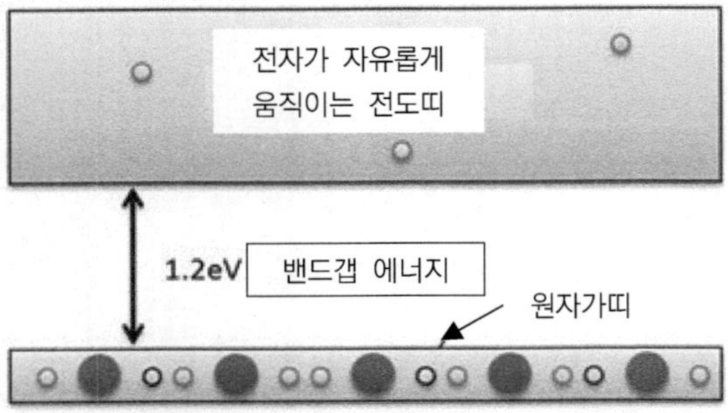

그림 4.13 실리콘의 전도띠와 원자가띠 사이의 에너지 차이

$$\lambda_c \le \frac{hc}{E_g} \tag{4.3}$$

이 파장은 광전효과를 일으킬 수 있는 최대 흡수파장으로 λ_c로 표시한다. 그러므로 입사되는 태양광 중에서 λ_c보다 큰 파장의 태양광은 투과되고, λ_c보다 작은 파장을 가지는 태양광은 반도체에 흡수된다.

■ **예제 4-2)** 밴드갭 에너지가 1.12 eV인 실리콘의 최대 흡수파장을 구하라.

❖ **풀이** : 식 4.3을 이용하면 다음과 같다.

$$\lambda_c \le \frac{hc}{E_g} = \frac{6.62 \times 10^{-27} erg-\sec \times 3 \times 10^8 m/s}{1.12\,eV} \times \frac{1\,eV}{1.6 \times 10^{-12} erg}$$

$$= 1.11\ \mu m$$

계산 결과 최대 흡수파장이 1.11 μm(1,110 nm)이므로 이 파장보다 작거나 같은 크기의 파장을 가지는 태양광은 반도체에 흡수되어 자유전자를 생성하고, 큰 파장의 태양광은 반도체를 투과한다. 즉 실리콘계열의 태양전지는 그림 4.14와 같이 300 ~ 2,500 nm의 파장을 가지는 태양광 중에서 자외선, 가시광선과 일부 적외선 범위에서 전기를 생성할 수 있다. 따라서 태양광의 나머지 절반 이상의 파장에서 전기를 생성하지 못하는 것을 알 수 있다.

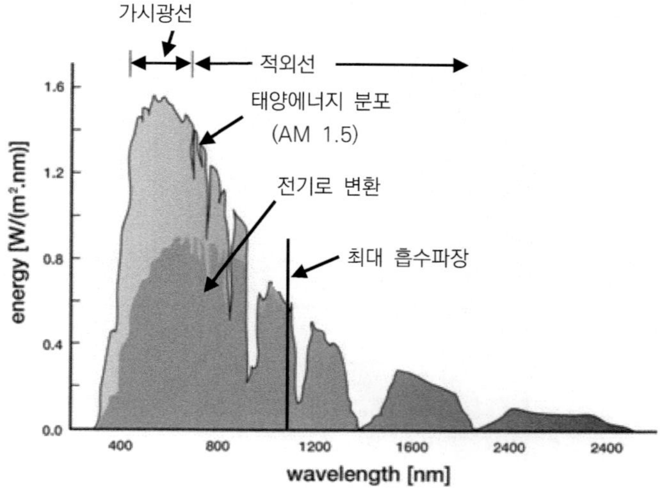

그림 4.14 실리콘($\lambda_c = 1{,}110\,nm$) 태양전지가 변환시키는 태양에너지 범위

식 4.3을 사용하여 같은 방법으로 밴드갭이 다른 재료들에 대한 파장 범위를 계산하면 표 4.1과 같다. 재료에 따라서 서로 다른 최대 흡수파장을 가지며, 일부의 재료(GaP, AlAs, ZnTe)는 태양광의 아주 일부만 전기에너지로 변환하고 나머지는 투과시킨다. 또한 일부의 재료를 혼합하여 다른 화합물을 만들면 새로운 최대 흡수파장을 가지는 화합물 태양전지를 만들 수 있다. 그림 4.15는 재료별 밴드갭과 최대 흡수파장의 크기를 나타낸다. 밴드갭이 적을수록 최대 흡수파장은 커져서 가시광선 영역뿐만 아니라 적외선 영역도 사용하므로 많은 태양에너지를 이용할 수 있다.

표 4.1 반도체의 밴드갭 에너지와 최대 흡수파장

원소기호	명 칭	밴드갭 에너지 (E_g, eV)	최대 흡수파장 (λ_c, μm)
Ge	Germanium	0.68	1.83
GaSb	Gallium antimonide	0.68	1.83
Si	Silicon	1.12	1.11
GaInAs	Gallium indium arsenide	1.18	1.05
InP	Indium phosphide	1.27	0.98
GaAs	Gallium arsenide	1.35	0.92

AlSb	Aluminum antimonide	1.49	0.833
CdTe	Cadmium telluride	1.5	0.828
GaInP	Gallium indium phosphide	1.7	0.73
ZnTe	Zinc telluride	2.1	0.591
AlAs	Aluminum arsenide	2.16	0.575
GaP	Gallium phosphide	2.24	0.554
$GaAs_xP_{1-x}$		1.35 ~ 2.24	0.92 ~ 0.554

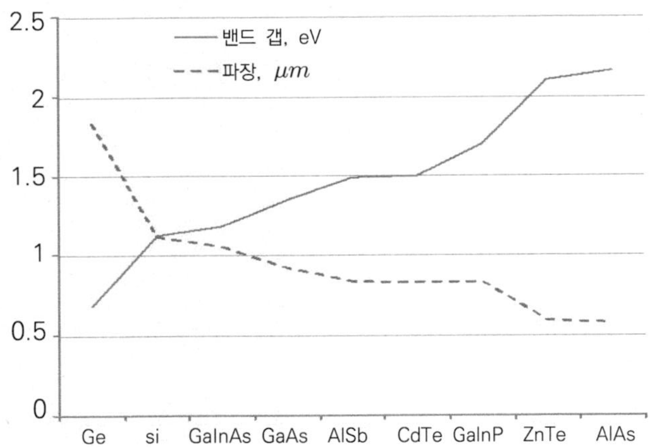

그림 4.15 태양전지 재료별 밴드갭 및 최대 흡수파장

4.1.3 태양전지 종류

태양전지는 사용되는 재료, 제작공정, 재료의 입자 크기 등에 따라서 다양한 종류가 있고, 모두 서로 다른 특성이 있다. 재료에 따라서 분류하면 실리콘계열, 화합물과 기타 형태로 표 4.2와 같다. 실리콘계열은 다시 단결정 및 다결정의 결정질과 비결정 또는 미세결정의 박막형태가 있다. 화합물은 여러 원소가 혼합된 형태로 원소주기율표에 있는 원소의 소속에 따라서 II-III-VI족, II-VI족 및 III-V족으로 분류된다. II-III-VI족의 대표적인 반도체는 CIS와 CIGS이다. 최근에는 염료감응과 유기물 태양전지, 페로브스카이트 태양전지에 대한 개발이 진행되고 있다.

표 4.2 반도체 분류

	분류	미세분류		모듈효율	점유율
태양전지	실리콘계열	결정형	단결정	~ 14%	9%
			다결정	~ 13%	90%
		박막형	비결정	~ 6%	<1%
			미세결정질	~ 8%	
	화합물반도체	II-III-VI족 (CIS, CIGS)		~ 10%	<1%
		II-VI족 (CdTe)		~ 9%	<1%
		III-V족(GaAs, InP)		~ 19%	<1%
	기타	염료감응		~ 10%	0
		유기물		~ 8%	0
		페로브스카이트		~ 26%	0
		양자점		~ 18%	0

그러나 현재 대부분의 상업용 태양전지는 실리콘을 재료로 사용하고 있으며 실리콘의 결정 상태에 따라서 단결정, 다결정 및 비결정계로 구분하며, 각각의 결정구조에 따라서 제작비용 및 전력 생산 효율 등에서 장단점을 가지고 있다. 단결정 태양전지는 재료 내부의 원자 배열의 방향이 균일한 상태로 전력변환효율이 우수하나 제조에 많은 에너지가 필요하여 제조단가가 높다. 다결정 태양전지는 여러 개의 결정으로 이루어져 결정과 결정 사이에 불연속면이 존재하며 이런 불연속면 때문에 효율이 조금 낮다. 그러나 제조공정이 간단하고 가격이 저렴한 장점이 있다. 비결정 실리콘 태양전지는 결정구조가 아니므로 비교적 쉽게 얇은 막을 만들 수 있고, 실리콘 사용량이 적다. 또한 모듈의 종류를 다양하게 할 수 있으나 효율이 감소하는 열화현상이 발생하여 수명이 짧다. 각각의 특징과 장단점을 종합하면 다음 표 4.3과 같다.

표 4.3 실리콘 태양전지의 종류와 특성

	종 류	특 징	장 점	단 점
실리콘 태양 전지 계열	단결정계	재료 내부의 원자 배열이 균일	전력변환효율 높음	제작비용 고가
	다결정계	여러 개의 결정으로 구성되어 결정과 결정 사이에 불연속면이 존재	단순한 제조공정 및 제작비용 저렴	효율이 낮음
	비결정계	박막으로 대면적 제작 가능. 유연성 있는 모듈 제작 가능	제작비용 저가	효율이 낮고, 열화현상 발생

표 4.3에 설명된 실리콘계열 태양전지의 장단점 외에 실리콘 태양전지가 가지는 실질적 문제는 효율이 한계치에 도달하였으며, 갑작스러운 수요 증가로 실리콘의 수급 문제가 있다. 또한 실리콘은 제조공정에 고온의 에너지가 사용되어 친환경적이 아니다. 에너지 변환 효율이 약 20% 미만으로 대용량의 전기에너지를 얻기 위하여 넓은 면적이 필요하다. 또한 태양전지 모듈의 가격이 저렴해졌으나 에너지 변환 효율이 낮아서 태양광 발전설비의 설치비용이 매우 많이 든다. 이 외에 유지 관리 비용도 설치 규모에 비례하여 증가한다. 그러므로 장기적으로 태양전지 발전시스템으로 전력을 생산하기 위하여서는 효율이 높은 태양전지를 개발하고, 태양전지 모듈의 제작 및 설치 단가를 낮추는 노력이 필요하다. 이와 동시에 꼭 넓고 막힘이 없는 특별한 공간이 아닌 곳이나 건물의 창문에 설치가 가능한 투명하고 얇은 태양전지 개발에도 노력하여야 한다.

표 4.4 비실리콘 반도체 계열 종류와 특성

	종 류	특 징	장 점	단 점
화합물 반도체 계열	III-V족 (GaAs)	갈륨비소(GaAs)의 소재, III-V족 화합물 재료, 우주, 인공위성 등 특수목적	전력변환 효율 높음	비용 고가, 희소원소(In), 유해물 원소(As) 사용, 환경문제
	II-VI족 (CdS/CdTe) II-III-VI족 (CIS, CIGS)	CdS/CdTe 및 CIS (Cu-In-Se)계열, 우주용 및 독립전원용	얇고, 양산이 쉬움	자원이 적고, 공해물질로 환경문제, 효율이 낮음

기타 계열	염료감응, 유기물, 페로브스카이트	염료를 흡착시킨 이산화티탄을 전극으로 사용, 습식 또는 젤식 태양전지, 유연하고 반투명함	저렴, 경량, 착색, 다양한 응용	효율이 낮고, 열화, 내구성 부족, 아직 실용화되지 않음

4.2 태양전지 효율

1961년 Shockley와 Queissers[2]는 모든 종류의 태양전지의 이론적 최대효율은 33.7%임을 계산하였다. 계산에 몇 가지 가정이 사용되었으며 다음과 같다. 즉 도핑(Doping)에 사용된 재료를 제외하고 태양전지의 재료는 한 가지 물질이고, "n-type"과 "p-type" 접점도 단접점이고, 태양에너지도 오목렌즈나 오목거울 등의 특별한 집열기를 사용하여 집중하지 않아야 한다. 또한 모든 태양에너지 중에서 밴드갭 에너지보다 큰 에너지는 모두 열로 변환되었다고 가정했다. 미국의 미국 국립재생에너지연구소(NREL)가 보고한 자료에 따르면 실제 제작된 태양전지의 최고 효율은 26~27%이고, 최근에는 연구가 활발하지 않다.

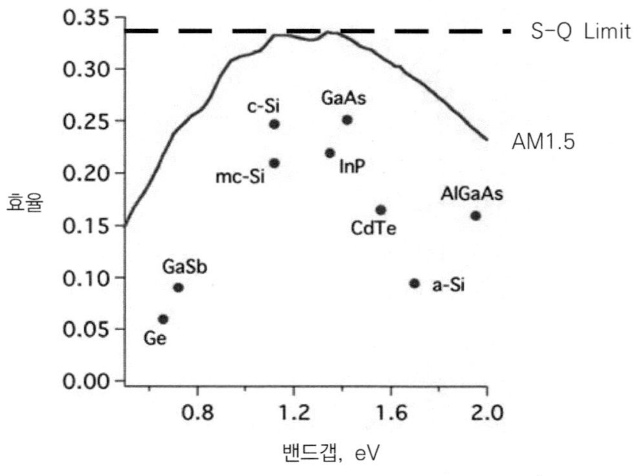

그림 4.16 단접점 태양전지의 이론적 최대효율과 실제 효율 비교[4]

그림 4.16은 각각의 밴드갭에서 이론적 최대효율과 실제 실험실에서 제작된 태양전지의 측정된 효율의 비교를 나타낸다. 그림에서 S-Q Limit는 Shockley와 Queissers가 밴드갭 1.1 eV(silicon)에 대하여 계산한 이론적 최대효율을 나타내며, 실선은 각 밴드갭에 대한 이론적 최대효율을 나타낸다. 또한 각종 태양전지의 실제 측정한 효율을 이론치와 비교하였다. 변환효율은 재료마다 각각 다른 값을 가지며, 밴드갭이 1.0 ~ 1.6 eV 사이에서 큰 변환효율을 나타낸다. 최댓값은 약 33.7%로 물질에 따라서 큰 차이가 있다. 특히 많이 사용되고 있는 결정형 실리콘 태양전지를 비교하면 약 9%의 차이가 있다. 결정질 실리콘의 밴드갭은 1.1 eV로 최대 변환효율 영역에 속하며 상대적으로 높은 변환효율을 가진다. GaAs는 밴드갭이 1.4 eV로 최고 변환효율을 가지고 있다.

효율을 증가시키기 위하여 태양에너지 중에서 전기로 변환된 33.7%를 제외한 나머지 태양에너지에 대한 원인을 분석하면 다음과 같다. 태양광 입자의 에너지가 밴드갭보다 적은 광입자는 태양전지를 투과하고, 밴드갭 에너지보다 큰 에너지를 가진 광입자는 일부는 전기로 변환되고 초과의 에너지는 열로 변환된다. 또 입사된 하나의 태양광 입자(photon)는 에너지의 크기와 관계없이 한 쌍의 전자-정공을 만들고 나머지 에너지는 전부 열로 변환되는 현상 때문이다. 그리고 나머지 일부는 태양전지 내부에서 전자와 정공이 다시 결합하여 발생한 손실 등이다. 그림 4.17은 밴드갭 별로 입사된 태양에너지의 사용 상태를 나타낸다. 전기로 변환되는 비율이 모든 밴드갭에 대하여 균일하지 않고 약 0.7 ~ 1.8 eV 사이에서 높고 밴드갭이 클수록 즉 최대흡수파장이 작을수록 대부분의 광입자는 투과되어 발전되는 전기량은 적다. 또한 반대로 밴드갭이 작으면 최대흡수파장이 크기 때문에 많은 광입자가 전기로 변환되나, 밴드갭이 작으므로 많은 여분의 에너지는 열로 변환된다.

그림 4.18은 실제 효율이 22%인 태양전지에서 태양에너지의 파장 별 변환 내용을 나타낸다. 태양전지에 사용된 재료의 밴드갭보다 작은 에너지는 전자를 분리하지 못하고 투과되고 일부는 열로 변환된다. 또한 밴드갭보다 큰 에너지도 전자를 분리하고 남은 에너지는 열로 변환된다. 따라서 상당한 에너지가 열로 변환되어 태양전지 온도를 상승시키어서 다시 효율은 저하한다.

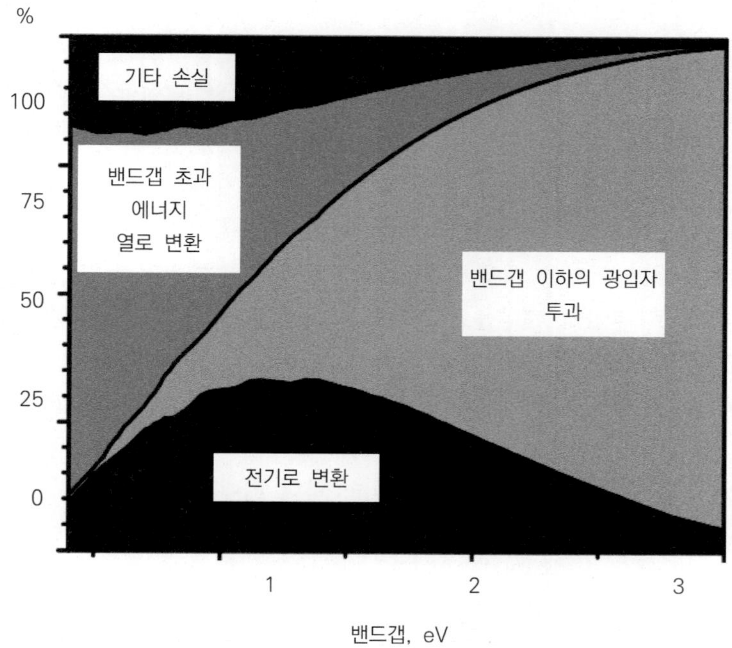

그림 4.17 입사된 태양에너지의 분석 결과[5]

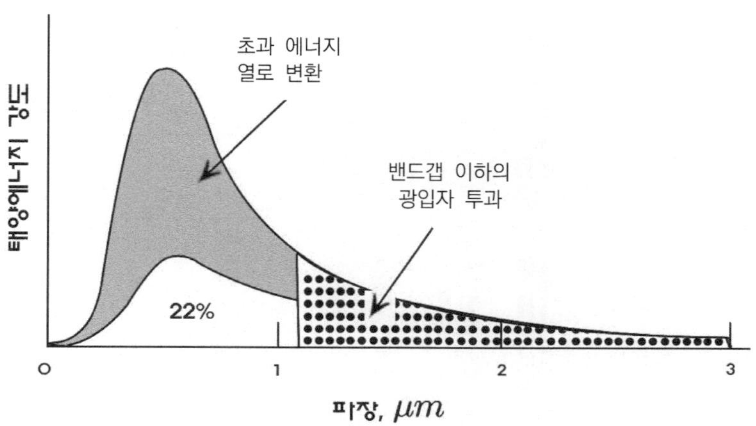

그림 4.18 실리콘 태양전지의 태양에너지 이용 개념도

광학적 손실이 태양전지의 표면과 보호 유리에서 태양광의 반사로 발생하며, 또한 태양전지 표면에 부착되는 전면 전극은 태양광을 가려서 표면에 그늘을 만든다. 또 다른 효율 저하는 재료의 불량, 표면의 결함, 온도 상승 등으로 효율의 저하가 발생한다. 따라서 재료의 최대이론효율에서 이런 다양한 손실을 제거하면 실제 에너지 변환효율은 훨씬 낮다.

제작공정의 마지막 단계에서 태양전지의 성능을 평가하기 위하여 표준광원을 이용한 그림 4.19와 같은 장비를 사용하여 효율을 측정한다. 즉 태양전지는 온도 25℃를 유지하고, 대기질량 AM1.5와 같은 태양에너지(1000 W/m^2)를 태양전지 표면에 비친다. 동시에 태양전지에 연결된 부하의 저항을 0과 무한대 사이로 변화시키면서 전류와 전압의 변화를 측정하면 그림 4.20과 같은 전류-전압 특성곡선을 얻는다. 그림에서 전압이 0일 때 즉 회로에 저항 없이 연결되어 있을 때의 전류를 단락전류(I_{sc}, short circuit current)라 하며 최댓값을 가진다. 반대로 회로의 저항이 무한대일 때 즉 전류의 흐름이 0일 때 전압을 개방전압(V_{oc}, open circuit voltage)이라 하며 최댓값을 가진다.

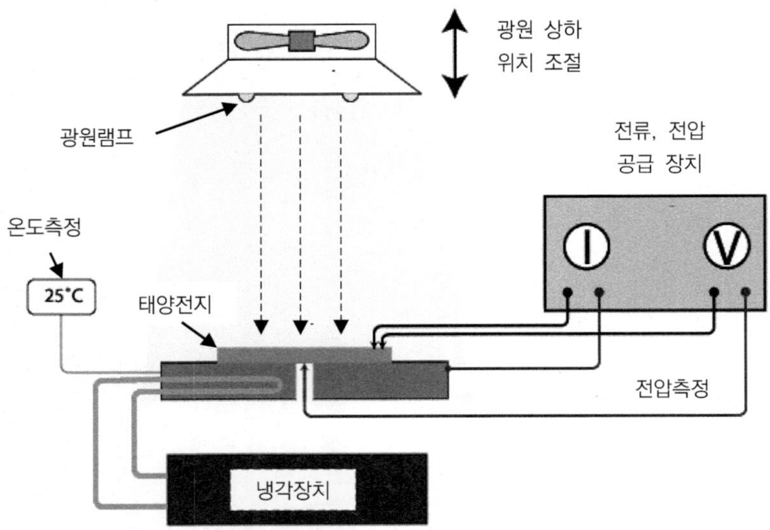

그림 4.19 태양전지가 생산하는 전류와 전압의 측정 장치

한편 태양전지가 생산하는 실제 출력($P = I \times V$)은 전류와 전압의 곱으로 그림 4.20 에서 직사각형의 면적과 같다. 예를 들어 그림에서 a, b와 c 세 경우를 가정하면, 그중에서 b의 경우에 면적이 제일 넓으므로 출력이 최대다. 이때의 전류와 전압을 최대전류(I_{max}) 및 최대전압(V_{max})이라 하며, 최대출력은 식 4.4와 같다. 또한 태양전지에 입사되는 태양에너지가 증가하면 단락전류는 거의 비례적으로 증가하나 개방전압은 log 함수로 증가한다. 따라서 생산되는 전기에너지도 증가한다.

$$P_{max} = I_{max} \times V_{max} \qquad \text{(W)} \tag{4.4}$$

그림 4.20에서 단락전류와 개방전압에서는 전력이 생산되지 않는다. 그러나 이 두 값의 곱과 최대전력을 비교한 식 4.5를 곡선인자(FF, fill factor) 또는 충진율이라 정의하며 곡선인자가 클수록 최대출력을 나타내는 사각형 면적이 전류-전압 특성곡선 아래의 면적에 접근한다. 실리콘 태양전지는 곡선인자가 0.7 ~ 0.8의 값을 가진다.

$$FF = \frac{I_{max} \times V_{max}}{I_{sc} \times V_{oc}} = \frac{P_{max}}{I_{sc} \times V_{oc}} \tag{4.5}$$

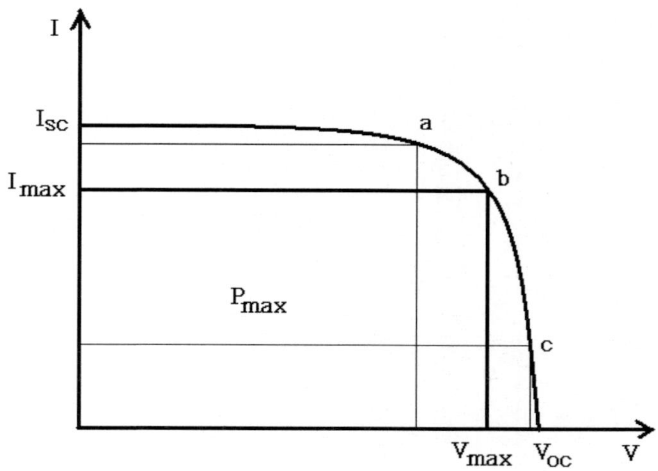

그림 4.20 태양전지가 생산하는 전류와 전압의 특성곡선

따라서 곡선인자를 이용하면 최대출력은 다음과 같이 나타낼 수 있다.

$$P_{\max} = FF \times I_{sc} \times V_{oc} \qquad (\mathrm{W}) \tag{4.6}$$

태양전지의 성능을 나타내기 위하여 에너지 변환효율을 사용하며 다음과 같이 정의된다.

$$\eta_{\max} = \frac{\text{변환된 최대출력}}{\text{태양전지에 입사된 태양에너지}} \tag{4.7}$$

$$= \frac{P_{\max}}{A G_{on}} = \frac{I_{\max} V_{\max}}{A G_{on}} = \frac{FF \times I_{sc} \times O_{oc}}{A G_{on}}$$

여기서 $G_{on}(W/m^2)$는 태양전지에 수직으로 입사되는 태양광에너지이고, $A(m^2)$는 태양전지의 면적이다. $I_{\max}$와 $V_{\max}$는 태양전지에서 최대출력이 생산될 때의 전류(amp) 및 전압(V)이다.

예제 4-3) 면적이 1 m^2인 실리콘 태양전지의 최대전압($V_{\max}$)이 0.54 V이고 최대전류($I_{\max}$)가 120 Amp이면 변환효율은 얼마인가? 태양전지에 수직으로 입사되는 태양에너지는 1000 W/m^2이다.

❖ **풀이** : 식 4.7을 이용하면 아래와 같다.

$$\eta = \frac{I_{\max} \times V_{\max}}{A G_{on}} = \frac{120 \times 0.54}{1m^2 \times 1000\, W/m^2} \times 100 = 6.5\%$$

이 태양전지의 에너지 변환효율은 6.5%로 매우 낮다.

4.3 태양전지 성능 향상

태양전지 표면에 비친 태양에너지는 전기로 다 변환되지 못한다. 그림 4.16과 같이 최대변환효율이 약 33.7%에 이르지만, 일반적으로 변환효율은 10 - 20% 범위로 태양전지 재료에 따라서 차이가 있다. 그림 4.13 같이 광범위한 파장을 가지는 태양 빛의 파장 중에서 약 1.11 μm이내의 파장을 가지는 태양광만 실리콘계열의 태양전지에서 전자를 분리할 수 있는 에너지를 가지며, 나머지 파장의 태양광은 아무런 효과를 발휘하지 못한다. 한편 약 1.11 μm이내의 파장에서도 태양광의 에너지는 너무 강하여 전자를 분리할 뿐만 아니라 약 50%의 에너지는 실리콘을 가열하여 오히려 효율을 떨어뜨린다. 즉 태양 빛의 일부 파장은 전자를 분리할 수 있을 정도의 에너지를 갖지 못하며, 일부 파장은 에너지가 너무 강하여 실리콘을 가열시킨다. 이외에도 일부 태양에너지는 태양전지 표면에서 반사되고, 전자와 빈자리(hole)의 재결합 과정에서도 효율이 떨어진다. 또한 각각의 태양전지를 연결하여 하나의 모듈을 만들면 연결부위에 접촉저항이 생겨서 효율이 각 태양전지의 효율보다 더 저하된다.

그림 4.21 태양전지 표면에 제작되는 요철 형태

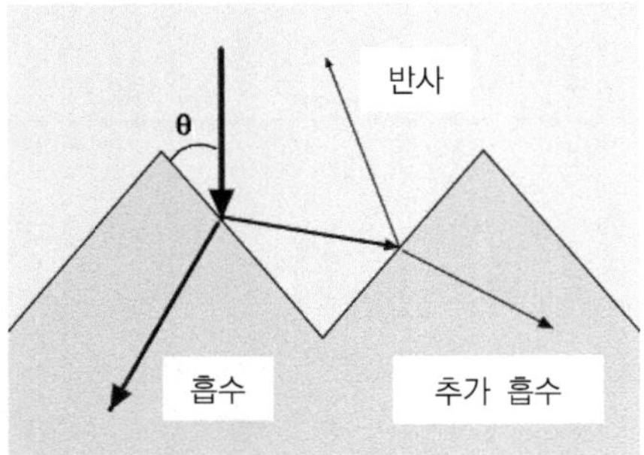

그림 4.22 표면에 요철이 있는 경우 태양광의 반사 및 흡수 경로

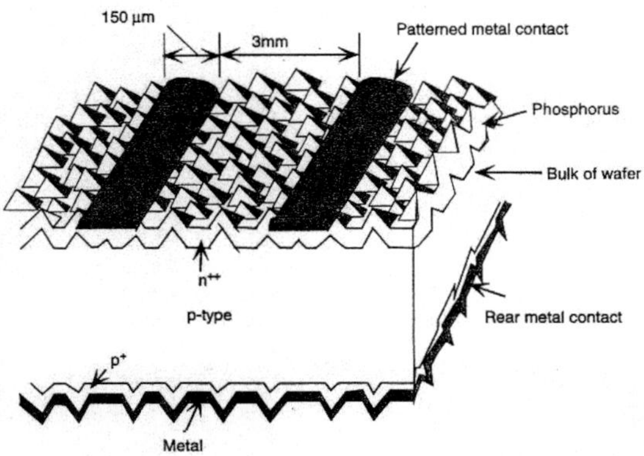

그림 4.23 태양전지 표면에 요철이 있는 실제 형상[6]

따라서 변환효율을 증가시키기 위하여 다양한 기술이 적용되고 있다. 먼저 그림 4.21~23과 같이 태양에너지를 흡수하는 면적을 넓게 하려고 태양전지 표면에 요철을 만든다. 표면에 요철을 만들면 반사된 태양광 일부가 다시 흡수될 수 있으므로 전체적인 흡수율이 증가한다. 또한 표 4.1에서 재료에 따라 최대 흡수파장이 다양하므로 하나의 재료로 된 태양전지 대신에 넓은 파장 영역의 태양에너지를 이용할 수 있는 다중접합 구조의 태양전지를 사용한다. 예를 들어 그림 4.24와 같이 밴드갭이 큰 태양전지부터 순서대로 (최대 흡수파장이 짧은 순서) 삼중접합하여 사용하면 최대흡수파장이 확대되어 많은 양의 태양광을 사용하기 때문에 효율도 약 40%까지 증가시킬 수 있다. 그러나 화합물 반도체 태양전지는 다중접합을 이용하면 효율은 높으나 재료비가 고가인 관계로 제작비용이 매우 높다. 비슷한 경우로 파장분리형은 태양광의 파장대역을 파장분리 필터를 사용하여 분리

하여 각각의 파장대역에 알맞은 태양전지를 수평으로 배열하여 에너지를 흡수를 최대화하는 예도 있다.

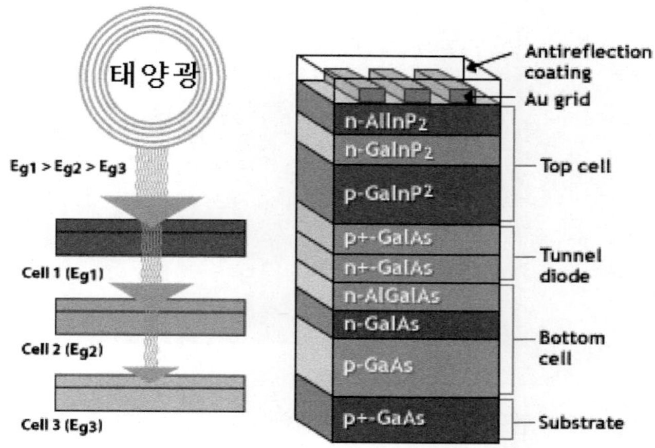

그림 4.24 태양전지의 효율을 증가시키기 위한 태양전지의 중첩[7]

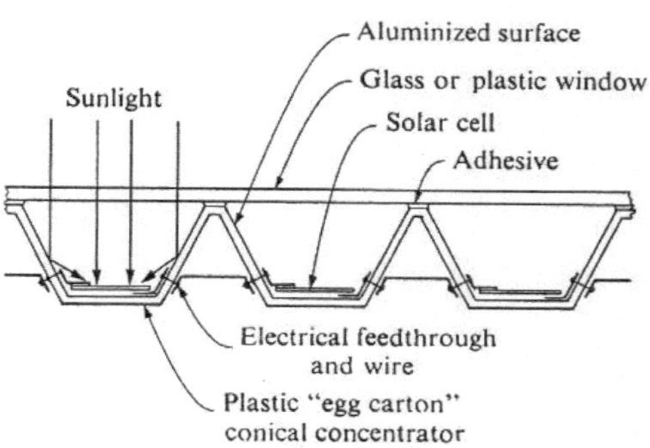

그림 4.25 거울과 반사경을 이용한 효율을 향상하는 방법[8,9]

그림 4.26 렌즈를 사용하여 태양에너지를 집광하는 방법[9]

또한 그림 4.25~26과 같이 거울 반사경이나 렌즈를 사용하여 더욱 많은 태양 빛을 비추어 출력을 증가시킨다. 그림 4.27과 같이 접시형 반사경을 이용하여 집광하는 방법은 렌즈를 사용한 집광보다 적극적인 방법으로 태양에너지를 수십 배까지 모을 수 있다. 실리콘 태양전지는 온도가 증가하면 효율이 감소하므로 집광형 태양전지로 사용되기 어려우나, 화합물 반도체 태양전지는 효율의 감소가 미약하므로 다중접합하여 사용하기에 알맞다. 그림 4.27과 같은 집광형은 재료비와 설치 공간의 현저한 감소로 매우 촉망되는 방법으로 특히 가용면적이 적은 우리나라의 경우에는 매우 타당하다. 그러나 집광으로 인하여 반도체 부위의 온도가 매우 높아지기 때문에 특수한 냉각장치가 필요한 단점이 있다. 이 집광형은 호주에 있는 Solar Systems 사에 의하여 많이 연구개발 되었으며, 그림 4.27은 40 kW의 용량으로 1996년에 설치되어 2004년까지 운영되었다. 특히 접시형 집광기는 태양을 추적하면서 태양광을 집광하기 때문에 안정적인 추적 시스템이 필요하다. 또한 호주의 Solar Systems와 호주 정부는 접시형 대신에 반사경을 사용한 타워형 태양전지 발전시스템(154 MW) 건설을 시도하였다.

그림 4.27 호주 Solar Systems 사가 제작한 집광형 태양전지[10]

그림 4.28은 미국 국립재생에너지연구소(NREL)의 태양전지센터에서 2022년에 발표하는 자료이다. 전 세계에서 발표한 태양전지의 에너지 변환효율을 종합한 것이다. 현재 많이 사용되고 있는 실리콘 단결정은 약 27.6%의 효율을 다결정은 23.3%의 효율을 보여주고 있다. 그러나 최근 몇 년간 효율의 변화가 보고되지 않고 있다. 최근에 연구가 활발하게 진행되는 분야인 유기물과 염료감응형은 각각 약 18.2와 13.0%에 접근하는 효율의 증가세를 보이고 있으나 염료감응형은 연구보고가 없는 모습이다. 또한 태양광을 집중한 사중접점의 태양전지는 47.6%의 효율로 태양전지 전체를 통틀어 최고의 효율을 나타내고 있으며, 꾸준한 효율의 증가세를 보인다. 최근 약 10년 동안에 특히 활발하게 연구되는 태양전지는 페로브스카이트(Perovskite cell) 태양전지로 효율이 25.7%가 보고되었다. 그림 4.29는 약 10년 전인 2012년에 발표한 자료이다. 두 자료를 비교하면 세계적으로 연구되고 있는 동향을 알 수 있는 중요한 자료이다.

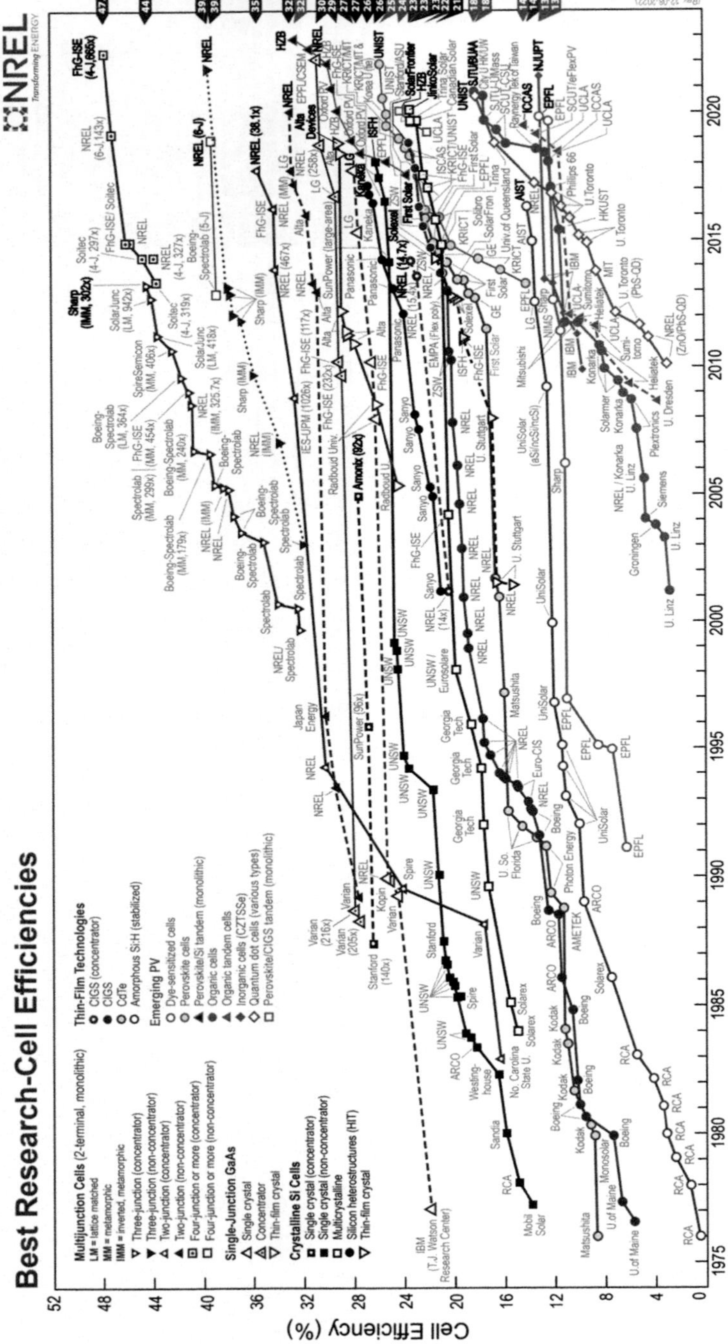

그림 4.28 NREL에서 발표한(2022.12) 태양전지 효율 발전 동향[11]

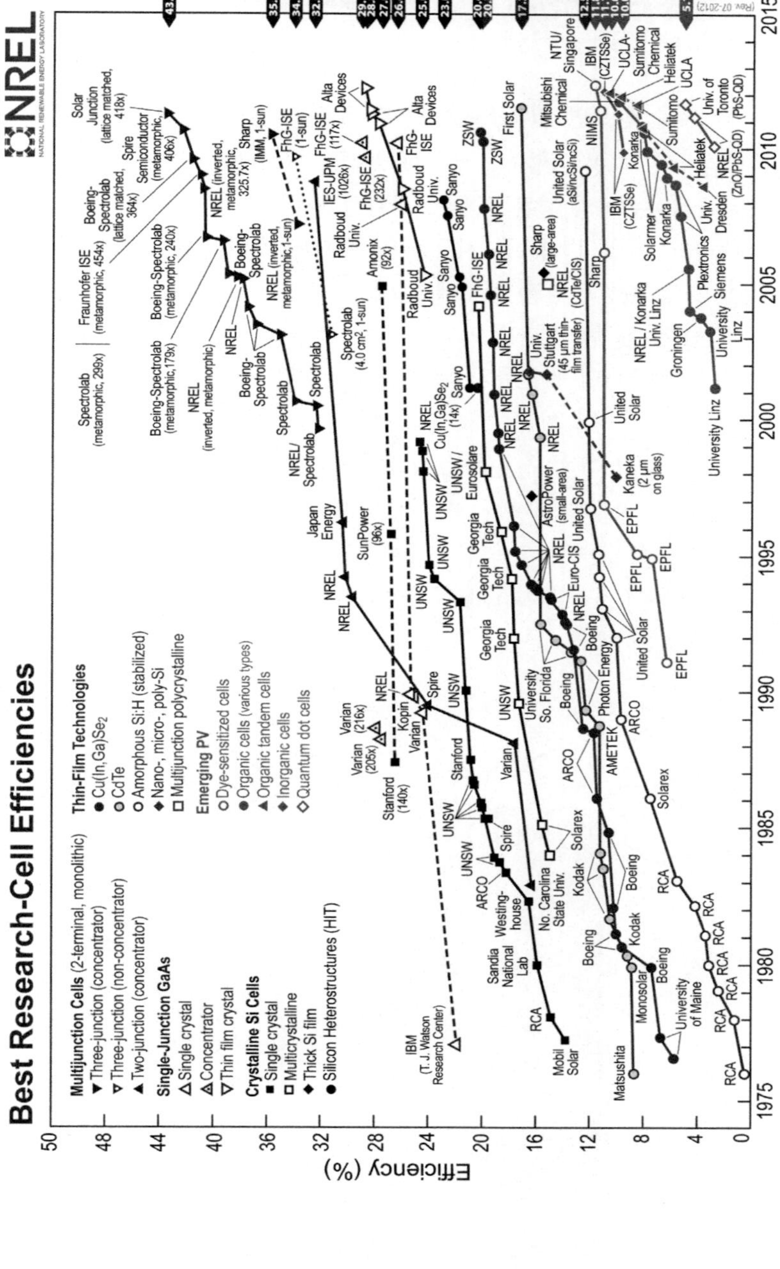

그림 4.29 NREL에서 발표(2012.2)한 태양전지 효율 발전 동향[11]

4.4 염료감응 태양전지

식물은 태양에너지를 받으면 엽록소에서 공기 중의 이산화탄소(CO_2)와 물을 이용하여 포도당을 생성한다. 즉 태양에너지를 화학에너지로 변환한다. 염료감응 태양전지(Dye-sensitized solar cell)는 이와 같은 식물의 광합성에서 힌트를 얻어서 광감응제로 원소기호 44번인 루테늄(Ru) 계열의 염료를 사용하여 1991년 스위스의 그라첼(Gratzel) 교수에 의하여 개발되었다. 앞에서 설명된 반도체를 이용한 태양전지와 완전히 다른 작동원리로 작동되고 있다. 간단히 설명하면 이름이 의미하는 것과 같이 염료에 태양광 입자가 비치면 염료에서 전자가 방출되어서 전류가 발생 되며, 전기변환 효율은 10% 이하로 저조하며 많은 연구가 필요하다.

염료감응 태양전지 단면 구조는 그림 4.30과 같다. 양면에 보호막 역할을 하는 투명한 덮개(유리)가 있고, 이 덮개에 투명 산화도체(TCO, transparent conducting oxide)가 코팅되어 전극(음극)을 형성한다. 음극과 전해질 사이에 나노 크기(15 ~ 30 nm)의 이산화티타늄(TiO_2)이 다공성층(2 ~ 10 μm 두께)을 형성하고 있어서 염료가 이 표면에 부착한다.

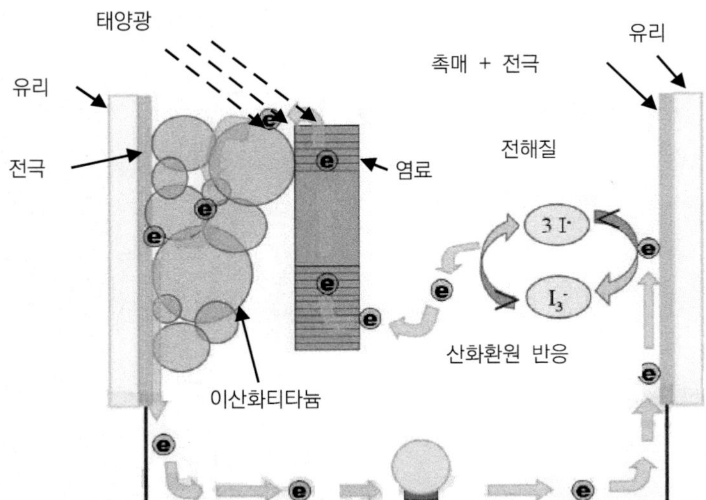

그림 4.30 염료감응 태양전지 작동원리

이산화티타늄은 표면적이 큰 나노 크기로 가공하기 쉬우므로 이 작은 조각에 염료의 흡착량을 증가시켜서 태양전지의 효율을 증가시킨다. 투명한 전극을 투과하여 입사된 태양에너지에 의하여 염료에서 전자가 방출되어서 이산화티타늄과 전극을 통하여 외부에 연결된 도선에 의하여 양극으로 이동한다. 다른 쪽 전극(양극)에는 백금 촉매가 부착되어 있고, 외부 도선을 통하여 들어온 전자가 요오드(I^-, I_3^-)로 구성된 전해질에서 산화환원반응을 통하여 전자를 흐르게 하여 전자를 방출하여 산화된 원래의 염료 위치로 돌아간다.

염료감응 태양전지의 핵심 부품은 염료로 오랜 기간 안정적으로 전자를 방출할 수 있어야 한다. 염료가 가지는 특성은 먼저 가시광선 전영역의 빛을 흡수할 수 있어야 하고, 이산화티나늄(TiO_2) 표면과 견고한 화학결합을 유지하고 있어야 하며 열 및 빛에 대하여 변형됨이 없이 안정성이 유지되어야 한다. 알려진 염료 중에는 루테늄(Ru)계가 가장 우수한 것으로 보고되고 있으며 대표적인 것으로 붉은색을 가지는 N3와 초록색의 N749의 염료가 있다. 약 900개 이상의 염료를 태양전지용으로 시험 되었으나 몇 개 정도만 만족스러운 결과를 도출하였다. 또한 효율을 증대시키기 위하여서는 가시광선 영역 외에 자외선과 가시광선 영역에서 사용할 수 있는 염료의 개발도 요구된다.

염료감응 태양전지는 효율이 낮고, 금속 배선 대신에 투명전극을 사용하기 때문에 대형패널로 만들면 효율이 절반으로 떨어지는 단점이 있다. 또한 액체 전해질의 누수 및 열화문제로 지금까지는 수명이 길지 않다. 자체적인 저항으로 2년 정도 후에는 효율이 감소하며, 내구성이 부족하다. 그러나 여러 가지 장점도 많이 가지고 있다. 우선 실리콘 태양전지에 비교하여 가격이 저렴하고, 투명하면서 다양한 색채를 띨 수 있으며, 곡면으로 제작할 수 있어 다양한 장소에 설치할 수 있어 앞으로 이용 가치는 매우 크다고 할 수 있다. 또한 태양에너지의 입사각과 부분적인 그늘짐에도 덜 민감하고, 실리콘 태양전지와 대조적으로 넓은 온도 범위에 사용할 수 있다. 따라서 제조공정이 상대적으로 간단하여 제작비용이 저렴하므로 효율이 향상되고 염료의 안정성과 내구성이 개선되면 무한한 가능성이 있는 에너지 변환장치이다.

염료감응 태양전지는 지금까지 발전용으로 상업화된 제품은 거의 없다. 기본 기술에 대한 원천특허가 2008년 10월에 기간이 만료되었다. 따라서 태양전지 구조와 염료 물질에 대한 특허 사용이 자유로워져 앞으로 많은 발전이 예상되었다. 그러나 최종 효율 13%가 보고된 이후 더 이상 증가가 보고되지 않고 있다.

4.5 페로브스카이트 태양전지

그림 4.28에 따르면 페로브스카이트 태양전지(Perovskite cell)는 2013년경부터 연구가 집중적으로 시작되어 계속하여 효율이 향상하여 현재 26.1%에 도달했다. 약 10년 사이에 많은 연구가 진행되었다. 페로브스카이트 태양전지는 재료와 제조공정 등이 실리콘 태양전지와 완전히 달라서 더욱 많은 관심을 끌고 있다. 먼저 페로브스카이트 태양전지의 구조는 그림 4.31과 같다. 빛이 투명전극을 통과하여 페로브스카이트에 비치면 전자와 정공이 생성된다. 전자는 전자 수송층과 투명전극을 지나서 외부 도선을 통하여 흐른다. 페로브스카이트 태양전지는 투명전극과 금속전극 사이에 있는 페로브스카이트 물질이 전자와 정공을 생성한다. 투명전극 소재는 산화티타늄으로 유리기판 위에 증착되어 빛을 투과시키는 전면전극 역할을 한다. 후면전극인 금속전극은 금이나 은 등 반사성 금속으로 광흡수층에서 흡수하지 못한 빛을 반사 시켜서 재차 흡수시키게 한다. 광전변환 물질은 메틸암모늄요드염화납($CH_3NH_3PbI_2Cl$) 화합물로 대략 400~800 nm(0.4~0.8 μm) 사이의 빛을 흡수한다. 주로 가시광선과 약간의 근적외선 파장을 이용한다[14].

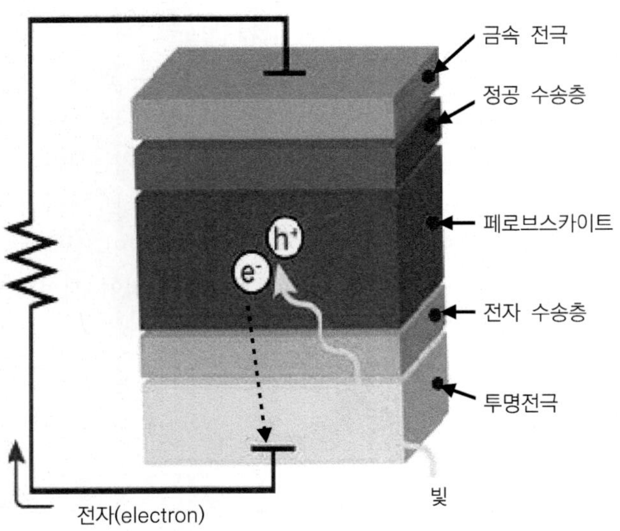

그림 4.31 페로브스카이트 태양전지 작동 원리와 구조

페로브스카이트 물질은 1893년 구스타프 로즈(Gustav Rose)에 의해 러시아의 우랄산맥에서 발견된 산화칼슘 티타늄(CaTiO3)으로 러시아 광물학자인 레브 페로브스키(Lev Perovski, 1792~1856)의 이름을 따서 명명되었다. 이 광물은 "AMX3"의 결정구조를 가지며 서로 다른 양이온 A와 금속 M, 그리고 음이온 X가 1:1:3의 비율로 결합하여 있다. 이후에 산화칼슘 티타늄 이외에도 AMX3의 구조를 가지는 광물들이 발견되면 페로브스카이트라 명명되었다. 따라서 페로브스카이트의 구성 원소 AMX를 적절히 선택하는 방식으로 얼마나 쉽게 전자와 정공을 만드는지 결정된다. 즉 구성 원소에 따라서 밴드갭에너지가 다르다. 원소 A는 태양에너지 흡수층 물질로 세슘(Cs), 메칠암모늄(Methyl Ammonia, MA)이 사용된다. 원소 M은 납(Pb), 주석(Sn)이 사용되고, 원소 X는 요오드(I), 브롬(Br), 염소(Cl)가 주요 사용된다. 최근에는 M에 납(Pb)을 넣은 형태가 가장 성능이 높게 나타나고 있다. 대표적인 물질은 메틸암모늄요드염화납($CH_3NH_3PbI_2Cl$)이다[15].

실리콘은 실리카(SiO_2)에서 산소를 제거하는 공정이나 실리콘 덩어리인 잉곳(Ingot)을 제작하는 공정이 고온에서 많은 에너지가 필요하고, 실리콘은 딱딱하고 무겁다. 그러나 페로브스카이트는 간단하면서 저렴한 화학합성 공정으로 얇고 잘 휘는 형태로 제작할 수 있어 에너지가 적게 들고, 따라서 제작비용이 적다. 그러나 물이나 공기에 노출되면 성능이 크게 저하되는 내구성이 약한 치명적인 단점이 있어서 실용화에는 상당한 노력이 필요하다. 내구성과 대면적 제작 문제가 해결되면 다양한 활용 방법이 있는 매우 우수한 태양전지가 될 수 있다. 우선 가시광선과 적외선을 이용하는 실리콘 태양전지와 적층하여 사용하면 더 넓은 파장의 태양에너지를 이용하여 태양전지의 효율을 30%대로 증가시킬 수 있다. 얇고 잘 휘는 형태로 제작이 가능한 페로브스카이트 태양전지는 건물에 활용하기 쉬우므로 더욱 다양한 곳에 설치할 수 있는 장점이 많은 태양전지가 될 수 있다.

CHAPTER 5

태양전지 모듈 제작 및 설치

상업용 태양전지의 대부분은 실리콘을 재료로 사용하는 단결정 또는 다결정질 실리콘 태양전지다. 실리콘 태양전지는 그림 5.1과 같이 제작 과정에 따라서 원료인 실리카(SiO_2)에서 잉곳(ingot), 웨이퍼(wafer), 태양전지 셀(cell), 모듈(module) 및 시스템의 순서로 제작된다. 따라서 최소 단위인 셀 제작에 필요한 웨이퍼를 생산하는 과정부터 셀을 직렬 연결하여 이루어지는 모듈을 제작하는 과정의 특징을 자세히 살펴본다. 또한 최종적으로 모듈이 적절하게 배열되어 설치되는 발전설비가 최적의 성능을 발휘할 수 있게 성능에 미치는 여러 가지 인자들에 대하여 알아본다. 특히 표면에 입사되는 태양광 입자량을 극대화하고, 효율을 저하하는 온도 상승을 최소화하는 설치 방법을 살펴본다.

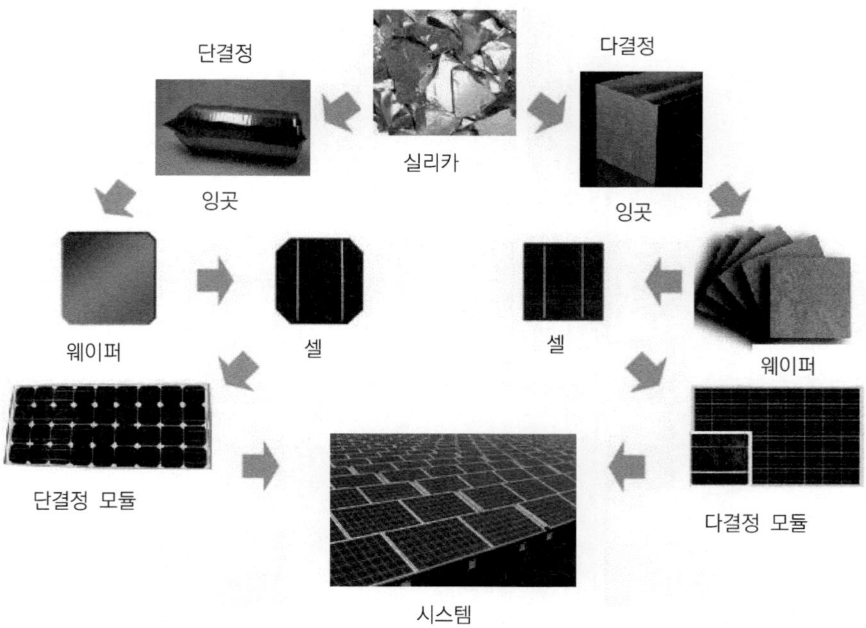

그림 5.1 실리콘 태양전지 제조 과정

5.1 웨이퍼 제작

실리콘은 SiO_2의 형태로 지구상에 많이 매장되어 있는 물질이나, 순도가 매우 낮으므로 많은 양의 에너지와 여러 공정을 거치면서 고순도의 실리콘으로 변환된다. 태양전지에 사용되는 실리콘은 메모리 반도체에 사용되는 실리콘보다 순도는 높지 않고 약 99.99999%의 순도를 유지한다. 제조 회사에 따라 고유한 몇 가지 제조 공정이 있으며 아래에 소개된 공정은 Siemens 사에 의하여 1960년대에 개발된 공정이다[1]. 우선 SiO_2가 1,500 ~ 2,000℃의 고온의 노에서 탄소와 반응하여 실리콘에서 산소를 제거하면 실리콘과 부산물로 이산화탄소가 발생한다.

$$SiO_2 + C \Rightarrow Si + CO_2 \tag{5.1}$$

이렇게 생산된 실리콘은 순도 약 98%로 야금분야에서 많이 사용되는 정도의 순도이다. 다시 실리콘을 반도체로 사용하기 위하여 300℃에서 액체 염화수소(HCL)와 실리콘을 반응시키면 실리콘에 있는 Fe, Al, B 등이 염화수소(HCL)와 화학반응 하여 $FeCl_3$, $AlCl_3$, BCl_3 등이 생성되고 실리콘은 $SiHCl_3$로 된다. 따라서 이 과정을 통하여 실리콘에 있는 불순물 Fe, Al, B, P, Cu, Au 등이 제거된다.

$$Si + 3HCl \Rightarrow SiHCl_3 + H_2 \tag{5.2}$$

마지막으로 $SiHCl_3$를 1,100℃에서 200~300시간 동안 수소와 반응시키면 순수한 실리콘을 얻을 수 있다. 이와 같은 반응은 진공 상태의 큰 노에서 진행되며 실리콘이 진공노에 있는 다결정질 실리콘 원통에 증착되어 지름이 150 ~ 200 mm의 실리콘 원통이 생성된다. 이렇게 만들어진 실리콘 원통은 다시 작은 조각으로 파쇄되어 여러 가지 반도체 물질의 재료로 사용된다. 실리콘 제작 과정은 모두 고온에서 진행되기 때문에 많은 에너지가 사용된다. 따라서 실리콘 태양전지로 태양광을 바로 전기로 변환하는 방법은 친환경적이나, 실리콘을 사용하여 태양전지를 만드는 과정은 결코 친환경적이라 할 수 없다.

$$SiHCl_3 + H_2 \Rightarrow Si + 3HCl \tag{5.3}$$

다음 과정은 정제된 실리콘을 이용하여 웨이퍼를 만들기 위하여 실리콘을 고온에서 녹인 후 냉각시켜서 잉곳(ingot)을 제작한다. 잉곳을 만드는 과정은 크게 두 가지로 분류되며, 과정에 따라서 생산된 실리콘도 단결정과 다결정으로 구분된다.

다결정 제작 공정은 파쇄된 실리콘을 사각형의 용기에 넣고 용융시킨 후에 냉각시키면 사각형의 잉곳이 만들어지는 가장 간단한 방법이다. 그림 5.2와 같이 잉곳을 웨이퍼 단면 크기로 여러 조각으로 절단하고, 다시 절단된 실리콘 사각형 기둥 형태를 웨이퍼 두께 정도로 wire cutter를 사용하여 절단하면 다결정 웨이퍼가 제작된다. 다결정 실리콘은 여러 개의 결정이 잉곳을 형성하고 있으므로 절단하면 절단면에 결정의 경계면이 그림 5.3과 같이 나타난다. 실리콘 원자가 서로 이웃한 4개의 원자와 전자를 하나씩 공유하면서 잘 배열되었으나, 결정의 경계면에서는 이웃한 원자와 결합 배열이 끊어져 있다. 다결정의 제작 과정은 간단하므로 제작 원가가 낮은 장점이 있으나, 결정의 경계면 때문에 효율 감소와 제품의 불량이 발생하는 경우가 많다.

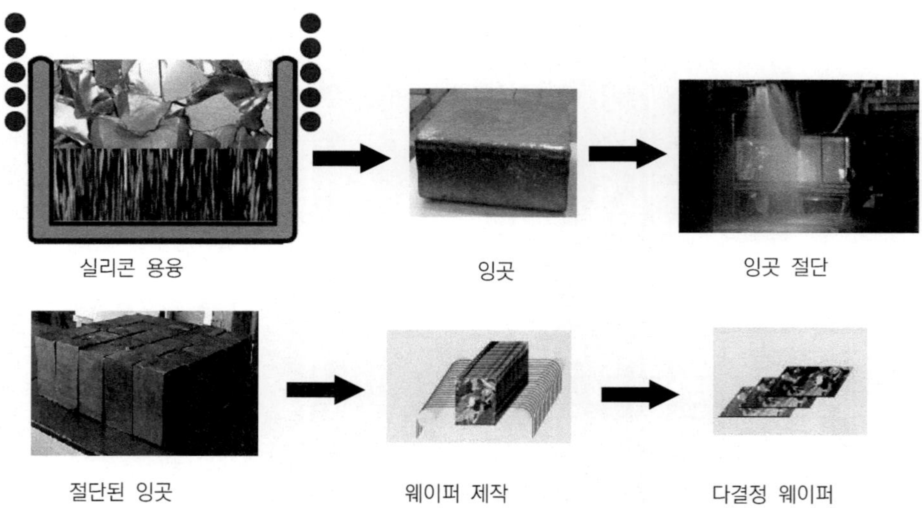

그림 5.2 다결정 실리콘 웨이퍼 제작 과정

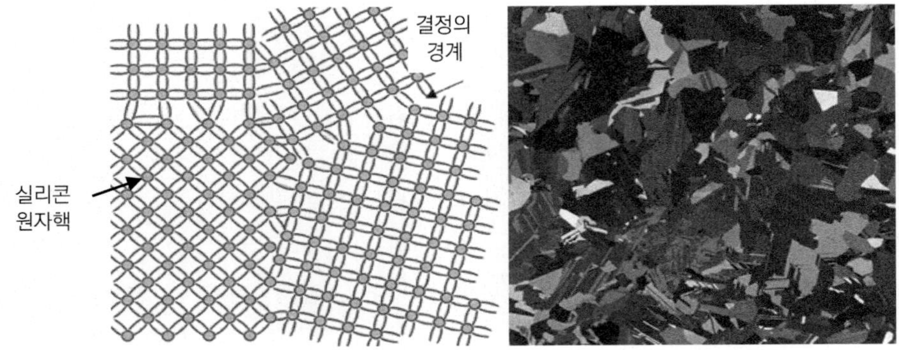

그림 5.3 다결정 실리콘 웨이퍼 원자 배열 및 웨이퍼 단면

단결정질 실리콘은 그림 5.4와 같이 단면이 하나의 결정으로 되어 있어서 단면에 결정의 경계면이 나타나지 않는다. 따라서 경계면에서 발생하는 불연속성이 없으므로 양질의 전기적 특성을 얻을 수 있다. 그러나 제작 공정이 다결정보다 복잡하므로 제작비용이 고가다. 단결정은 노에서 실리콘을 용융시킨 후에 실리콘 단결정 조각(seed)을 용융된 실리콘에 담그고 실리콘 결정이 형성되기 시작하면 천천히 위로 끌어 올리면서 냉각시키면 결정이 성장하여 그림 5.5와 같은 둥근 원통형의 실리콘 원기둥이 만들어진다. 이 제작 방법을 초크랄스키(Czochralski) 방법이라 하며, 또 다른 방법은 프로트존(Float-Zone) 방법이 있다. 냉각시킨 후에 다시 이 원기둥의 옆면을 절단하고, 다시 웨이퍼 두께로 다결정과 같이 wire cutter로 절단하면 된다. 단결정을 만드는 과정에 열에너지 소비가 많고 제작 공정이 복잡한 단점이 있다.

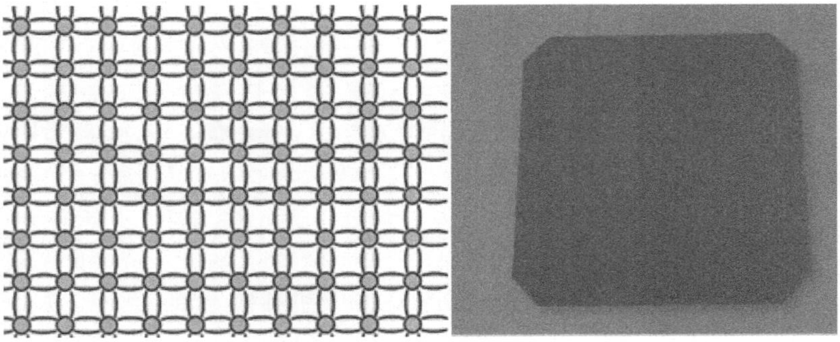

그림 5.4 단결정 실리콘 웨이퍼 원자 배열 및 웨이퍼 단면

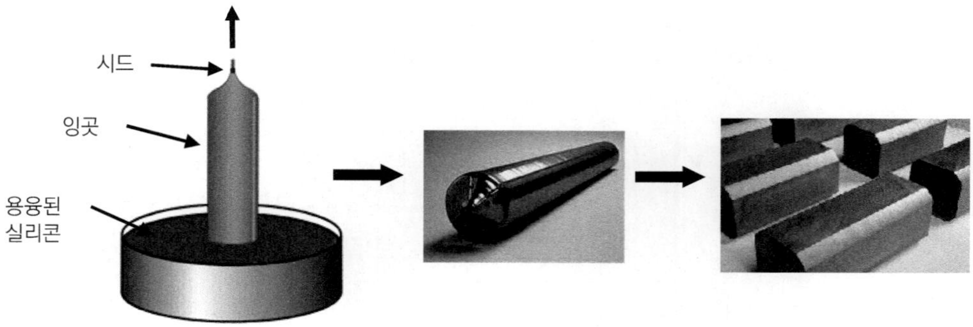

그림 5.5 단결정 실리콘 잉곳 제작 과정

단결정 또는 다결정 웨이퍼는 절단과정에서 표면에 생긴 절단 자국 제거 및 세척과정을 거친 후에 태양광 흡수율을 증가시키기 위하여 식각(etching)을 통하여 표면에 요철을 만든다. 다음에 도핑과정을 거치면서 "n-형" 반도체와 "p-형" 반도체가 형성된다. 또한 태양광의 반사를 줄이기 위하여 실리콘 나이트라드(SiN)를 사용하여 전면에 코팅하고 전면 및 후면전극을 부착하여 셀을 완성한다. 완성된 셀의 성능을 측정하고 효율이 같은 셀별로 분류하여, 모듈을 제작한다.

5.2 모듈 제작

태양전지의 최소 단위인 셀이 제작되면 마지막 공정에서 셀의 성능을 측정한다. 즉 표준성능측정방법(25℃, AM1.5 상태)으로 각각의 셀에 대하여 전류-전압 곡선, 개방전압, 단락전류, 최대출력 및 효율 등을 측정한다. 하나의 셀에 대한 전압은 0.5 ~ 0.6 V로 매우 낮고, 또한 같은 공정에 따라서 제작된 셀의 효율도 조금씩 차이가 있다. 따라서 셀을 효율에 따라서 분류하여 같은 효율의 셀로 모듈을 만든다. 태양전지는 전류를 생산하는 장치이므로 효율이 좋은 셀과 효율이 나쁜 셀이 혼합되면 모듈의 효율은 감소하기 때문이다.

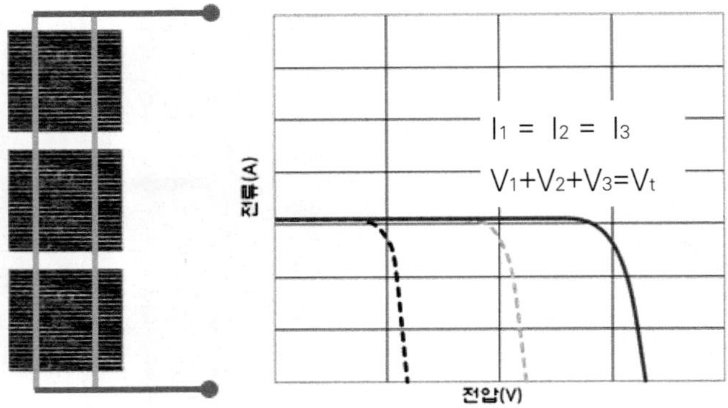

그림 5.6 셀의 직렬 연결에 의한 전압 및 전류 변환

셀의 전압이 매우 낮으므로 전압을 높이기 위하여 대부분 모듈에서 셀은 직렬로 연결되어 있다. 셀을 그림 5.6과 같이 직렬 연결하면 건전지의 경우와 같이 전압은 정배수로 증가하나, 전류의 세기는 동일하다. 따라서 내부는 구리이고 외부는 납(40%)과 주석(60%)으로 된 합금으로 덮인 리본을 사용하여 그림 5.7과 같이 셀의 전면전극과 이웃한 셀의 후면전극을 연결한다. 리본의 단면은 직사각형으로 폭이 2 mm이고 두께는 0.5 mm 정도다. 리본의 피복은 약 180℃에서 녹기 때문에 납땜으로 리본을 셀의 전극에 부착시킨다. 모듈에서 직렬로 연결된 셀의 배선은 그림 5.7과 같다.

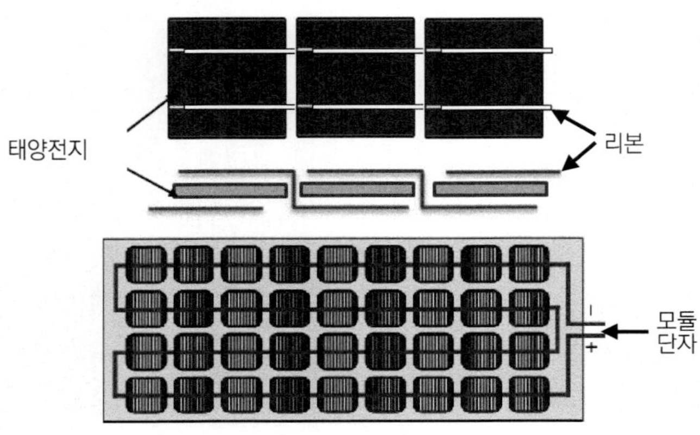

그림 5.7 모듈 내부에서 셀의 직렬연결 배선

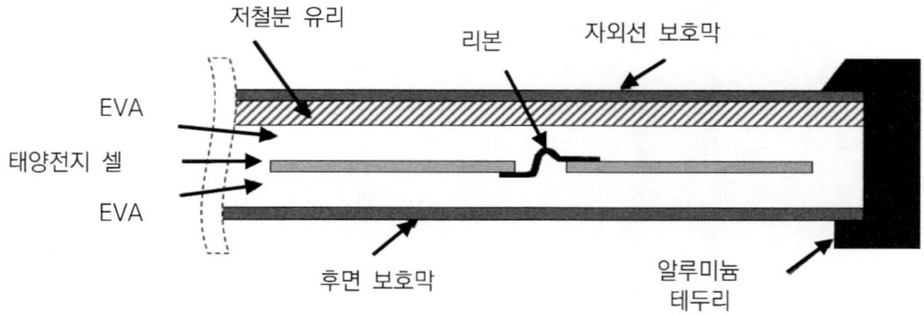

그림 5.8 모듈의 단면도

리본을 이용하여 셀이 직렬로 연결되면 모듈을 그림 5.8과 같이 제작하여 모듈을 완성한다. 모듈의 최상부에는 비, 눈, 먼지 등의 불순물로부터 셀을 보호하기 위하여 태양광의 투과성(90% 이상)이 좋은 유리로 덮는다. 유리는 외부의 충격으로부터 셀을 보호하기 위하여 투과성 외에 일정한 강도가 요구된다. 투과성을 높이기 위하여 철분 함유량이 적은 유리(두께 3 ~ 4 mm)를 사용한다. 또한 태양광의 반사를 줄이기 위하여 유리 표면에 요철을 만들기도 하지만, 비용이 증가하는 단점이 있다. 자외선은 모듈의 수명에 영향을 미칠 수 있으므로 유리 표면에 자외선 보호막을 붙이기도 한다. 일부 긴 파장의 적외선은 에너지가 밴드갭보다 작아서 전자를 만들지 못하고 모듈을 가열하여 온도를 상승시킬 수 있다. 그러므로 이런 파장 범위의 적외선 차단 보호막을 설치하는 것도 필요하다.

셀과 유리를 잘 접속하기 위하여 셀의 위와 아래에 에틸렌 비닐 아세테이트(Ethylene Vinyl Acetate, EVA)를 사용하여 접착한다. 이 EVA는 높은 온도와 습도에 강한 내구성을 가지며, 접합성이 좋고, 투과성과 투명성이 양호한 물질이다. 또한 매우 유연하여 셀과 셀 사이의 공간과 셀을 연결하는 리본의 틈새를 잘 메워주는 역할도 한다. 아래에 있는 EVA는 모듈의 제일 아랫부분에 설치된 후면 보호막과 셀이 잘 접착되게 한다. 후면 보호막은 불소수지이며 외부에서 습기의 침투를 막고, 모듈을 외부와 절연을 시켜서 보호한다. 또한 보호막은 셀을 투과한 태양광 입자나 셀과 셀 사이의 공간으로 들어온 태양광을 반사하는 반사판 기능도 한다.

모듈의 제작 공정은 우선 유리 표면을 세척하고 건조한 후에 유리 위에 EVA를 깐다. 이 EVA 위에 리본으로 연결된 셀을 놓고 또 한 겹의 EVA를 설치하고 마지막으로 불소수지로 된 후면 보호막을 놓는다. 셀을 연결한 배선의 단자를 후면 보호막 밖으로 뽑아내고 모든 배선이 완전하게 연결되었는지 확인한다. 배선이 확인되면 진공에서 고온으로 모듈 전체를 압착하여 모듈 내부에 있는 수증기, 공기 및 기타 가스를 뽑아낸다. 이때 모듈에 있는 EVA가 셀과 리본 등의 공간을 메우면서 굳어져서 유리, 셀, 후면 보호막 등을 잘 접착시킨다. 이 과정이 끝나면 일정 기간 냉각시킨 후에 모듈의 테두리를 밀봉하고 알루미늄으로 테두리에 프레임을 설치하여 모듈 제작을 완성한다. 완성된 모듈의 출력단자와 알루미늄 테두리 사이에 약 1~3 kV의 전압을 연결하고 절연내력시험을 실시하여 절연 상태를 확인한다. 다시 최종적으로 표준성능측정방법에 따라서 성능측정을 하여 모듈의 전류-전압곡선, 최대출력, 효율, 개방전압, 단락전류 등을 구하여 그림 5.9와 같은 상품규격서를 제작한다.

그림 5.9는 모듈에 대한 상품규격서로 일반인은 이 규격서를 통하여 모듈의 특성과 성능을 알 수 있다. 이 규격서에 따르면 사용된 셀의 효율에 따라서 모듈의 정격출력이 182~206 W로 다양한 값을 가진다. 모듈의 효율과 셀의 효율 차이는 약 1.3%로 셀을 연결하는 리본의 접촉과 기타 배선으로 전기 저항이 증가한 결과이다.

셀의 출력은 표면에 입사되는 태양광의 세기에 따라서 변한다. 즉 표면에 나무, 구름 또는 건물 등의 그림자가 생기면 출력은 감소한다. 태양광의 변화에 따라서 개방전압은 거의 일정하게 유지되나 전류의 세기는 태양광에 비례하는 특징이 있다. 또한 그림 5.7과 같이 모듈을 구성하는 셀이 모두 직렬로 연결되어 있고, 직렬로 연결되었을 때 전류의 세기는 일정하다. 따라서 모듈 일부가 그림자에 가리면 가려진 셀의 전류가 감소하여 모듈 전체의 전류도 또한 감소하고, 출력이 줄어드는 결과를 초래한다. 심지어 셀 하나가 완전히 그림자에 가려져서 전력을 생산하지 못하면 모듈 전체도 전기를 생산하지 못한다. 또한 그림자가 드리워진 셀은 저항이 증가하여 정상적인 셀에서 발생한 전류가 흐르면 열이 발생하여 온도가 급격히 증가하는 현상이 발생한다. 따라서 유리가 깨어지거나, 셀이 망가지거나, 연결된 리본의 접촉이 끊어지는 등 문제가 발생하여 모듈 전체가 망가진다.

		182	185	188	191	194	197	200	203	206
Nominal output (Pmax)	W	182	185	188	191	194	197	200	203	206
Warranted minimum power	W	176.5	179.5	182.4	185.3	188.2	191.1	194.0	196.9	199.8
Voltage at Pmax (Vpm)	V	25.9	26.0	26.2	26.3	26.4	26.6	26.7	26.9	27.1
Current at Pmax (Ipm)	A	7.1	7.1	7.2	7.3	7.3	7.4	7.5	7.5	7.6
Open circuit voltage (Voc)	V	32.7	32.8	33.0	33.0	33.1	33.3	33.6	33.7	33.8
Short circuit current (Isc)	A	7.8	7.8	7.9	8.0	8.0	8.1	8.2	8.3	8.3
Output tolerance	%	±3	±3	±3	±3	±3	±3	±3	±3	±3
Maximum system voltage	Vdc	1000	1000	1000	1000	1000	1000	1000	1000	1000
No. of cells & connections	pcs	54 in series								
Cell type	–	6" Multi-crystalline silicon								
Cell efficiency	%	13.9	14.1	14.3	14.5	14.8	15.0	15.2	15.4	15.6
Module efficiency	%	12.6	12.8	13.0	13.2	13.4	13.6	13.8	14.0	14.2
Temperature coefficient of Pmax	%/K	-0.43	-0.43	-0.43	-0.43	-0.43	-0.43	-0.43	-0.43	-0.43
Temperature coefficient of Voc	%/K	-0.32	-0.32	-0.32	-0.32	-0.32	-0.32	-0.32	-0.32	-0.32
Temperature coefficient of Isc	%/K	0.056	0.056	0.056	0.056	0.056	0.056	0.056	0.056	0.056

그림 5.9 다결정 실리콘 모듈의 성능을 나타내는 상품규격 예시

그러므로 이런 현상을 줄이기 위하여 전류를 한 방향으로만 흐르게 하는 우회 다이오드(bypass diode)를 그림 5.10과 같이 설치한다. 예를 들어 그림 5.10과 같이 4개의 셀에 우회 다이오드를 설치하면 마지막에 있는 셀에서 문제가 발생하면 처음 4개의 셀에서 발생한 전류는 다음의 셀을 통과하지 않고 우회 다이오드로 흐른다. 따라서 문제가 발생한 셀의 영향을 최소화한다. 그러나 모든 셀에 설치하기 어렵기 때문에 그림 5.11과 같이 보통 54개의 셀로 이루어진 모듈에는 약 15개 내외의 셀에 1개의 우회 다이오드가 설치되어 일부 셀의 문제를 전체 모듈에 영향을 미치지 않게 한다. 따라서 모듈에 3개의 우회 다이오드가 설치되면 하나의 셀에서 문제가 발생해도 모듈의 2/3는 전력을 생산할 수 있다. 일반적으로 우회 다이오드는 모듈의 출력단자가 연결되는 접속 상자(junction box) 내부에 설치되어 있다.

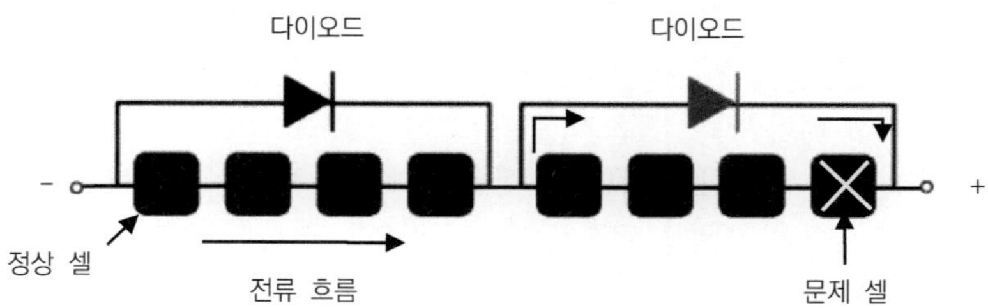

그림 5.10 우회 다이오드가 설치된 셀 배선도

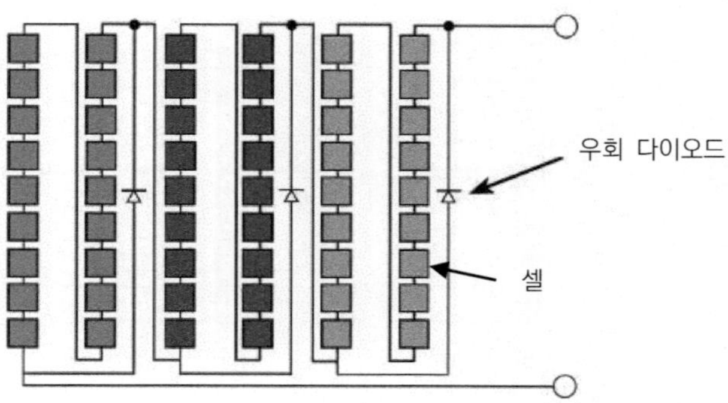

그림 5.11 다이오드가 설치된 모듈의 배선도

5.3 태양전지 설치

전기를 발전하는 최소 단위인 셀이 직렬 연결된 모듈은 실제 현장에 설치되는 태양광 발전 시스템의 최소 규모 단위로 필요한 발전량에 따라서 모듈을 직렬 및 병렬 연결한다. 모듈이 한 개 이상 합쳐지면 이것을 어레이(array)라고도 한다. 따라서 그림 5.12와 같이 모듈이 직렬 또는 병렬로 연결된 어레이 형태로 크기가 발전한다. 모듈을 연결하여 어레이를 구성할 때도 일부의 모듈이 그림자에 가리거나 제품 불량으로 전류를 생산하지 못하는 때를 대비하여 모듈에 설치한 것과 유사하게 우회 다이오드를 설치한다. 또한 발전시스템이 상업전기계통에 연결되지 않고 독립적으로 사용될 때는 낮 동안 발전하여 나머지의 전기를 배터리에 저장한다. 그러나 밤이나 흐린 날에 발전하지 못할 때는 배터리에 보관된 전기가 역으로 어레이로 전기가 흐르게 된다. 따라서 이렇게 전기가 역으로 어레이로 흐르는 것을 방지하기 위하여 어레이와 배터리 사이에 전류 차단 다이오드를 설치하여 전기는 어레이에서 배터리로만 흐르게 한다. 그림 5.13은 우회 다이오드와 차단 다이오드가 설치된 어레이 전기 배선과 전류 및 전압의 세기를 보여주고 있다. 전류의 세기를 증가시키기 위하여 모듈을 병렬로 연결하고, 대조적으로 전압을 높이기 위해서는 모듈을 직렬로 연결한다. 따라서 발전시스템의 용량에 맞추어 여러 개의 모듈을 그림 5.13과 같이 직렬 및 병렬 연결한다.

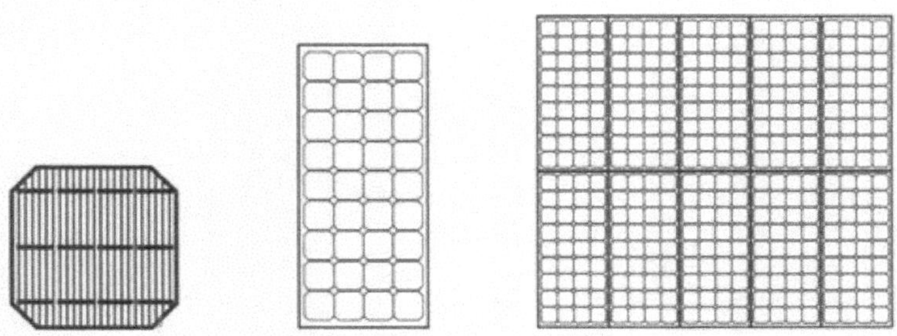

셀(cell)　　모듈(module)　　어레이(array)

그림 5.12 셀, 모듈 및 어레이의 구성

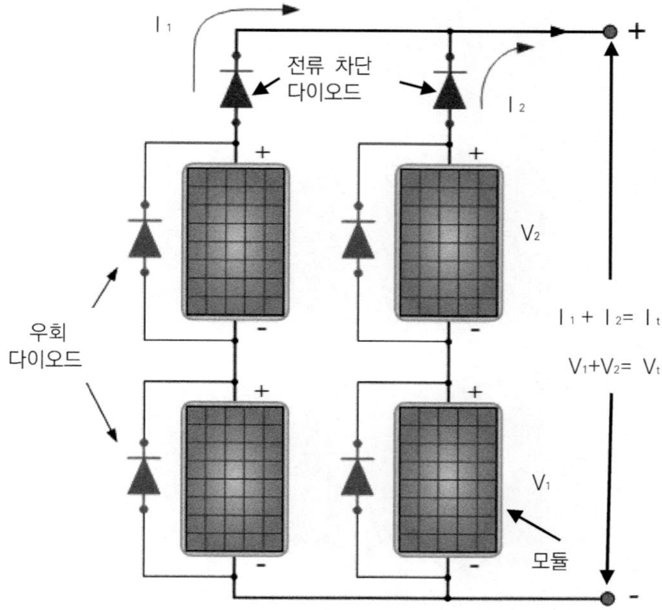

그림 5.13 직렬 및 병렬연결의 모듈과 다이오드

태양전지는 전류를 생산하는 설비로 최대의 성능을 얻기 위해서 가능한 많은 태양광이 입사되어야 한다. 그러나 하루 동안 태양은 아침에는 고도가 낮고 정오에는 고도가 제일 높고 다시 고도가 낮아진다. 일 년 중에도 지구의 북반구에서 겨울에는 고도가 낮고 여름에는 고도가 높다. 또한 태양광이 대기권을 통과는 거리도 일출과 일몰 때는 길고 정오에 가장 짧다. 대기권을 통과하는 길이가 길면 파장이 짧은 광선은 대기에 흡수되고 붉은색과 적외선 계통의 파장이 긴 태양광만 대기권을 투과하여 모듈의 표면에 도달하므로 입사량이 적어진다. 따라서 태양전지의 표면과 태양광이 이루는 각도가 크게 모듈을 설치해야 한다.

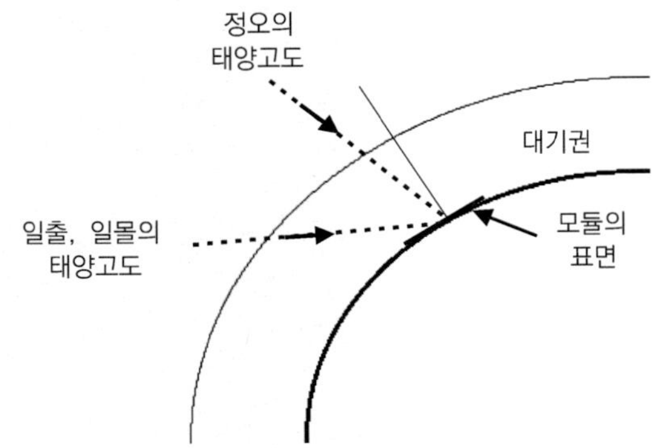

그림 5.14 모듈과 대기권을 통과하는 태양광의 각도

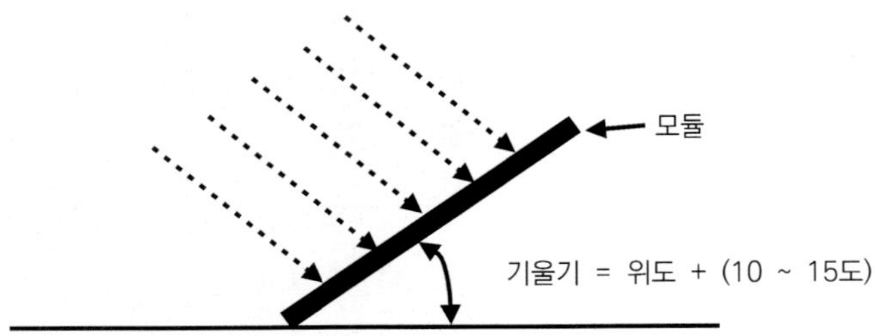

그림 5.15 지구의 북반구에서 모듈의 기울기

태양광과 모듈의 표면이 이루는 각도를 크게 하려고 북반구에서는 모듈을 남쪽을 향하도록 기울여서 설치한다. 일반적으로 우리나라는 약 북위 35 ~ 38도 사이에 위치하므로 태양광과 이루는 각을 크게 하려고 위도에 약 10 ~ 15도를 합한 각도만큼 수평면에서 경사지게 설치한다.

모듈의 설치 방법에는 모듈이 수평면과 이루는 각에 따라서 평면식과 경사식이 있다. 그림 5.15와 같이 지구 표면과 일정한 각도를 주면서 설치하는 방법이 경사식이다. 태양의 이동에 동조하여 방향을 조절하는 방법에 따라서 고정식, 1축 추적식과 2축 추적식(그림 5.16)으로 구분한다. 고정식은 방향의 조절 없이 일정한 방향을 유지하는 경우로 보통 태양전지 모듈이 정남을 향하게 설치한다. 1축 추적식은 하루 동안 태양이 동쪽에서 서쪽으로 이동하므로 태양전지도 일정한 경사각을 유지하면서 태양의 움직임을 따라서 동쪽에서 서쪽으로 방향을 조절하는 경우이다. 태양을 따라서 추적하는 방법에는 추적장치를 설치

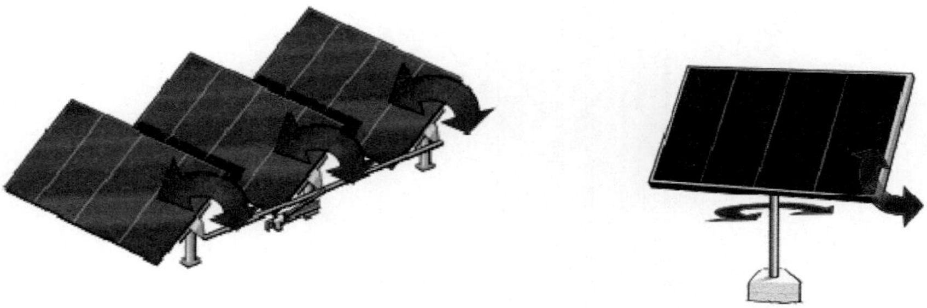

1축 추적식 2축 추적식

그림 5.16 1축 및 2축 추적식 추적 장치

하는 경우와 태양이 한 시간에 15도씩 회전하기 때문에 추적 장치 없이 시간당 15도 회전하게 구동모터로 회전시켜서 추적하는 방법이 있다. 이처럼 하루 동안 태양을 추적하기 위하여 설치하는 방법을 1축 추적이다. 계절적으로 태양의 고도가 변한다. 즉 여름에는 고도가 상대적으로 높고 겨울에는 낮다. 따라서 이런 계절적 고도 변화를 고려하기 위하여 완전히 태양을 추적하게 하는 방법이 있다. 이 방법은 2축 추적식으로 그림 5.17과 같다. 2축 추적식은 1축 추적식에 추가하여 계절에 따라서 조금씩 변하는 태양의 고도에 따라서 태양전지의 경사각을 조절하는 방법으로 태양에너지를 최적으로 받는 방법이다. 그림 5.18의 전남 신안군에 설치된 태양광발전소는 1축 추적식을 사용하여 고정식에 비교하여 15%의 발전효율 증가를 가져왔다.

그림 5.17은 11월 중순 울산지역에서 태양 추적센서를 사용하지 않고 감속기어와 직류모터를 사용하여 태양의 이동 각속도와 동일하게 태양전지 모듈을 회전시켜서 얻은 결과이다. 고정식 모듈은 온종일 정남향을 향하고 있는 대신, 1축 추적식 모듈은 모터의 작동으로 아침에는 동쪽, 정오에는 남쪽, 오후에는 서쪽으로 태양의 이동과 동일하게 회전한다. 즉 1축 추적식은 태양의 고도는 추적하지 않으나, 하루 중 태양의 이동과 동일하게 태양전지 모듈이 움직이도록 하므로 오전과 오후에 더 많은 태양에너지를 흡수하여 발전량을 증대시킨다. 그 결과 고정식에 비교하여 약 20%의 발전 효율이 증가하였다. 하루 중에도 일출 및 일몰 때에는 고도가 낮고 정오에는 고도가 높다. 그러므로 일출부터 일몰까지 태양을 따라서 모듈이 동쪽에서 서쪽으로 회전하도록 하면 약 15 ~ 20%의 발전량이 증가한다.

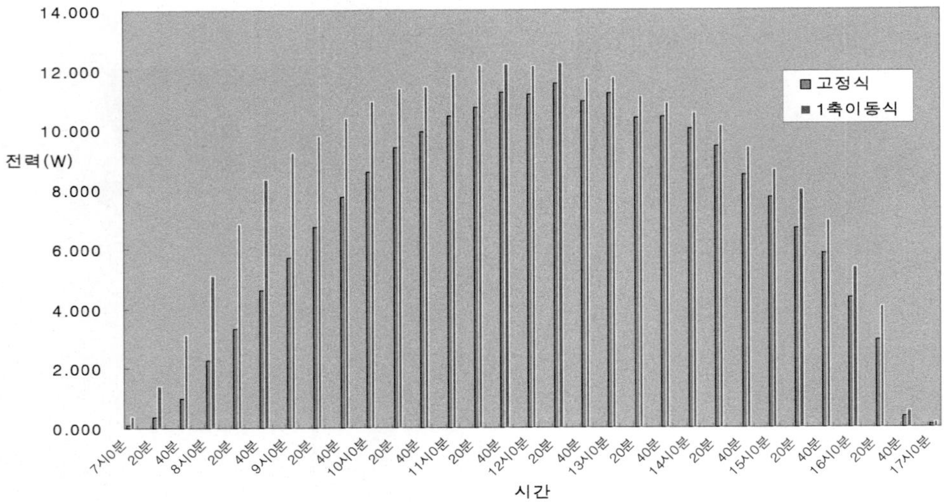

그림 5.17 1축 추적식과 고정식 발전량 비교

그림 5.18 1축 추적식을 사용한 전남 신안군 태양광발전단지

예제 5-1) 위도가 북위 35도인 지역에서 9월 21일(추분)일 하루 동안 수평면에 전달되는 태양에너지의 70% 이상은 낮 12시를 기준으로 오전 몇 시부터 오후 몇 시까지일까?

❖ **풀이** : 위도(ϕ) = 35도, 적위각(δ) = 0(추분)

n = 31+28+31+30+31+30+31+31+21=264

일출시각 : 오전 6시, 일몰시각 : 오후 6시

식 2.23을 이용한다.

$$I_o = \frac{12 \times 3600 G_s}{\pi}[1 + 0.033\cos(\frac{360n}{365})]$$
$$\times [\cos\phi\cos\delta(\sin\omega_2 - \sin\omega_1) + \frac{2\pi(\omega_2 - \omega_1)}{360} sin\phi\sin\delta]$$

위 식에서 추분의 적위각이 0도($\sin\delta = 0,\ \cos\delta = 1$) 이므로 식은 아래와 같이 간략하게 된다.

$$I_o = \frac{12 \times 3600 G_s}{\pi}[1 + 0.033\cos(\frac{360n}{365})]$$
$$\times [\cos\phi(\sin\omega_2 - \sin\omega_1)]$$

위 식에서 같은 날 같은 지역에서는 ω_1과 ω_2를 제외하면 모두 상수이므로 다음과 같이 표시할 수 있다.

$$I_o / C = (\sin\omega_2 - \sin\omega_1)$$

오전과 오후가 같은 값을 가지므로 정오를 기점으로 오후 시간에 대하여 위 식을 이용하여 시간별 값을 계산하여 표를 만들면 다음과 같다.

표 5.1 식 2.23을 이용한 계산 결과

시간(ω_1) 부터	시간(ω_2) 까지	I_o/C	누계I_o/C
12시(0도)	1시(15)	0.2588	0.2588
1시(15도)	2시(30)	0.2412	0.5
2시(30도)	3시(45)	0.2071	0.7071
3시(45도)	4시(60)	0.1589	0.8660
4시(60도)	5시(75)	0.0999	0.9659
5시(75도)	6시(90)	0.0341	1.0

위 결과에서 하루 동안 받는 태양에너지의 70%는 정오를 중심으로 한 오전 오후 각 3시간 동안에 이루어진다. 즉 나머지 시간대에는 하루 중에서도 태양의 고도가 매우 낮아서 지표에 전달되는 태양에너지의 양은 매우 적다. 따라서 효율을 증가시키기 위해서는 아침과 저녁 시간에 태양에너지를 많이 흡수할 수 있도록 태양을 추적하는 장치가 필요하다.

태양전지의 셀은 제작된 후에 25℃에서 성능이 측정된다. 그러나 실제 외부에 설치하면 태양광에 의하여 온도가 상승한다. 특히 여름에는 외부 기온의 상승으로 셀 온도는 더욱 높다. 따라서 온도의 상승으로 셀의 성능이 변하여 상품규격서에 명시된 정격출력과 다른 출력을 얻는다. 온도에 대한 셀의 성능을 살펴보면, 전류의 세기는 약간 증가하나 전압은 상당히 감소한다. 결과적으로 출력은 감소하게 된다. 특히 실리콘 셀의 온도에 대한 개방전압(V_{oc})의 변화는 약 −2.2 mV/℃이고, 단락전류(I_{sc})의 변화는 약 0.06%/℃이다. 따라서 온도에 대한 출력 변화는 약 -0.4 ~ -0.5%/℃이다[1]. 즉 온도 상승으로 출력은 감소하게 되므로 가능한 셀의 냉각이 잘되도록 설치하는 것이 매우 중요하다. 일반적으로 모듈의 효율이 10% 중반으로 매우 낮아서 온도에 의한 출력 감소를 최소화하는 노력이 셀의 효율을 높이는 노력에 버금가는 효과가 있다.

셀 온도를 낮추기 위하여 모듈의 설치 때 자연적으로 바람이 잘 통하게 하며, 지면이나 건물로부터 복사열이 반사되지 않게 하는 등의 주의를 기울일 필요가 있다. 예를 들면 그림 5.20과 같이 건물의 벽체와 모듈 사이에 적당한 공간을 두면, 이 공간이 공기가 흐르는 통로 역할을 하며 대류열전달이 잘 형성되어 모듈을 냉각시킨다. 지표에서 복사열을 감소시키기 위하여 지표에 풀을 재배하면 효과적이다. 또한 가능하면 모듈 표면에 물을 분사하여 냉각시키면 더욱더 효과적이다. 최근에는 물을 이용할 수 있는 호수에 모듈을 설치하면서 물을 분사하여 냉각 효과를 극대화하여 온도 상승에 의한 효율 감소를 극복한다.

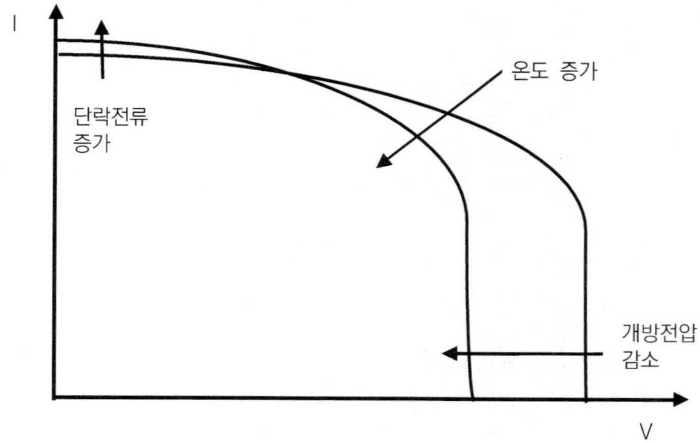

그림 5.19 온도 증가에 따른 단락전류 및 개방전압의 변화

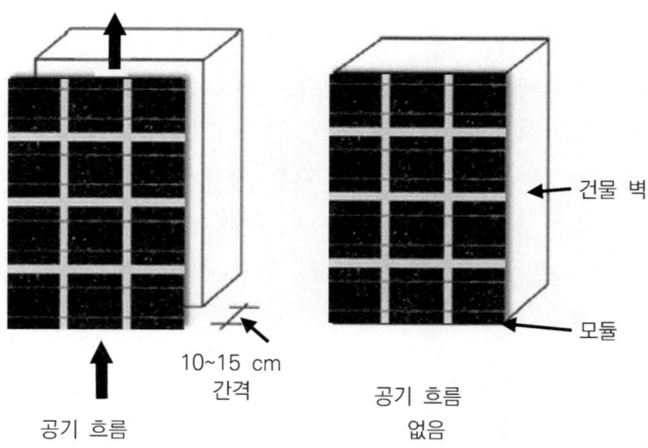

그림 5.20 모듈의 냉각 효과를 증가시키는 모듈의 설치

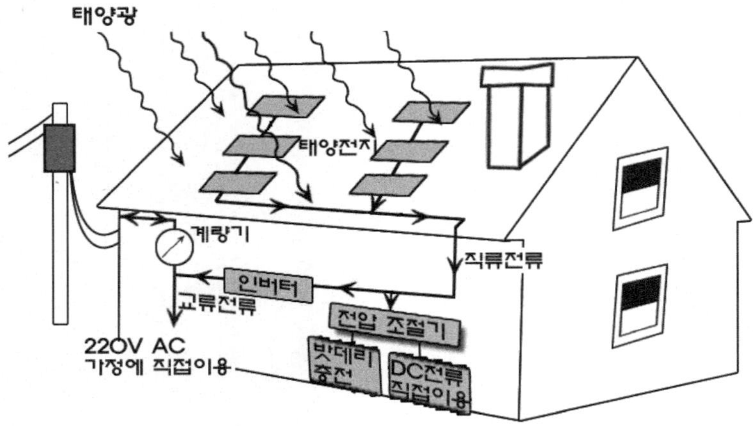

그림 5.21 가정용과 계통연계 겸용 태양광발전 시스템의 구성

태양전지 모듈에서 발전된 전기는 직류이므로 사용 목적에 따라 직류를 직접 사용하거나 교류로 변환하여 사용한다. 또한 발전된 전기를 모두 단독으로 사용하는 경우와 모두 상용계통에 연결하는 경우가 있다. 중간 형태로 일부는 직접 사용하고, 일부는 상용계통에 연결하여 판매할 수 있다. 이와 같은 사용 목적에 따라서 다양한 형태의 태양광발전 시스템이 구성된다. 그림 5.21은 소규모 설비로 일부는 직접 사용하고, 나머지는 상용계통에 연결하는 가장 일반적일 때를 나타낸다.

태양광발전 시스템의 가장 간단한 형태는 사용 전기가 공급되지 않는 도서, 산간 및 극지방 등에서 태양전지로 발전하는 경우이다. 이 중에서도 가장 간단한 방법은 생산된 직류전기를 바로 필요한 장비에 공급하는 형태로 전기 저장장치가 없이 생산된 전기가 전량 소비되는 경우이다. 공기 순환 팬, 물 펌프, 소규모 물 순환장치 등에 사용된다. 시스템 구성은 그림 5.22와 같이 매우 간단하다.

그림 5.22 단독으로 직류만 사용되는 태양광발전 시스템

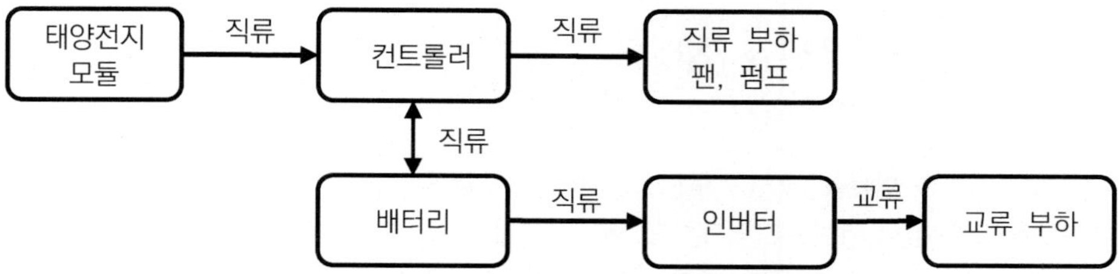

그림 5.23 단독으로 직류 및 교류를 사용하는 태양광발전 시스템

그러나 단독으로 이용할 때도 발전되지 않는 야간이나 흐린 날을 대비하여 생산한 전기의 일부를 배터리에 저장하여 필요할 때 사용한다. 또한 대부분의 가전제품은 교류를 사용한다. 그림 5.23은 직류와 교류를 동시에 사용하는 발전시스템의 구성이다. 따라서 직류를 교류로 변환하는 인버터가 필요하고, 컨트롤러는 배터리가 충전되어 충분한 전압에 도달되면 모듈에서 생산된 전기가 더 이상 배터리로 가지 못하게 차단하여 배터리를 보호하는 역할을 한다.

그림 5.21과 같이 일부는 가정에 사용하고 나머지 전력은 상용계통에 연결하는 경우는 직류를 교류로 변환하는 인버터가 필요하다. 동시에 상용계통의 전기와 같은 전압과 주파수를 유지하는 고품질의 전기로 변화시키는 장비로 출력 컨디셔너가 필요하다. 또한 모듈에서 생산된 전기를 필요한 교류 부하에 전기를 공급하고, 나머지는 상용계통에 자동으로 연결하고 단절시키는 전력분배기가 필요하다.

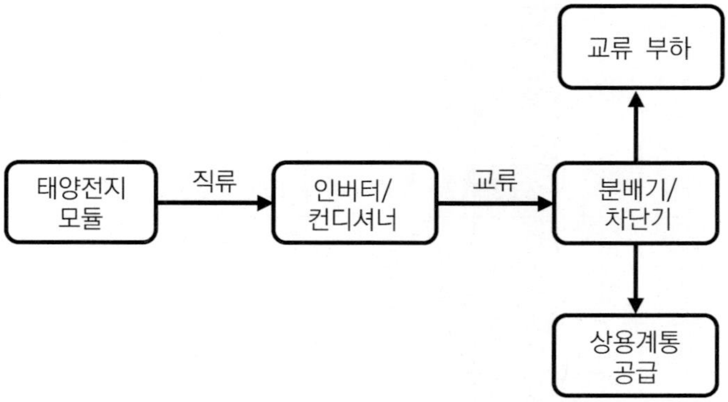

그림 5.24 교류와 상용계통연계에 사용되는 태양광발전 시스템

5.4 발전소 건설 사례

표 5.2는 기상청에서 1971년부터 2000년까지 30년 동안 측정한 월별 일사량을 조사하여 표로 나타낸 것이다. 지역에 따라서 일사량이 약 2배 정도 차이가 나는 것을 알 수 있다. 특히 대도시에서는 적고 중부 지방과 남서해 근해에서 일사량이 상당히 높게 측정되었다. 즉 이 지역이 같은 투자에 대하여 보다 많은 전력을 생산할 수 있는 태양광발전소 설치 후보지이다. 또한 날리는 먼지가 적으며, 기온이 높지 않고 적당한 양의 바람이 부는 지역이면 태양전지의 표면을 청결하게 유지하고 온도를 낮게 유지할 수 있어서 더욱 유망한 설치 장소가 될 수 있다. 이 자료를 이용하면 전국 50여 주요 지역의 일사량, 일조량, 최고 및 최저 기온, 안개지속시간, 평균 풍속 등 관련 자료를 명확하게 알 수 있다.

표 5.2 기상청에서 조사한 지역별 30년(1971년 ~ 2000년) 월평균 일사량[2]

지역	1971년 - 2000년 동안 월평균 일사량(MJ/m^2)												
	1	2	3	4	5	6	7	8	9	10	11	12	연평균
서울	7.0	9.6	12.4	15.2	16.5	15.5	12.1	12.4	12.2	10.3	7.1	5.6	11.4
인천	6.6	9.2	11.8	14.3	15.8	15.7	13.3	13.7	12.9	10.6	7.3	6.1	11.4
수원	7.6	10.0	12.5	15.0	16.2	15.5	12.8	13.2	13.0	11.1	7.8	6.7	11.8
강화	16.1	20.1	28.4	33.2	39.9	39.3	33.2	32.0	30.7	25.2	16.8	13.3	27.4
이천	15.9	21.3	28.3	31.3	37.9	33.4	26.7	26.6	30.7	23.5	16.7	14.2	24.9
춘천	7.0	9.6	12.5	15.4	17.0	16.8	14.7	14.6	13.1	10.4	7.1	5.8	12.1
원주	9.9	13.4	17.2	20.7	23.9	23.3	20.3	19.6	18.0	14.8	10.0	8.8	15.4
강릉	7.4	9.4	11.3	14.5	16.2	14.2	12.9	12.1	11.1	9.5	7.2	6.6	11.2
대관령	8.2	10.4	12.3	15.5	17.0	15.2	13.0	11.9	11.3	10.2	7.6	7.1	11.8
충주	13.4	15.5	21.1	26.1	30.3	30.5	27.2	26.7	23.5	18.4	13.7	11.0	21.6
청주	7.1	9.3	11.4	14.3	16.3	15.3	13.3	13.3	12.0	10.5	7.2	6.3	11.5
서산	7.9	10.7	13.5	16.8	18.3	17.7	14.5	15.4	14.1	12.0	7.8	6.7	13.0

대전	7.8	10.9	13.6	17.2	17.6	16.1	14.7	15.3	13.4	12.0	8.4	7.1	12.9
천안	14.4	19.1	26.0	31.1	37.3	35.4	27.9	30.9	29.3	22.7	15.1	13.2	25.2
부여	15.7	18.1	24.2	28.6	34.0	33.0	29.9	32.4	28.0	22.4	15.2	12.6	26.4
전주	7.3	9.6	12.4	15.6	16.7	16.1	14.2	14.3	13.0	11.5	7.8	6.6	12.2
광주	8.1	10.8	13.1	16.6	18.3	16.2	14.7	15.3	13.8	12.2	8.7	7.3	12.9
목포	8.1	10.8	13.8	16.8	18.4	16.7	15.6	17.1	14.7	12.9	9.1	7.4	13.4
순천	16.0	22.3	29.7	35.6	42.5	36.6	32.5	34.2	28.3	23.4	17.9	14.8	26.8
고흥	17.3	22.8	27.0	32.0	37.7	33.8	31.9	34.1	29.5	25.6	19.3	16.5	26.6
울진	7.0	7.5	9.5	11.3	13.3	10.2	9.2	9.5	10.1	8.8	7.3	6.8	8.5
포항	8.5	10.6	12.8	16.1	17.4	16.2	14.8	14.3	12.2	11.1	8.4	7.7	12.7
대구	8.3	10.6	13.1	16.4	17.9	16.4	14.6	14.3	12.8	11.5	8.5	7.5	12.7
영주	12.9	16.6	20.0	24.2	27.7	26.9	22.6	21.6	22.4	18.7	13.4	11.5	19.8
구미	15.8	20.3	27.0	31.2	32.7	30.1	26.6	26.8	27.0	23.2	17.1	14.1	25.2
부산	8.9	10.9	12.8	16.0	17.5	15.8	15.0	15.7	12.8	12.0	9.2	8.2	12.9
진주	9.4	11.8	14.3	16.9	18.2	16.0	14.9	15.6	13.7	12.6	9.5	8.6	13.4
밀양	12.8	16.3	20.0	23.4	26.4	24.6	23.7	24.1	21.5	18.2	14.0	12.5	20.6
합천	14.0	17.8	21.2	25.3	25.3	26.3	22.1	20.5	21.7	18.8	14.8	13.4	20.9
남해	16.1	19.0	27.3	30.0	24.7	24.3	18.4	23.6	25.6	21.3	17.6	15.0	21.9
제주	5.0	7.7	11.4	15.9	18.2	16.6	17.5	16.4	13.5	11.7	7.8	5.6	12.3
성산	16.1	19.0	27.3	29.6	24.7	24.3	18.4	23.6	25.6	21.3	17.6	15.0	21.9

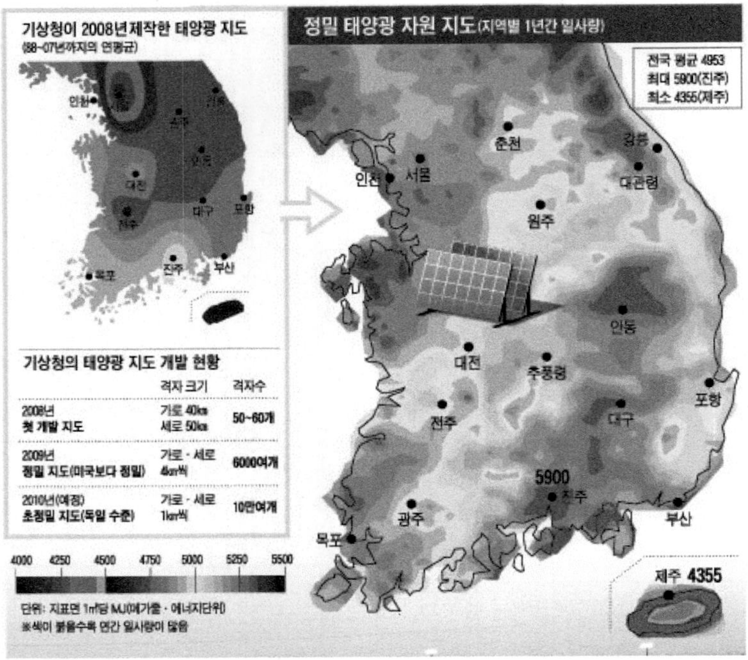

그림 5.25 기상청이 2008년 제작한 태양광 지도[2]

그림 5.25는 기상청이 2008년 제작한 태양광 지도로 진주-대구-안동으로 이어지는 지역의 태양 일사량이 많고, 이미 알려진 목포-광주-대전 지역보다 우수함을 알 수 있다. 제주도는 위도가 낮아 일사량이 많아야 하지만 오히려 전국평균보다 낮다. 해양성 기후에 속하여 흐리고 비가 오는 날이 많고, 대기 중에 수증기가 많기 때문이다. 서해안 지역도 편서풍의 영향으로 서해에서 만들어진 비구름에 의하여 비와 눈이 상대적으로 많이 오기 때문이다.

신재생에너지에 관한 관심의 증가와 정부의 적극적인 지원으로 대형의 태양광발전소가 급격히 증가하고 있다. 특히 한국전력에서 생산된 전기를 "태양광 발전차액지원제도"를 통하여 15년 동안 30 kW 이상의 규모는 약 677.38원/kW, 30 kW 이하는 711.25원/kW의 발전 차액을 지급하여 주기 때문에 더욱 촉진되었다. 그러나 정부는 2008년 10월부터 3 MW 이상의 규모에 대하여 지원액을 30% 인하하여 470.7원/kW로 2010년부터는 428.83원/kW로 변경했다. 2008년 이전에 국내에 준공된 대규모 태양광발전소의 현황은 표 5.3과 같다.

표 5.3 2008년 이전 국내에 설치된 대용량 태양광발전소 현황

발전소 명칭 (준공 연도)	위 치	규 모 (MW)	추적식	탄소감축(만톤)	면 적 (m^2)	건설비 (억원)	예상수익 (억원/년)
신안동양태양광 (2008)	전남 신안군 지도읍	25	1축	2.5	67만	2,000	-
김천태양광 (2008)	경북 김천시 어모면	18.4	고정식	1.5	58만	1,498	180
고창솔라파크 (2008)	전북 고창군 흥덕면	15	1축	1.06	39만	1,000	130
LG태안태양광 (2008)	충남 태안군 원북면	14	고정식	1.2	30만	1,100	130
삼성 솔루채 진도(2008)	전남 진도군 고군면	3	고정식	-	8.6만	220	-
삼랑진 한전서부발전 (2008)	경남 밀양 삼랑진읍 안태리	3	고정식	-	4.2만	155	25
포스코 (2008)	경북 포항시 포항제철	1	고정식	0.16	후판공 장지붕	-	-
포스코 (2008)	전남 광양 광양제철소	1	고정식	0.16	냉연공 장지붕	-	-
동원솔라파크 (2007)	전남 강진군 도암면	1	1축 추적식	0.06	2.9만	71	-

그림 5.26 포스코 광양제철소 지붕과 전북 고창에 설치된 태양광발전소

태양광발전소는 넓은 면적이 필요로 하는 단점이 있으나, 앞으로 중요시될 이산화탄소 감축에 상당한 도움이 된다. 따라서 평지가 좁은 우리나라는 농지나 산림을 훼손하면서 설치하는 것보다 폐쇄된 염전, 간척지 및 간척지 방조제, 대형 공장의 지붕(그림 5.26), 저수지나 대형 댐 수면 위에 설치하는 등 직접 생산적으로 사용하지 않고 방치된 장소에 설치하면 넓은 면적이 있어야 하는 단점을 보완할 수 있다. 또 다른 방식은 그림 5.27과 같이 농사를 짓는 논에 설치하는 영농형 태양광발전 형태이다. 벼가 자랄 수 있게 일정한 양의 햇빛이 농지에 비치게 간격을 두고 설치한다. 물론 쌀수확량은 일정 부분 감소할 수 있으나, 추수가 끝난 이후에는 태양전지에서 생산하는 전력으로 농가는 추가 수입을 올릴 수 있다. 동시에 농사를 짓지 않으나 전력 수요가 많은 혹한기에도 일정량의 추가 전력을 공급할 수 있는 장점이 있다.

그림 5.27 영농형 태양광발전

CHAPTER 6

풍력발전

풍력은 불과 함께 인류가 오랫동안 이용한 가장 대표적인 에너지이다. 해상에는 거의 매시간 바람이 불고 있어서 매우 오래전부터 인류는 자연히 바람을 이용하게 되었다. 불어오는 바람을 이용하기 위하여 배에 돛을 달아 풍력을 이용하였으며, 이런 범선은 증기기관이 발명되기 전까지 당시 이용되는 최고의 수송수단으로 매우 중요한 역할을 하였다.

한편 육상에서도 바람은 매우 유용한 에너지원으로 많이 이용되었다. 주로 지하수를 끌어 올리는 작업과 곡물을 분쇄하여 가루로 만드는 작업에 이용되었으며, 대표적인 예가 네덜란드의 풍차와 미국의 시골에서 볼 수 있는 바람개비와 같은 풍차이다. 특히 미국에서 지하수를 퍼 올리는 풍차는 농업과 철도의 발달을 선도했다. 당시 대륙횡단 증기기관차가 필요로 하는 물을 공급하기 위하여 시골과 오지에 있는 간이역에 설치되었다.

풍차를 이용하여 최초로 전기를 생산한 사람은 Charles Brush로 1886년 미국 오하이오주 클리블랜드에 건설하여 15년간 사용하였다. 그림 6.1은 J. Scientific American에 등재된 자세한 자료다. 타워의 높이는 18.1 m이고 로터의 지름은 17.1 m이다. 1887년 7월에 영국의 J. Blyth 교수가 비슷한 실험을 시행하고 1891년에 영국에서 특허받았다. Blyth 교수가 제작한 풍차는 날개 길이가 9.9 m이고, 천을 사용하였다. 유럽에서는 덴마크에서 풍력이 많이 이용되었으며, 덴마크의 에디슨으로 불리는 라 코우르(La Cour)에 의하여 1891년에 풍력발전 실험을 시행하고 1903년에 발전회사가 설립되었다.

그림 6.1 C. Brush가 건설한 최초의 풍력발전기[6, 9]

한편 1970년대 오일쇼크를 겪으면서 본격적으로 재생에너지로 풍력발전에 관심을 가지기 시작하여 지금은 미국 및 유럽 등에서 대규모로 설비를 설치하고, 태양광발전과 함께 매우 활발한 재생에너지로 이용되고 있다. 풍력은 무한정의 청정에너지로 태양광발전과 달리 밤이나 흐린 날에도 바람이 불면 항상 작동이 가능한 장점이 있다. 또한 작동에 많은 인력이 필요하지 않은 무인 및 원격 작동이 가능한 장점도 있다.

6.1 풍력발전 개요

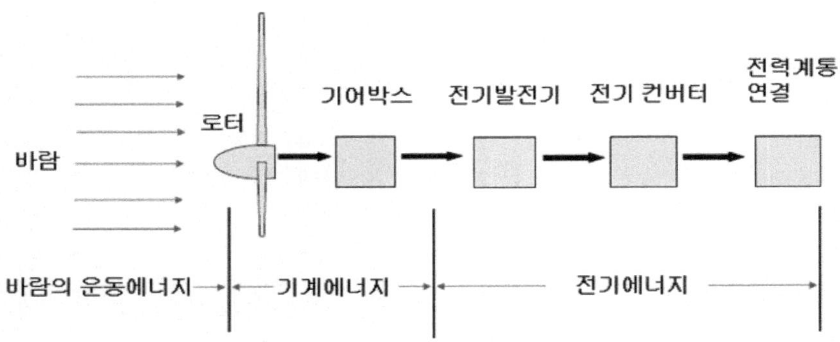

그림 6.2 풍력발전 개요도

풍력발전은 그림 6.2와 같이 바람이 가지고 있는 운동에너지를 날개를 사용하여 축을 회전시키는 기계에너지로 변환하고 다시 발전기를 이용하여 전기에너지를 얻는 방식이다. 즉 바람이 풍력터빈의 날개를 회전시키면 날개에 부착된 축이 회전하면서 바람의 운동에너지가 기계에너지로 변환된다. 이 회전축에 연결된 발전기가 회전하면서 전기에너지를 얻는다. 따라서 바람의 속도가 매우 중요한 요소이며, 또한 가능한 일정한 방향으로 지속해서 부는 바람이 바람직하다.

풍력터빈은 터빈의 회전축과 불어오는 바람과 이루는 각도에 따라서 수직축 풍력터빈과 수평축 풍력터빈으로 분류된다. 수직축 풍력터빈은 날개의 회전축이 바람의 방향에 대해 수직인 경우로 그림 6.3과 같은 여러 가지 형태가 있다. 다리우스(Darrieus) 형태가 대표적이며 최근에 소형의 사보니우스(Savonius) 형태의 풍력터빈이 개발되어 가로등에 태양전지와 함께 많이 설치되어 있다. 그림 6.4와 같이 발전기와 그 외 모든 장비가 지상에 설치되고, 바람의 방향과 관계없이 운전이 가능한 장점이 있다. 그러나 시스템의 종합효율이 낮고, 스스로 기동을 시작할 수 없으므로 시동 토크가 필요하다. 또한 베어링 등의 분해 시 날개 시스템 전체를 분해하는 단점이 있고, 넓은 전용 면적이 필요하다. 따라서 수직축 방식은 상용화된 대형 시스템이 없다.

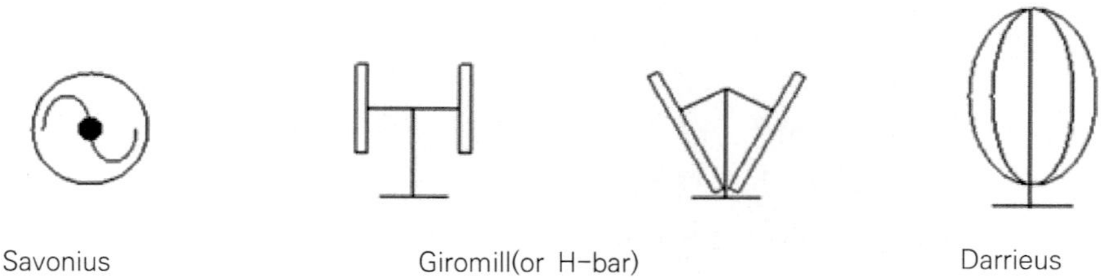

그림 6.3 수직축 풍력터빈의 대표적 형태

그림 6.4 수직축 풍력터빈의 대표적 형태인 30 m Darrieus 풍력터빈[7]

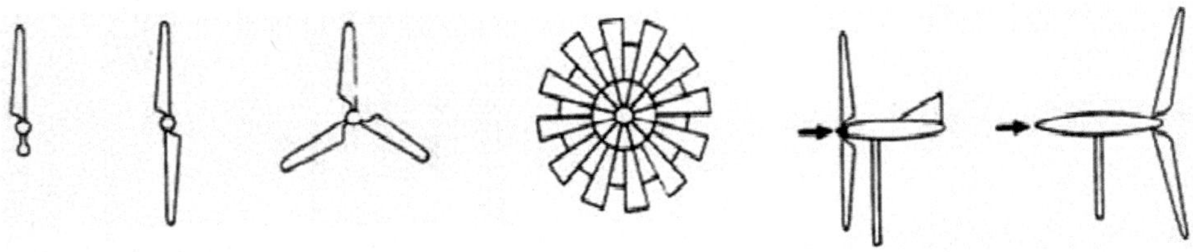

그림 6.5 수평축 풍력터빈의 대표적 형태

수평축 방식의 특징은 바람의 방향과 날개의 축이 평행하며 날개의 수에 따라서 그림 6.5와 같이 여러 가지 형태가 있다. 대부분의 상용 풍력터빈은 수평축을 사용하며 가장 안정적이고 상대적으로 효율이 높다. 그러나 바람 방향과 축 방향을 일치시키는 요잉(yawing)장치가 필요하며, 발전에 관련된 모든 설비가 높은 타워 위에 설치되는 단점이 있다.

6.1.1 풍력터빈 구성 요소

그림 6.6과 6.7같이 수평축 풍력터빈은 크게 날개(①), 타워(⑮, tower)와 나셀(⑪, nacelle)로 구성되어 있다. 날개는 바람의 운동에너지를 기계에너지로 변환하는 역할을 하며, 로터(②, rotor)에 부착되어 회전축과 연결된다. 나셀은 기계에너지를 전기에너지로 변환하는 장치들의 결합체이고, 타워는 바람의 저항을 지지하면서 지상에서 일정한 높이에 로터와 나셀을 위치시켜 날개가 최적의 풍속과 풍향에서 작동하게 하는 역할을 한다.

나셀은 기능에 따라서 크게 기계장치부, 전기장치부 및 제어장치부로 분류된다. 기계장치부는 회전축, 변속장치, 브레이크 등으로 날개에서 얻은 바람의 운동에너지를 기계에너지로 변환시키고, 전기장치부는 기계에너지를 전기에너지로 변환한다. 제어장치부는 풍력터빈이 바람의 속도와 방향의 변화에 적절히 대응하면서 설계된 출력을 생산하도록 풍력터빈을 제어하는 중요한 역할을 한다.

로터(②, rotor)는 저속축에 연결된 허브(그림 6.8)에 2 ~ 3개의 날개(①)가 부착되어 구성되고, 저속의 회전축(⑤)과 연결되어 있어서 바람의 운동에너지를 기계적인 축일로 변환하는 매우 핵심적인 부품이다. 날개의 수는 1 ~ 3개를 선택할 수 있으나 보통 3개를 많이 사용하며, 날개는 가벼우면서 내식성이 있고 높은 강도를 가지는 유리섬유나 탄소섬

유와 같은 복합재료로 제작된다. 따라서 허브에 부착된 날개의 설계가 풍력터빈의 성능을 결정한다. 로터에 연결된 저속 회전축은 10 ~ 30 rpm으로 저속회전 하므로 고속 회전하는 발전기에 연결되기 전에 변속장치(⑥, gear box)에 연결되어 증속 된다.

그림 6.8과 같이 로터의 허브에 설치된 날개의 피치각 구동장치와 제어장치(③)는 날개의 각도를 조정하는 장치로 이를 통해 풍력터빈의 성능을 조절한다. 그 외에 피치각 조절은 로터를 회전시키는 데 필요한 기동 토크를 얻고, 정격풍속 이상에서 정격출력을 유지하고, 로터의 회전을 정지시킬 때 등 여러 조건에서 사용한다. 로터 내부에 피치각 조절용 유압장치가 설치되어 있다.

그림 6.6 풍력발전 시스템 주요 구성

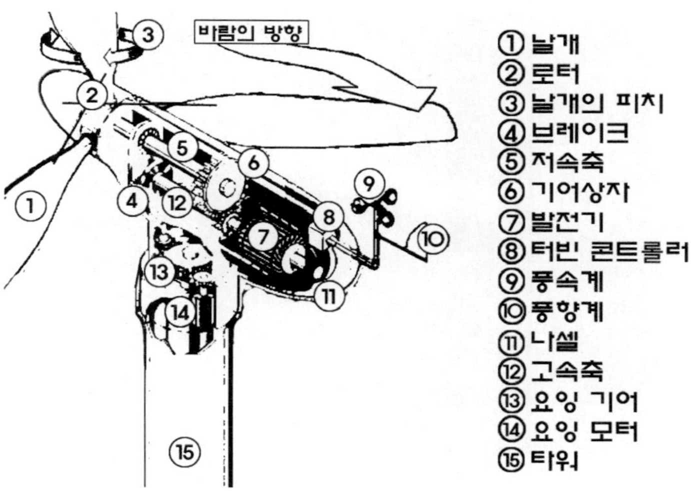

그림 6.7 수평축 풍력터빈의 주요 부품[8]

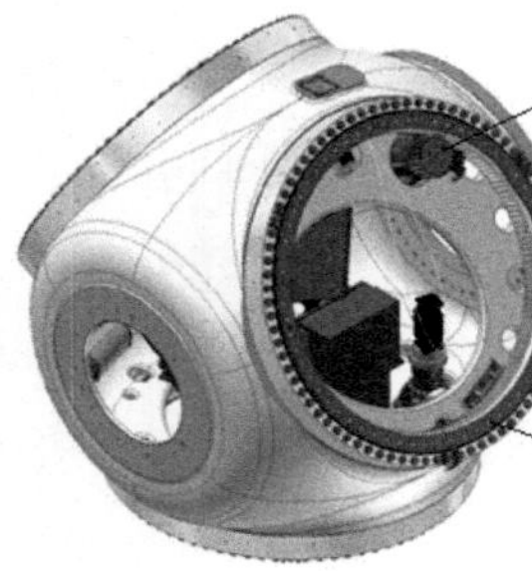

그림 6.8 날개가 부착되는 허브와 날개 피치각 제어장치

나셀(⑪, nacelle)은 로터에 의해 얻어진 기계에너지를 전기에너지로 변환시키는데 필요한 모든 장비가 들어 있는 상자와 같은 부분을 의미하며 보통 타워의 상부에 설치되어 있다. 그림 6.9와 같이 나셀에는 나셀프레임 위에 변속장치(⑥, gear box), 회전축, 발전기(⑦), 기계적 브레이크(④, mechanical brake), 요잉장치(⑬, ⑭, yawing system), 및 전기조절장치 등 로터를 제외하고 발전에 필요한 모든 장치가 설치되어 있다. 나셀에는 또한 냉방기가 설치되어 항상 일정한 온도를 유지하고 외부에서 불순물이 침투되지 못하게 밀폐되어 있다. 풍속 및 풍향을 측정하는 장비들도 나셀에 부착되어 있다.

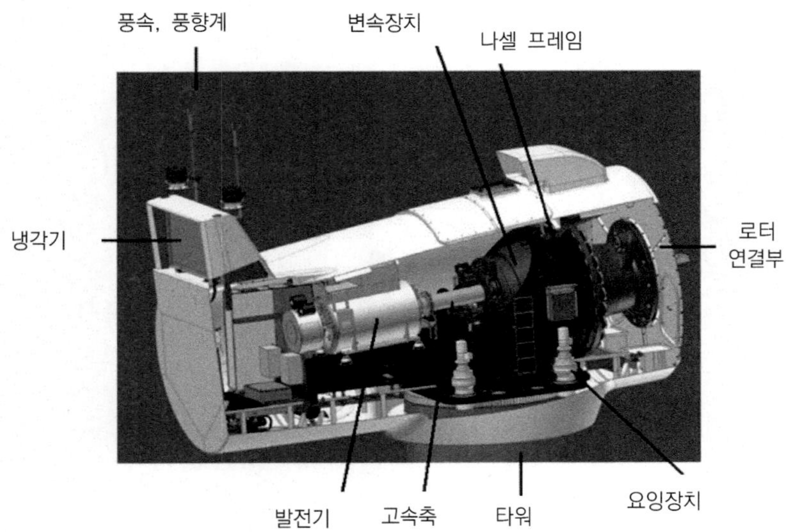

그림 6.9 나셀에 있는 주요 설비

그림 6.10 변속장치 외부 및 내부[8]

로터에서 얻은 기계에너지에 의하여 회전하는 축의 회전수는 낮다. 따라서 그림 6.10과 같은 변속장치를 사용하여 회전수를 높이는 간접구동형(geared type)과 로터 회전축을 발전기에 직접 연결하는 직접구동형(gearless type)이 있다. 간접구동형은 로터에 연결된 낮은 회전수(10 ~ 30 rpm)의 저속 회전축(⑤, low-speed shaft)과 높은 회전수(1200 ~ 1800 rpm)의 유도발전기(⑦, generator) 사이를 변속장치(⑥)를 이용하여 연결한 형태로 발전기의 정속회전으로 경제성이 높고 품질이 좋은 전기를 생산하는 장점이 있다. 따라서 대부분의 상용 풍력터빈에 많이 적용되고 있다. 그러나 변속장치는 고비용이며 무게가 무거우므로 직접구동형은 변속장치를 사용하지 않고, 로터에서 동력이 직접 동기발전기에 연결되는 방법으로 변속장치 제작비용은 절감되나 발전기가 크고 고가인 점이 단점이다.

기계적 브레이크(④, mechanical brake)는 그림 6.7과 같이 고속 축에 설치되고 유압을 사용하여 마찰 패드가 브레이크 디스크를 압박하여 회전축을 정지시킨다. 기계적 브레이크는 강풍이 불거나, 시스템에 문제가 발생했을 때 보수점검을 위하여 로터를 정지시키기 위하여 사용된다.

제어장치(⑧, controller), 풍속계(⑨, anemometer) 및 풍향계(⑩, wind vane)는 바람의 속도와 방향을 실시간으로 측정하여 풍력터빈의 작동을 조절하는 중요한 역할을 한다. 풍속계에서 측정한 풍속을 이용하여 날개의 피치각을 조정하고, 또한 풍향계에서 측정한 바람의 방향에 대한 자료를 이용하여 나셀 프레임에 설치된 요잉장치를 구동시켜서 터빈의 날개와 바람의 방향이 수직이 되도록 조정한다.

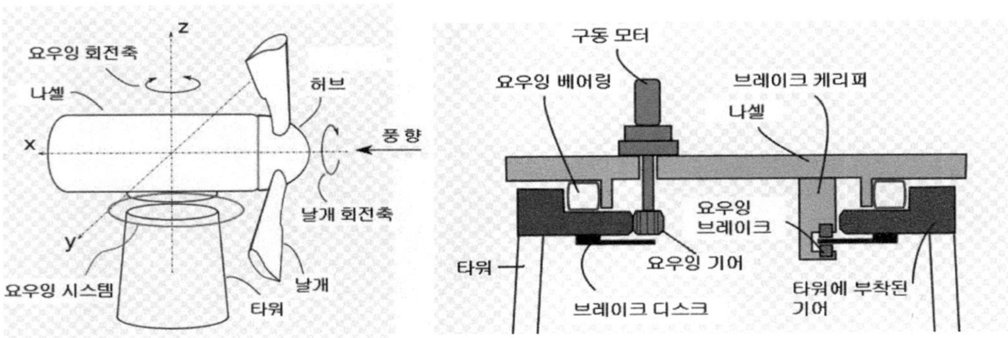

그림 6.11 요잉장치 구성

요잉장치(⑬, ⑭, yawing system)는 그림 6.11과 같이 모든 수평축 발전기에 사용되는 장치로 타워와 나셀 프레임 사이에 설치되어 있다. 풍향의 변화로 풍향과 날개의 회전면이 이루는 각이 수직이 되지 않고 허용 범위(yaw error)를 벗어나면 로터의 방향을 조정하는 장치이다. 로터의 회전축과 풍향이 일치되지 않으면 풍력터빈의 효율이 떨어지며, 로터의 진동과 피로하중의 증가하는 현상이 발생한다. 또한 긴급 상황 때 로터의 방향을 변환시켜 로터의 회전속도를 줄이기도 한다. 이 장치는 전기적 제어장치에 의하여 구동되며 구동모터, 기어, 브레이크 등으로 구성된다.

타워(⑮, tower)는 풍력터빈을 지지해 주는 구조물로써 그림 6.12와 같이 원통형, 격자구조형 및 혼합형 등이 있다. 수평축 풍력터빈의 경우 바람의 저항을 지지하면서 지상에서 일정한 높이에 로터와 나셀을 위치시키는 역할을 하는 중요한 구조물이다. 로터와 나셀의 하중을 지지해야 하므로 대형 터빈에는 원통형 타워가 많이 사용된다. 대형 터빈의 경우에는 내부에 승강기나 사다리 등 발전시스템의 유지와 보수에 필요한 장치들이 설치된다. 수직축 풍력터빈은 타워 구조물을 회전축으로 사용한다. 지표면에서 발생하는 난기류를 피하려고 타워의 높이는 가능한 높은 것이 좋으나, 제작비용과 구조물의 진동 등의 문제로 제한된다. 수평축 풍력터빈의 타워 높이는 적어도 70 ~ 100 m이며, 중형이나 대형의 경우 타워 높이는 보통 날개 지름과 같은 높이를 가진다.

그림 6.12 풍력터빈 타워

6.1.2 풍력터빈 회전 원리

유체와 연관이 있는 힘에는 압력, 부력, 항력 및 양력이 있다. 압력과 부력은 중력이 있는 곳에서 존재하는 힘으로 압력은 유체의 깊이에 따라서 변하며, 부력은 유체와 물체의 밀도 차이에서 발생하는 힘이다. 압력과 부력은 물체나 유체의 이동이 없는 정적인 상태에서도 작용하는 힘이다. 그러나 양력과 항력은 유체나 물체의 이동 때문에 발생하는 힘으로 풍력터빈의 회전과 매우 관련이 깊다. 식 6.1과 6.2는 양력과 항력을 나타내며 모두 속도의 제곱과 면적에 비례한다. 식에서 C_l과 C_d는 양력계수 및 항력계수이다.

$$F_l = \frac{1}{2}\rho A C_l V^2 \qquad \text{(N)} \tag{6.1}$$

$$F_d = \frac{1}{2}\rho A C_d V^2 \qquad \text{(N)} \tag{6.2}$$

그림 6.13 전통적인 소규모 풍차의 모습[9]

바람이 세게 부는 날 우산을 쓰고 걸으면 바람에 밀려서 앞으로 걸어가기 힘들다. 또한 반구형의 컵이 달린 로빈슨 풍속계도 비슷하게 풍속에 따라서 회전속도가 다르다. 이 힘은 바람의 항력에 의한 것으로 예를 들면 로빈슨 풍속계의 반구형 컵 내부에서 항력계수는 1.33이며, 반대로 외부에서는 0.34로 항력계수의 차이가 크다. 그림 6.13과 같이 전통적으로 사용된 풍차는 바람의 힘으로 날개를 밀어서 즉 항력을 이용하여 토크를 발생시켜 축을 기점으로 터빈 날개를 회전시킨다. 출력은 토크와 로터 회전속도의 곱이며, 또한 토크는 날개의 면적에 비례한다. 따라서 출력은 날개의 면적에 비례하므로 면적을 크게 하려면 날개의 숫자를 늘려서 날개의 면적이 날개가 회전하면서 그리는 면적의 최대 80%까지 차지하였다. 그러나 날개의 회전속도가 풍속보다 클 수 없으므로 출력이 제한적이다.

대표적인 경우가 미국의 농촌에서 바람이 잘 불지 않는 여름에 물을 끌어 올리기 위하여 사용한 풍차다. 바람의 속도가 느린 상태에서는 상당한 효과를 발휘하였으며 유럽과 미국에서 사용된 풍차와 오늘날 많이 사용되는 풍속계 등은 모두 여기에 속한다. 항력을 이용한 풍차는 날개 면적을 넓게 하여 많은 항력을 얻을 수 있으나 한편 바람의 흐름을 방해하여 날개의 뒤쪽에서 발생하는 소용돌이 때문에 출력이 감소하고 에너지변환 효율이 낮다.

그러나 현대의 중대형 풍력터빈은 터빈 주위를 흐르는 공기 때문에 형성되는 양력에 의하여 회전한다. 양력이 날개의 회전에 필요한 토크를 발생하는 힘이다. 따라서 터빈 날개 단면의 형상이 그림 6.14 및 6.15와 같이 비행기 날개의 단면과 유사하다. 날개의 윗면을 따라서 흐르는 바람은 아랫면을 따라서 흐르는 바람보다 속도가 빠르다. 그러므로 베르누이 정리에서 날개 윗면의 압력은 아랫면에 작용하는 압력보다 작아서 터빈 날개의 윗면과 아랫면 사이에 압력 차이가 발생하며, 이 압력의 차이가 양력이다. 따라서 날개는 발생한 양력에 의하여 회전하게 된다.

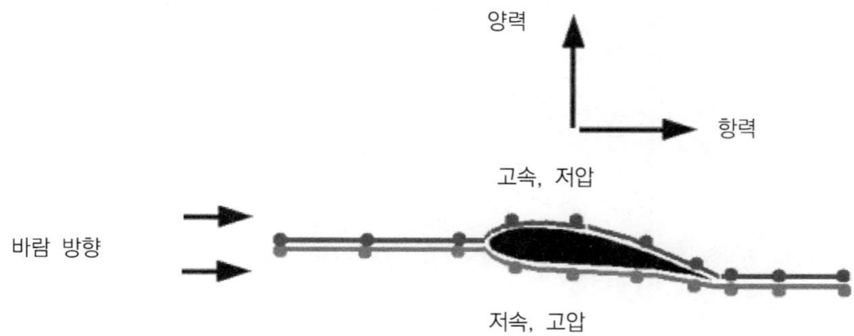

그림 6.14 풍력터빈 날개 단면에서 양력 발생 원리

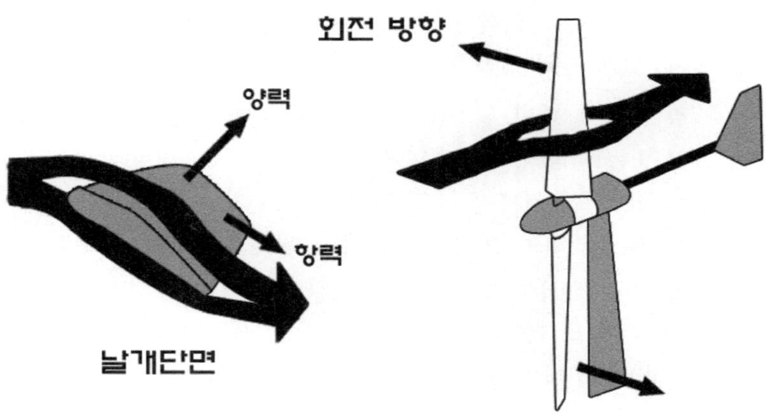

그림 6.15 양력에 의한 풍력터빈 날개의 회전

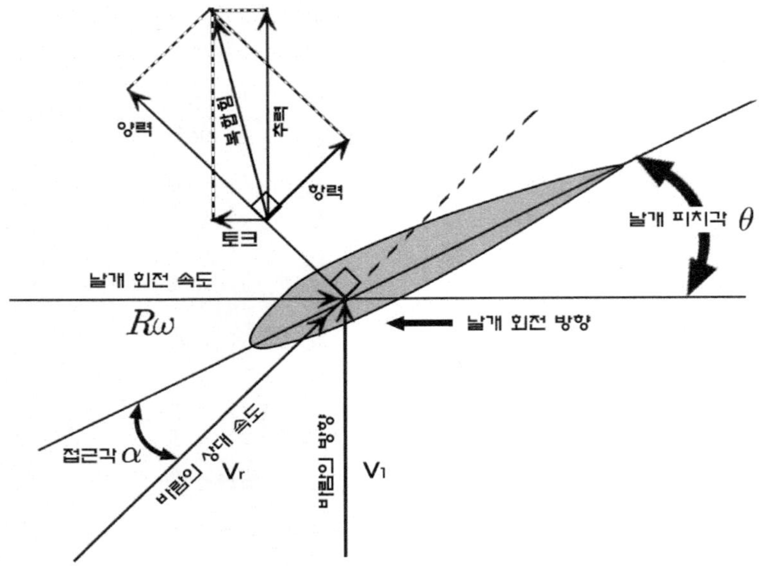

그림 6.16 풍력터빈의 단면에 작용하는 바람의 속도 및 힘의 방향

그림 6.16에서 이 양력은 바람의 상대속도 방향과 수직으로 작용한다. 양력은 식 6.1과 같이 날개의 면적과 회전속도의 제곱에 비례한다. 따라서 날개의 반경이 증가하면 날개의 회전속도와 양력을 증가시켜서 토크가 증가한다. 전통적인 방법보다 양력을 이용하면 터빈 날개가 회전하면서 형성하는 면적이 같을 때 풍력에너지를 약 2배 정도 효과적으로 얻을 수 있고, 날개 단위 면적당 추출하는 에너지는 약 50배 이상이다.

그림 6.17과 같이 만약 터빈 날개에 접근하는 바람의 받음각 또는 접근각(α, angle of attack)이 크면 또는 바람의 속도가 증가하면 날개의 윗면을 따라서 흐르는 공기는 완전히 날개 표면을 따라서 흐르지 못하고 일정 부분을 지난 후 날개 표면에서 분리된다. 공기가 날개 표면에서 분리되면 그 분리점 이후의 날개의 윗면에서 와류(wake)가 발생하여 압력이 증가하므로 전체 양력이 감소한다. 만약 바람의 받음각이 매우 크면 이러한 현상이 더욱 심해져서 양력을 발생하지 못하게 되어 날개는 회전력을 잃고 정지한다. 이러한 현상을 스톨(stall)이라 하며, 이와 반대로 받음각이 작으면 양력이 발생하지 않으며 이 경우를 페더(feather)상태라 한다. 태풍이 불거나 터빈의 고장으로 풍력터빈을 정지시킬 때 날개에서 양력이 발생하지 않게 하려고 날개의 피치각을 조절하여 페더상태를 유지한다. 물론 터빈에 설치된 브레이크도 이용하지만 두 가지를 함께 이용한다.

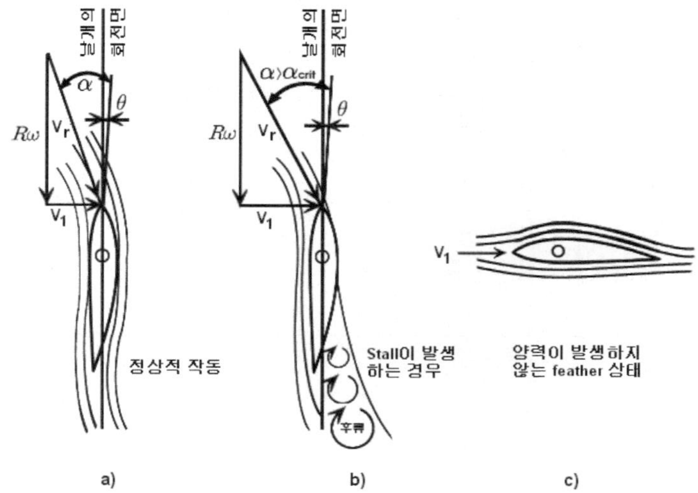

그림 6.17 정상적인 작동과 날개에서 와류가 발생하는 경우

그림 6.17과 같이 만약 터빈 날개에 접근하는 바람의 받음각 또는 접근각(α, angle of attack)이 크면 또는 바람의 속도가 증가하면 날개의 윗면을 따라서 흐르는 공기는 완전히 날개 표면을 따라서 흐르지 못하고 일정 부분을 지난 후 날개 표면에서 분리된다. 공기가 날개 표면에서 분리되면 그 분리점 이후의 날개의 윗면에서 와류(wake)가 발생하여 압력이 증가하므로 전체 양력이 감소한다. 만약 바람의 받음각이 매우 크면 이러한 현상이 더욱 심해져서 양력을 발생하지 못하게 되어 날개는 회전력을 잃고 정지한다. 이러한 현상을 스톨(stall)이라 하며, 이와 반대로 받음각이 작으면 양력이 발생하지 않으며 이 경우를 페더(feather)상태라 한다. 태풍이 불거나 터빈의 고장으로 풍력터빈을 정지시킬 때 날개에서 양력이 발생하지 않게 하려고 날개의 피치각을 조절하여 페더상태를 유지한다. 물론 터빈에 설치된 브레이크도 이용하지만 두 가지를 함께 이용한다.

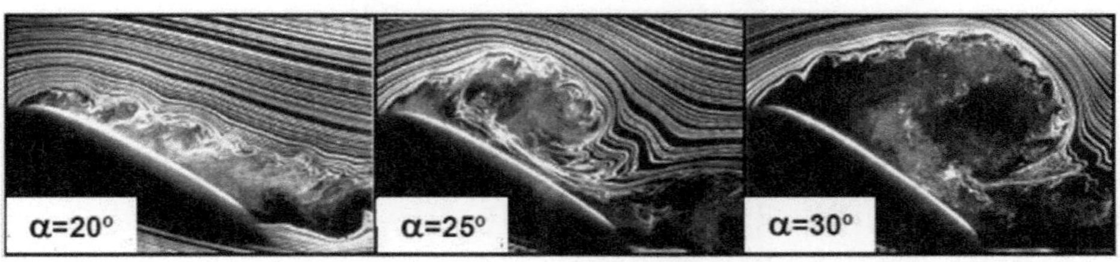

그림 6.18 받음각 변화와 날개에서 발생하는 와류

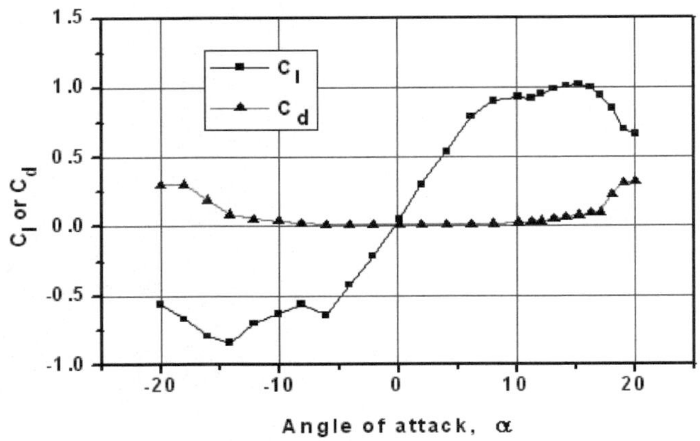

그림 6.19 날개 형상 S809의 받음각별 항력계수 및 양력계수 변화

그림 6.18은 받음각의 증가로 날개 윗면에 발생하는 후류의 모습을 보여준다. 받음각이 크기 때문에 공기가 모두 표면에서 분리되어 항력이 향상함을 알 수 있다. 가능한 스톨이 발생하지 않게 하려고 풍력터빈에 설치된 풍향계와 풍속계에서 측정한 바람의 방향과 속도를 이용하여 날개의 피치각(θ)을 조절한다.

그림 6.19는 날개 형상 S809를 이용하여 받음각 변화와 항력계수 및 양력계수 변화를 나타낸다. 받음각이 10도까지 증가할 동안 양력은 비례하여 증가하였다. 그러나 10 ~ 15도 사이에서는 미세한 증가만 있고, 15도 이후에는 오히려 양력계수가 감소하였다. 항력계수도 0 ~ 15도까지는 변화가 미세하다 15도 이후에는 상대적으로 증가하였다. 따라서 받음각이 15도 이상이면 양력은 감소하고 반대로 항력은 향상한다.

6.2 풍력터빈 출력

속도 V_1로 부는 바람이 가지는 운동에너지는 식 6.3과 같다. 한편 풍력터빈은 이 바람의 운동에너지를 이용하여 회전하며, 바람은 풍력터빈을 통과하면서 운동에너지 일부를 잃고 감속($V_2 < V_1$)이 된다. 이때 바람이 가지는 운동에너지는 식 6.4와 같고, 두 운동에너지의 차이는 식 6.5이다.

$$\dot{KE}_1 = \frac{V_1^2}{2} \qquad \text{(W/kg)} \tag{6.3}$$

$$\dot{KE}_2 = \frac{V_2^2}{2} \qquad \text{(W/kg)} \tag{6.4}$$

$$\Delta\dot{KE} = \frac{1}{2}(V_1^2 - V_2^2) \qquad \text{(W/kg)} \tag{6.5}$$

식 6.5에서 V_1는 날개를 통과하기 전의 바람의 속도이고, V_2는 날개를 통과 후 바람의 속도이다. 운동에너지를 추출하기 위하여 풍력터빈이 사용되면, 풍력터빈의 회전축이 얻는 출력이 될 수 있다.

또한 바람이 가지는 운동에너지가 전부 풍력터빈의 날개를 회전시키는데 소진되면 바람의 속도는 영이($V_2 = 0$) 된다. 이처럼 바람의 속도가 영이 되는 경우는 극한 상황으로 이때 발생한 운동에너지 변화는 풍력터빈이 얻을 수 있는 최대출력이며 엑서지(Φ_w)라 하며 식 6.6과 같다. 그러나 실제 바람의 속도는 감소하지만, 영이 되는 경우는 발생하지 않는다.

$$\Phi_w = \Delta\dot{KE} = \frac{1}{2}V_1^2 \qquad \text{(W/kg)} \tag{6.6}$$

식 6.3 ~ 6.6은 운동에너지를 추출하는 장치의 형태를 전혀 고려하지 않고 단지 바람의 속도 변화로 생긴 바람의 운동에너지의 변화를 나타낸다. 또한 추출된 운동에너지가 어떻게 되었는지에 대하여 설명하지 않는다. 바람의 운동에너지의 변화로 풍력터빈의 날개에 작용하는 힘과 출력을 구하기 위하여 여러 가지 모델이 사용되고 있으며, 그중 중요한 세 가지의 모델은 1차원 운동량이론(1-D momentum theory), 각운동량이론(angular momentum theory) 및 날개 요소 모델(blade element momentum theory)이다. 이 장에서는 가장 간단한 1차원 운동량이론에 기초하여 풍력터빈의 출력을 구하는 식을 유도해 본다.

6.2.1 1차원 운동량이론

1차원 운동량이론은 풍력터빈의 날개를 디스크로 가정하고, 베르누이 방정식(Bernoulli's equation)인 식 6.7과 운동량변화 이론에 기초하였다. 풍력터빈은 날개가 무수히 많으나 회전하지 않고 바람이 저항 없이 잘 통과하는 원형 디스크로 가정하였다. 바람은 디스크를 통과하면서 운동에너지만 잃는 이상적인 모델이다. 따라서 이 모델은 1차원이며 단지 바람의 진행 방향에서 속도 및 압력의 변화를 고려하였다. 날개의 회전 운동에서 발생하는 원주 방향의 속도는 고려되지 않았다.

베르누이 방정식은 외부에서 유체에 일을 가하거나, 유체가 외부로 일하지 않으면 유체의 운동에너지, 위치에너지 및 정압으로 이루어진 총에너지는 항상 일정함을 의미한다.

$$\frac{1}{2}\rho V^{2} + p + \rho g h = \text{일정} \tag{6.7}$$

그림 6.20은 바람이 풍력터빈을 통과하는 동안 공기의 흐름을 나타낸다. 먼저 터빈에 접근하는 바람은 진행 방향에 있는 터빈으로 인하여 점점 감속되고, 차지하는 단면적이 넓어진다. 또한 터빈을 통과하기 전이기 때문에 한 일은 없고, 단지 바람의 속도가 점점 감소하고 식 6.7에서 위치에너지의 변화는 없으므로 운동에너지의 감소는 바람의 정압(static pressure)을 증가시킨다. 날개가 회전하면서 형성된 면적에 흐르는 공기의 질량유량은 일정하나 날개를 통과하면서 공기의 속도가 감소하기 때문에 날개를 지난 후에는 단면적이 더욱 넓게 된다. 그림 6.21은 이 과정 동안의 속도와 압력의 변화를 나타낸다.

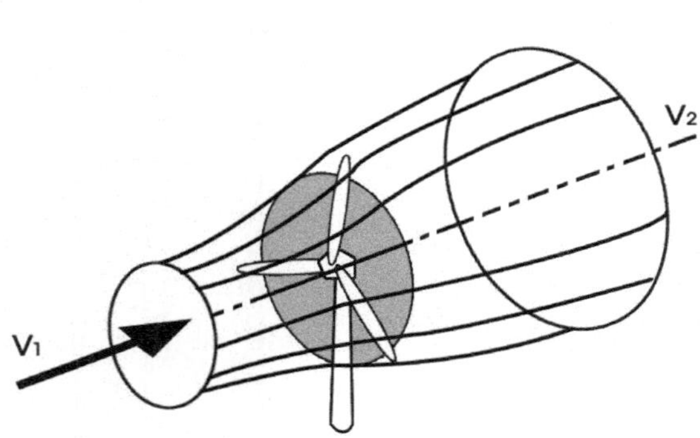

그림 6.20 풍력터빈 날개를 통과하기 전과 후의 바람의 유선

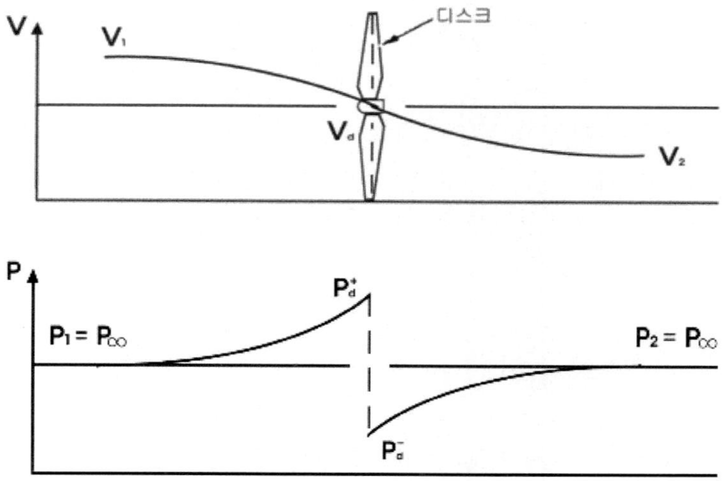

그림 6.21 디스크 전방과 후방에서 바람의 속도 및 압력분포

바람이 디스크를 통과하면서 운동에너지를 잃고 압력이 급격히 떨어진 후 바람의 속도는 더욱 감속되고 압력은 서서히 증가한다. 이 영역을 후류(wake)라 한다. 바람이 디스크 후방으로 더욱 진행하면서 바람의 감속으로 압력은 다시 대기압으로 회복된다. 따라서 결국 정압은 대기압으로 회복되고 단지 바람의 속도만 감소하여($V_1 \rightarrow V_2$) 운동에너지의 감소가 발생하고, 풍력터빈은 바람의 운동에너지 감소를 이용하여 회전한다.

질량보존의 법칙을 이용하면 날개를 통과하는 공기의 질량유량은 다음과 같다.

$$\dot{m} = \rho A_1 V_1 = \rho A_d V_d = \rho A_2 V_2 \quad \text{(kg/s)} \tag{6.8}$$

식에서 ρ는 공기의 밀도(kg/m^3), A는 공기 흐름의 단면적, 아래 첨자 1은 풍력터빈 전방, d는 풍력터빈, 2는 풍력터빈 후방에서 공기의 상태를 의미한다.

한편 공기의 밀도는 온도, 압력의 함수로 공기를 이상기체라 가정하면 이상기체상태 방정식으로부터 다음과 같다.

$$\rho = \frac{1}{0.287} \times \frac{p}{T} \qquad (kg/m^3) \tag{6.9}$$

여기서 p는 공기의 압력(kPa), T는 공기의 절대온도(K)이다. 예를 들어 대기압(101 kPa)과 15℃(288 K) 상태에서 공기의 밀도는 1.222 kg/m^3이다. 또한 고도에 따라서 공기 온도와 압력이 변하므로 공기 밀도도 변한다. 따라서 해수면에서 6,000 m까지는 다음을 식을 사용하여 공기의 밀도를 구한다.

$$\rho = \rho_o \exp[-1.194 \times 10^{-4} H_m] \qquad (kg/m^3) \tag{6.10}$$

여기서 ρ_o는 해수면에서 공기의 밀도이며, H_m는 고도를 나타낸다.

디스크 전방에서 디스크까지 사이에서 바람의 속도 변화를 나타내기 위하여 축방향 속도변화계수(axial induction factor, a)를 다음과 같이 정의한다.

$$a = \frac{V_1 - V_d}{V_1} \tag{6.11}$$

식 6.11을 이용하면 디스크에서 바람의 속도는 다음과 같다.

$$V_d = V_1(1-a) \tag{6.12}$$

식 6.11에서 축방향 속도변화계수(a)는 디스크 전면에서 속도(V_d)의 함수이나 이 속도는 알 수 없다. 일반적으로 풍력터빈의 먼 전방과 후방에서 속도인 V_1과 V_2가 알 수 있으므로 식 6.11을 V_1과 V_2의 함수로 나타내기 위하여 다음의 과정을 통하여 유도한다. 날개를 간략화한 디스크를 통과하는 바람에 의하여 디스크에 가해지는 힘은 바람의 운동량의 변화로 다음과 같다.

$$\begin{aligned} F &= \dot{m}(V_1 - V_2) = \rho A_d V_d (V_1 - V_2) \qquad (N/m^2) \\ &= \rho A_d (1-a) V_1 (V_1 - V_2) \end{aligned} \tag{6.13}$$

한편 디스크에 작용하는 힘은 디스크 앞면과 뒷면에 작용하는 압력 차이로부터 다음과 같이 나타낼 수 있다.

$$F = A_d(p_d^+ - p_d^-) \tag{6.14}$$

베르누이 방정식 6.7을 디스크 전면에 흐르는 바람에 적용하면 다음과 같다.

$$\frac{1}{2}\rho V_1{}^2 + p_1 = \frac{1}{2}\rho V_d{}^2 + p_d^+ \tag{6.15}$$

같은 방법으로 후면에 적용하면 다음과 같다.

$$\frac{1}{2}\rho V_2{}^2 + p_1 = \frac{1}{2}\rho V_d^2 + p_d^- \tag{6.16}$$

식 6.15에서 식 6.16을 빼면 다음과 같은 압력 차이에 대한 식을 얻는다.

$$p_d^+ - p_d^- = \frac{1}{2}\rho(V_1^2 - V_2^2) \tag{6.17}$$

식 6.17을 식 6.14에 대입하면 식 6.13과 같으므로 다음과 같은 관계식이 유도된다.

$$\frac{1}{2}\rho(V_1{}^2 - V_2^2) = \rho(1-a)V_1(V_1 - V_2) \tag{6.18}$$

식 6.18을 a 대하여 풀면 식 6.19와 같다.

$$a = \frac{V_1 - V_2}{2V_1} \tag{6.19}$$

따라서 식 6.19를 식 6.13에 대입하여 V_2를 제거하면 디스크에 작용하는 힘은 다음과 같다.

$$F = \dot{m}(V_1 - V_2) = \rho A_d V_d (V_1 - V_2) = 2\rho A_d V_1^2 a(1-a) \qquad (6.20)$$

한편 바람에서 추출할 수 있는 출력은 식 6.20의 힘에 풍속을 곱하여 다음과 같다.

$$P_w = FV_d = 2\rho A_d V_1^3 a(1-a)^2 \qquad (6.21)$$

식 6.21은 풍력터빈이 바람으로부터 얻을 수 있는 출력이다. 식 6.21을 사용하여 출력을 계산하기 위하여 풍력터빈의 전방에서 풍속과 후방에서 풍속 모두를 알고 있어야 한다. 그러나 보통 풍력터빈의 전방에서 풍속은 측정하여 알 수 있으나, 후방에서 풍속은 잘 알지 못한다. 따라서 후방에서 풍속이 영($V_2 = 0$) 일 때를 기준으로 하는 출력계수를 정의하고 이 값을 이용하여 출력을 계산한다. 바람이 가지는 운동에너지가 전부 풍력터빈의 날개를 회전시키는데 소진되면 풍력터빈의 후방에서 바람의 속도는 영이($V_2 = 0$) 된다. 이때 바람이 빼앗긴 운동에너지는 액서지(Φ_w)이며, 이 값에 질량을 곱한 값이 바람으로부터 얻을 수 있는 최대출력이다. 최대출력과 실제 출력의 비를 출력계수(C_p, power coefficient)라 정의하며 식 6.22와 같다.

$$C_p = \frac{P_w}{\rho A_d V_1 \Phi_w} = \frac{2\rho A_d V_1^3 a(1-a)^2}{\rho A_d V_1 \times (1/2) V_1^2} = 4a(1-a)^2 \qquad (6.22)$$

식 6.22는 최대출력과 실제 출력의 비로 출력계수(C_p, power coefficient)이고, 출력계수를 사용하여 식 6.21을 다시 정리하면 식 6.23과 같다.

$$P_w = \frac{1}{2} C_p (\rho A_d V_1^3) = \frac{1}{2} C_p (\rho \pi R^2 V_1^3) \quad \text{(w)} \qquad (6.23)$$

식 6.23에서 R은 날개의 길이다. 식 6.23으로부터 출력에 영향을 미치는 내용을 정리하면 다음과 같다.

- 출력은 바람 속도의 3제곱에 비례한다. 즉 바람의 속도가 2배가 되면 출력은 8배로 증가한다.
- 출력은 온도와 고도에 따라서 변하는 공기의 밀도에 비례한다.
- 출력은 날개 길이의 제곱에 비례한다. 즉 날개 길이가 10% 증가하면 출력은 21% 증가한다.
- 출력은 속도의 함수인 C_p에 비례한다.

식 6.23에서 같은 바람의 속도와 날개 길이에 대하여 출력계수의 최댓값에서 출력이 최대가 되다. 따라서 출력계수의 최댓값을 구하기 위하여 식 6.22를 a에 대하여 미분하면 다음과 같다.

$$\frac{dC_p}{da} = 0 = (1-a)(1-3a) \tag{6.24}$$

식 6.24에서 출력계수는 $a = 1/3$에서 최댓값을 가지며 이때 최대 $C_p = 16/27 \approx 0.59$이다. 따라서 최대 출력계수를 이용하면 최대 출력은 다음과 같다.

$$P_{w,\max} = (\frac{16}{27})(\dot{m})(\frac{V_1^2}{2}) = \frac{8}{27}(\rho \pi R^2)V_1^3 \tag{6.25}$$

식 6.25는 속도 V_1으로 부는 바람을 이용하여 풍력터빈의 축에서 얻을 수 있는 이론적 최대 출력이다. 즉 불어오는 바람이 가지는 운동에너지의 59.3%(=16/27)를 출력으로 얻을 수 있으며, 이 값을 Betz 계수라 한다. 한편 바람이 전혀 불지 않으면 풍력터빈의 날개가 돌지 않기 때문에 전력을 생산하지 못한다. 또한 날개가 무한히 빠른 속도로 회전하면 공기의 흐름을 막기 때문에 전력을 생산하지 못한다.

주어진 풍속(V_1)에서 실제 풍력터빈의 출력은 이론적 최대 출력에 날개가 달린 로터의 효율(η_r), 축을 통하여 에너지가 전달되는 축계통의 기계적 효율(η_t)과 발전기의 효율(η_g)을 곱하여 다음과 같다.

$$P_e = 0.593\left(\frac{1}{2}\rho\pi R^2 V_1^3\right)\eta_r\eta_t\eta_g = 0.931\left(\rho R^2 V_1^3\right)\eta_r\eta_t\eta_g \quad \text{(W)} \tag{6.26}$$

예제 6-1) 풍속이 7 m/s이고, 날개 길이가 50 m이면, 다음의 효율을 이용하여 출력을 계산하라($\eta_r = 90\%$, $\eta_t = 98\%$, $\eta_g = 80\%$). 공기 밀도는 1.225 kg/m^3이다.

❖ **풀이** : 식 6.26을 이용하며, 주어진 자료를 대입하면 다음과 같다.

$$\begin{aligned} P_e &= 0.593\times\left(\frac{1}{2}\rho\pi R^2 V_1^3\right)\eta_r\eta_t\eta_g = 0.931\times1.225\times50^2\times7^3\times0.9\times0.98\times0.8 \\ &= 690\ kW \end{aligned}$$

식 6.22에 식 6.19를 대입하면 출력계수는 속도의 함수로 다음과 같다.

$$C_p = \frac{1}{2}\left[1-\left(\frac{V_2}{V_1}\right)\right]\left[1+\left(\frac{V_2}{V_1}\right)\right]^2 \tag{6.27}$$

식 6.27을 이용하여 속도비와 출력계수(C_p)의 관계를 나타내면 그림 6.20과 같다. 출력은 출력계수에 비례하므로 그림 6.22는 출력과 속도비와 관계로 해석할 수 있다. V_2/V_1=1이면 속도 변화가 없으므로 출력이 없으며, 속도비가 적어지면 출력은 점점 증가하여 최고점에 이른 후 감소한다. 만약 V_2/V_1 = 0이면 출력계수는 0.5이다. 그러나 실제 풍력터빈이 바람의 운동에너지를 전부 기계에너지로 변환할 수 없으므로 현실적이지 못하다. 또한 출력계수가 최대가 되는 $a = 1/3$의 의미는 a를 나타내는 식 6.19를 이용하면 다음과 같다.

$$a = \frac{V_1 - V_2}{2V_1} = \frac{1}{3} \tag{6.28}$$

식 6.28을 풀면 다음과 같은 속도비를 얻는다.

$$V_2 = \frac{1}{3} V_1 \qquad \text{(m/s)} \tag{6.29}$$

즉 날개 후방에서 바람의 속도가 전방에서 속도의 1/3이 될 때 최대의 출력을 얻을 수 있다. 즉 이때 출력계수가 0.593이다.

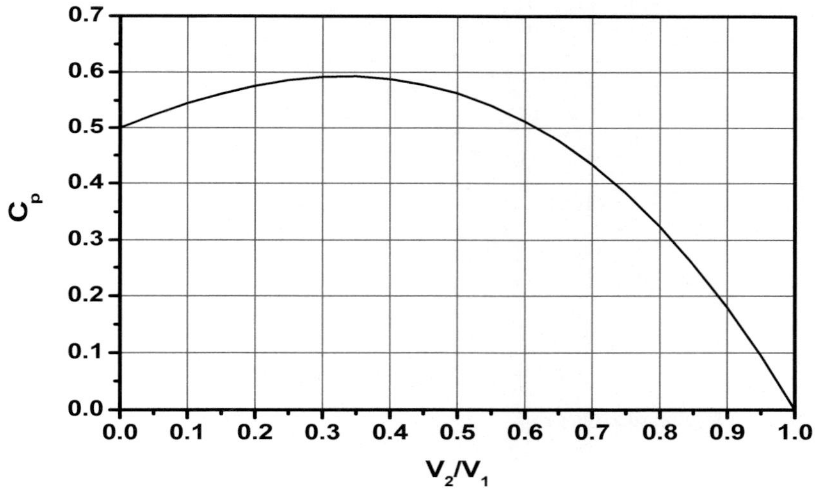

그림 6.22 속도비와 출력계수의 관계

6.2.2 풍속분포도

바람으로부터 얻을 수 있는 출력은 바람 속도의 3제곱에 비례하므로 바람의 속도가 매우 중요한 요소로 지적되었다. 그러나 바람은 항상 같은 속도와 방향으로 불지 않고, 계절, 날씨, 지형 및 높이 등의 영향을 받는다. 따라서 풍력터빈을 설치하기 전에 설치 예정 장소에 부는 바람의 속도를 미리 측정하여 특정 속도의 바람이 부는 확률을 구하는 것이 중요하다. 일반적으로 측정한 풍속은 일정 속도 구간에 대한 값을 나타낸다. 예를 들면 풍속이 5 ~ 6 m/s 구간에서 일 년 중에서 몇 시간 동안 같은 풍속이 부는지를 측정한다. 따라서 결과는 연속함수가 아니다. 이 불연속적인 측정 자료를 이용하여 연속적인 함수로 구하면 사용하기에 매우 편리하므로 연속함수를 얻는다. 특정 속도의 바람이 부는 확률을 나타내는 분포함수를 이용하면 연중 특정 속도의 바람이 얼마 동안 지속될지를 알 수 있다. 여러 가지 분포함수가 사용될 수 있으나, 풍속에 대한 분포함수로 많이 사용되는 것이 Weibull 속도확률분포함수이다. 이 확률분포함수는 속도 V를 중심으로 1 m/s의 간격으로 측정한 속도를 이용하여 작성되며 이 속도 구간에 바람이 부는 확률(빈도수)을 나타낸다. Weibull 속도확률분포함수는 다음과 같이 나타낼 수 있다.

$$f(V) = (\frac{k}{c})(\frac{V}{c})^{k-1}\exp(-(V/c)^k) \quad \text{(분율)} \tag{6.30}$$

여기서 V(m/s)는 선택한 시간 동안 바람의 속도이고, c는 바람의 평균속도와 관계된 척도계수(scale factor)로 m/s의 단위를 가진다. c 값이 크면 속도가 빠른 바람이 부는 확률이 높다. k는 형상계수(shape factor)로 바람의 속도분포의 편차와 관련이 있다. 따라서 Weibull 속도확률분포함수는 c와 k 값에 따라서 분포도 형상이 약간씩 변한다. 많은 경우 측정한 바람에 대한 k가 1.0과 3.0 사이가 되며, 보통 k=2.0인 경우가 많으며 특히 k=2.0인 경우를 Rayleigh 속도확률분포함수라 한다.

k = 1.0이면 식 6.30은 식 6.31과 같은 지수함수가 되며, k〉3.0이면 분포도는 종형(bell-shaped)에 가까워진다.

$$f(V) = (\frac{1}{c})\exp(-V/c) \quad \text{(분율)} \tag{6.31}$$

보통 1년을 기간으로 바람에 대한 자료를 측정하므로 함수 $f(V)$의 의미는 1년(8,760시간) 중에서 바람의 속도가 V와 $V+\Delta V$에 분포될 총시간이다. 따라서 함수가 가지는 단위는 분률(%)의 의미가 있다.

$$f(V) = \frac{\text{바람의 속도가 } V\text{와 } V+\Delta V \text{ 사이에 분포할 총시간}}{8{,}760\text{시간}} \tag{6.32}$$

따라서 전체 확률분포 범위에 대하여 식 6.31을 합하거나 적분하면 다음과 같이 1이 된다.

$$\sum_{0}^{\infty} f(V) = 1 \quad \text{or} \quad \int_{0}^{\infty} f(V)dV = 1 \tag{6.33}$$

예제 6-2) 바람의 속도가 0 ~ 20 m/s 범위이며, c = 7 m/s인 경우 k 가 1.5, 2.0, 2.5, 3.0에 대하여 Weibull 속도확률분포함수를 사용하여 분포확률을 계산하라. 또한 k 가 2.0일 경우 일 년 중에서 몇 시간 동안 속도 3.5 m/s로 바람이 불까? 속도 구간 (ΔV)은 1 m/s로 한다.

❖ **풀이** : 식 6.30과 6.32를 사용하여 1 m/s의 속도 구간에 대하여 값을 구한다. 먼저 속도 0 ~ 1 m/s에서 중간속도 0.5 m/s를 식 6.30에 대입하면 다음과 같다.

$$f(V) = (\frac{k}{c})(\frac{V}{c})^{k-1}\exp(-(V/c)^k) = (\frac{1.5}{7})(\frac{0.5}{7})^{1.5-1}\exp(-(0.5/7)^{1.5})$$

$$= 0.0562 \text{ 분율}$$

위와 같이 모든 속도 구간에 대하여 계산한 결과는 표 6.1과 같다. 따라서 3.5 m/s로 바람이 부는 시간은 3.5 m/s에 대한 확률에 1년을 시간으로 환산한 값 8,760시간을 곱하여 다음과 같다.

$$f(V) \times 8760 = 0.1113 \times 8760 = 975 \text{ 시간}$$

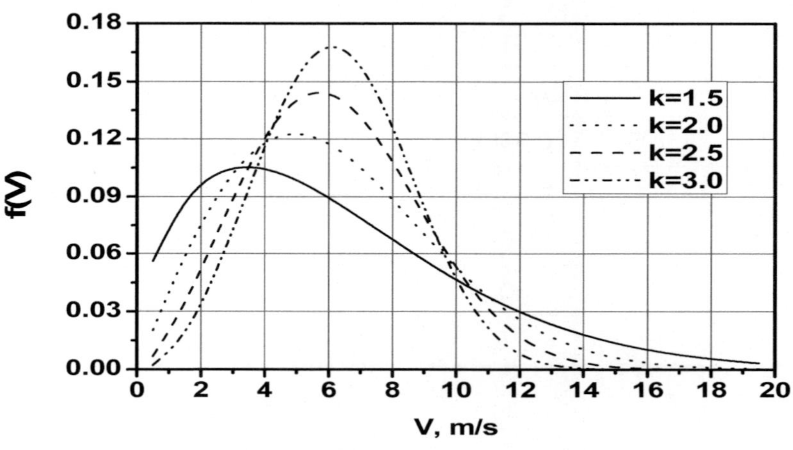

그림 6.23 c = 7 m/s일 때 k 값과 Weibull 속도확률분포의 변화

표 6.1 Weibull 속도확률분포

속도구간 m/s	중간속도 m/s	$f(V)$				
		k = 1.5	k = 2.0	k = 2.5	k = 3.0	
0 ~ 1	0.5	0.0562	0.0203	0.0068	0.0022	
1 ~ 2	1.5	0.0898	0.0585	0.0347	0.0195	
2 ~ 3	2.5	0.1034	0.0898	0.0706	0.0522	
3 ~ 4	3.5	0.1064	0.1113	0.1058	0.0946	
4 ~ 5	4.5	0.1026	0.1215	0.1322	0.1358	
5 ~ 6	5.5	0.0947	0.1211	0.1439	0.1629	
6 ~ 7	6.5	0.0844	0.1120	0.1392	0.1659	
7 ~ 8	7.5	0.0732	0.0971	0.1207	0.1438	
8 ~ 9	8.5	0.0630	0.0794	0.0941	0.1055	
9 ~ 10	9.5	0.0514	0.0615	0.0661	0.0648	
10 ~ 11	10.5	0.0418	0.0452	0.0417	0.0330	
11 ~ 12	11.5	0.0334	0.0316	0.0237	0.0137	
12 ~ 13	12.5	0.0263	0.0210	0.0120	0.0046	
13 ~ 14	13.5	0.0204	0.0134	0.0055	0.0012	
14 ~ 15	14.5	0.0156	0.0081	0.0022	0.0003	
15 ~ 16	15.5	0.0118	0.0047	0.0008	0.00004	
16 ~ 17	16.5	0.0088	0.0026	0.0003	0.00000	
17 ~ 18	17.5	0.0065	0.0014	0.00007	0.00000	
18 ~ 19	18.5	0.0047	0.0007	0.00002	0.00000	
19 ~ 20	19.5	0.0034	0.0003	0.00000	0.00000	
		1.0	1.0	1.0	1.0	

그림 6.23은 식 6.30과 6.32를 이용하여 다양한 k 값에 대하여 계산한 결과인 표 6.1의 값을 보여준다. k 값이 크면 분포도가 특정 속도 주위로 좁아져 종형이 된다. 즉 보다 일정한 속도의 바람이 분다고 할 수 있다. 풍력터빈 제작사는 보통 Rayleigh(k=2.0) 속도확률분포를 이용한 성능에 대한 자료를 제공한다.

바람의 속도를 측정한 자료를 이용하여 k에 대한 식 6.34에 대입하면 형상계수를 구할 수 있다.

$$k = \left[\frac{\sigma}{V_m}\right]^{-1.086} \tag{6.34}$$

여기서 σ는 바람 속도의 표준편차이고, V_m는 바람 속도의 평균값으로 그림 6.23에서 각 곡선 아래의 면적이며 다음과 같이 정의된다.

$$V_m = \int_0^\infty f(V)\,V\,dV \tag{6.35}$$

또한 대부분의 풍력발전기 설치장소에서 예상되는 c와 k 값의 범위에 대하여 평균속도는 식 6.36과 같은 감마함수로 나타낼 수 있다. 또한 $1 \le k \le 3$에서 감마함수(Γ) 값은 1.0 ~ 0.8856 사이이다.

$$V_m = c\,\Gamma(1+\frac{1}{k}) \tag{6.36}$$

특별히 k = 2.0인 경우 감마함수(Γ) 값은 약 0.9이므로 다음과 같이 간략하게 식 6.37과 같이 나타낼 수 있으며, 어느 정도의 정확도 범위에서 사용할 수 있는 가장 간단한 식이다.

$$V_m = 0.9 \times c \tag{6.37}$$

대부분은 풍력발전기 설치장소에서 바람의 평균속도를 알기 때문에 식 6.37을 사용하면 k = 2.0인 Rayleigh 속도확률분포는 다음과 같이 간략하게 나타낼 수 있다.

$$f(V) = \frac{2V}{c^2} exp[-(V/c)^2] = \frac{2V}{(V_m)^2} exp[-(V/V_m)^2] \tag{6.38}$$

그림 6.24는 k=2.0일 때 c가 7 ~ 20 m/s 범위의 값에 대한 Weibull 속도확률분포의 변화를 나타낸다. c 값이 증가할수록 분포도는 폭이 넓어지면서 중심이 풍속이 높은 쪽으로 이동한다. 즉 c 값이 클수록 바람의 속도가 균일하며, 고속의 바람이 부는 확률이 높다는 의미다.

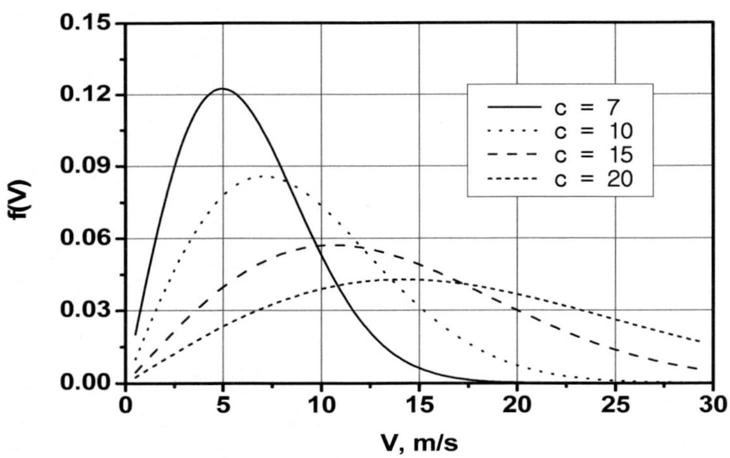

그림 6.24 k=2.0일 때 c 값과 Weibull 속도확률분포의 변화

예제 6-3) 예제 6-2와 같은 바람의 상태에서 평균속도(V_m)를 구하라.

❖ **풀이** : c = 7 m/s이며, k 가 1.5, 2.0, 2.5, 3.0이므로, 각각의 k에 대하여 V_m을 구한다. 식 6.35와 같이 표 6.1에 주어진 각속도구간에서 중간속도와 확률(P_a)을 곱하여 전부 합하면 된다.

$$k = 1.5\text{인 경우 :} \quad V_m = \int_0^{\infty} f(V)\,V dV = 6.14\ \text{m/s}$$

또한 c의 값이 주어져 있으므로 식 6.36을 이용하여 각각의 k값에 대하여 구할 수 있다.
k = 1.5인 경우 :

$$V_m = c\Gamma(1+\frac{1}{k}) = 7.0\times\Gamma(1+\frac{1}{1.5}) = 7.0\times\Gamma(1.667) = 0.7\times 0.903$$
$$= 0.632\ \text{m/s}$$

k = 2.0인 경우는 특별히 식 6.37을 사용하여 구할 수 있다. 이들을 종합하면 표 6.2와 같다.

표 6.2 V_m 계산 결과 종합

k 값	V_m, m/s		
	식 6.35 이용	식 6.36 이용	식 6.37 이용
k = 1.5	6.14	6.32	-
k = 2.0	6.20	6.20	6.3
k = 2.5	6.21	6.21	-
k = 3.0	6.25	6.25	-

6.2.3 출력밀도

풍력터빈에서 얻을 수 있는 출력에 대한 식이 앞 절에서 소개되었다. 즉 식 6.6은 주어진 풍속에서 얻을 수 있는 엑서지(Φ_w)이며, 식 6.25는 주어진 풍속에서 얻을 수 있는 이론적 최대출력이다. 출력은 풍속의 3제곱에 비례하지만, 항상 같은 속도로 불지 않는 단점이 있다. 따라서 각 풍속에서 얻을 수 있는 출력(식 6.23)에 Weibull 속도확률분포에 나타난 확률을 곱하면 각 풍속에서 얻는 출력의 분포를 얻을 수 있다. 출력분포는 속도가 크면 출력이 높으므로 Weibull 속도확률분포와 조금 다른 형태를 가진다. 한편 각 풍속에서 단위 면적당 얻을 수 있는 출력을 출력밀도라 하며, 각 풍속에서 출력밀도는 다음과 같이 나타낼 수 있다.

$$P_{wd} = P_w f(V)/A_d = \frac{1}{2} C_p \rho V^3 f(V) \qquad (W/m^2) \tag{6.39}$$

식 6.39에서 출력계수(C_p)가 1일이 되면 각 풍속에서 얻을 수 있는 단위 면적당 엑서지(Φ_{wd})로 엑서지밀도는 다음과 같이 나타낼 수 있다.

$$\Phi_{wd} = \Phi_w f(V)/A_d = \frac{1}{2} \rho V^3 f(V) \qquad (W/m^2) \tag{6.40}$$

형상계수가 k=2이고, c=7 m/s일 때 속도확률분포를 이용하여 식 6.39로부터 출력밀도를 계산하면 그림 6.25와 같다. 그림 6.23에서 Weibull 속도확률분포와 비교하면 출력밀도분포는 속도의 3제곱에 비례하므로 속도가 크면 출력이 높으므로 조금 다른 형태를 가진다. 즉 풍속이 약 5 m/s에서 최대 빈도를 가지나 최대 출력밀도는 풍속이 약 10 m/s에서 발생한다. 이 출력밀도는 주어진 바람의 속도에서 얻을 수 있는 이론적 최대 출력 밀도다. 따라서 실제는 이보다 적은 출력을 얻는다.

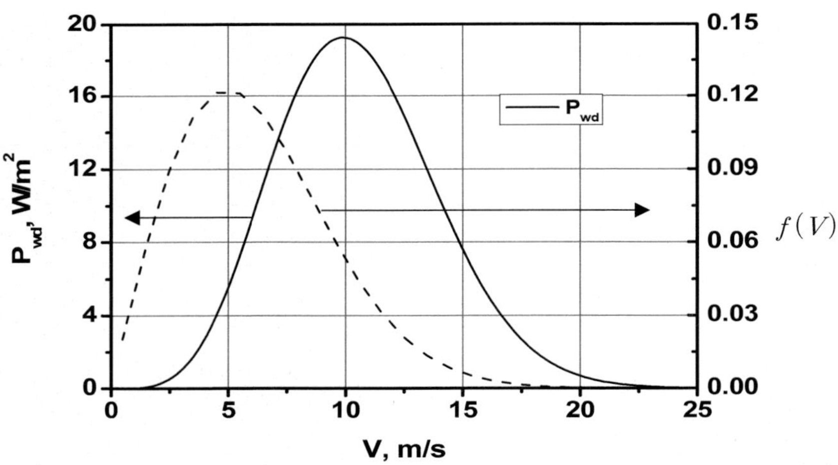

그림 6.25 c = 7 m/s와 k=2 속도확률분포($f(V)$)와 출력밀도(P_{wd}) 관계

또 중요한 사실은 그림 6.25에서 평균 풍속(5 m/s)보다 큰 속도 영역에서 대부분 출력밀도가 존재한다는 점이다. 풍속이 3 ~ 5 m/s보다 낮은 영역에서는 출력밀도가 매우 적고, 풍속이 20 m/s 이상에서도 출력밀도가 매우 적다. 그러므로 이러한 풍속 범위에서는 풍력터빈을 작동시키지 않으며, 보통 풍속이 3 ~ 20 m/s 범위에서 발전한다. 이처럼 풍력터빈이 작동을 시작하는 풍속을 시동풍속(cut in wind speed)이라 하며, 작동을 멈추는 풍속을 정지풍속(cut out wind speed)이라 한다.

그림 6.26은 c = 7 m/s일 때 k가 1.5 ~ 3.0 사이에 있을 경우의 출력밀도 분포를 나타낸다. 그림 6.23에 주어져 있는 것과 같이 k 값이 변하면 속도확률분포의 형태가 변하므로, k 값에 따라서 출력밀도분포도 변한다. k가 증가할수록 출력밀도분포는 종형에 가까워지고, 최대 출력밀도는 점점 낮은 속도에서 발생하고, 이때의 속도도 c 값 가까이 접근한다. 한편 k 값이 작으면 넓은 속도분포에서 출력이 발생한다.

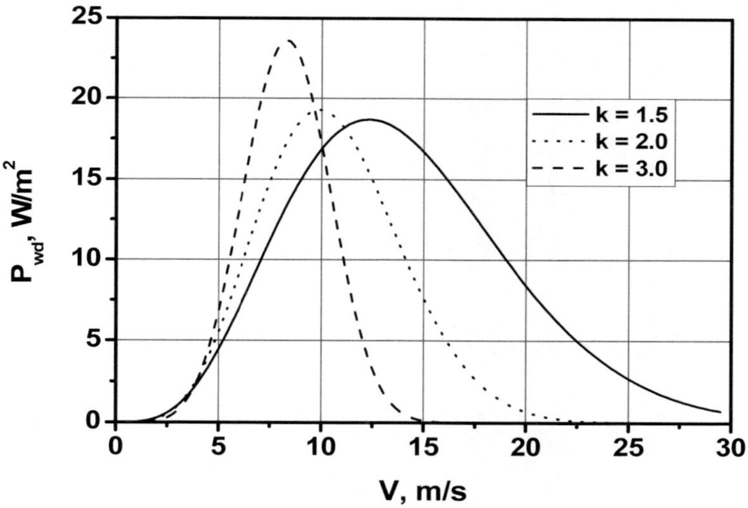

그림 6.26 c= 7 m/s일 때 k 값과 출력밀도(P_{wd}) 관계

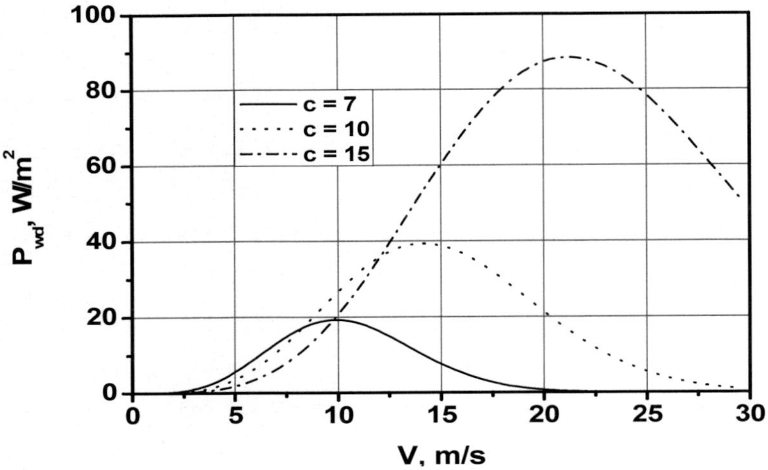

그림 6.27 k=2일 때 c 값과 출력밀도(P_{wd}) 관계

그림 6.27은 k=2일 때, c 값이 7, 10, 15 m/s로 변할 때 출력밀도분포의 변화를 나타낸다. 그림 6.24와 같이 c 값이 증가하면 풍속이 증가하므로, 풍속의 3제곱에 비례하는 출력은 당연히 증가한다. 따라서 c 값이 증가할수록 최대 출력밀도는 증가하고, 전체 출력도 증가한다. c 값이 감소할수록 최대 출력밀도는 저속에서 발생한다.

한편 그림 6.26과 6.27에서 출력밀도곡선의 아래 면적은 총출력밀도이며, 이 총출력밀도는 각 속도에서 구한 출력밀도를 합하여 구하며 다음과 같다.

$$P_{wdt} = \int \frac{1}{2} C_p \rho V^3 f(V) dV \qquad (W/m^2) \tag{6.41}$$

식 6.41에 날개가 차지하는 면적을 곱하여 총출력을 구한다.

$$P_{wt} = A_d P_{wdt} = (\pi R^2) \int \frac{1}{2} C_p \rho V^3 f(V) dV \qquad \text{(W)} \tag{6.42}$$

예제 6-4) 아래 표 6.3과 같은 풍속과 빈도수를 가지는 환경에서 최대 출력밀도와 출력을 구하라. 정지속도는 20 m/s이고, 시작속도는 4 m/s이다. 로터 날개 길이는 10 m이다.

❖ **풀이** : 최대 출력밀도는 출력계수(C_p)가 0.593인 경우로 이 값을 식 6.39에 대입하여 표 6.3에 주어진 각각의 속도에 대하여 계산한다. 공기의 밀도는 1.225 kg/m^3을 사용하여, 풍속이 4 ~ 5 m/s 구간에서 4.5 m/s의 속도를 이용하여 계산하면 다음과 같다.

$$P_{wd} = P_w f(V)/A_d = \frac{1}{2}C_p \rho V^3 f(V) = \frac{1}{2} \times 0.593 \times 1.225 \times 4.5^3 \times 0.0762$$
$$= 2.512\ W/m^2$$

한편 출력은 출력밀도에 날개가 회전하면서 점유하는 면적을 곱하면 되며, 날개 길이가 10 m이므로 다음과 같다.

$$P_w = A \times P_{wd} = \pi R^2 P_{wd} = \pi \times 10^2 \times 2.512$$
$$= 0.788\, kW$$

위와 같은 방법으로 모든 속도분포에 대하여 출력을 계산하면 표 6.3과 같고, 이 출력을 합하면 풍력터빈이 생성하는 총출력이다.

$$P_{wt} = \sum P_w = 86{,}861.4\, kW$$

만약 이 풍력터빈이 예제 6-1과 같은 효율($\eta_r = 90\%$, $\eta_t = 98\%$, $\eta_g = 80\%$)을 가진다면 실제 발생하는 출력(전력)은 다음과 같다.

$$P_e = P_{wt}\eta_r\eta_t\eta_g = 86{,}861.4 \times 0.9 \times 0.98 \times 0.8$$
$$= 61{,}289.4\ W$$

이 값이 풍력터빈이 생산할 수 있는 출력이다. 만약 이 풍력터빈이 일 년에 4,000시간 작동한다면, 위 출력에 시간을 곱하면 연간 총발전량을 구할 수 있다.

$$P_e = 61{,}289.4 \times 4{,}000 = 245.16\,MWh/year$$

표 6.3 풍속과 빈도수에 대한 자료

풍 속 (m/s)	중간 풍속	빈도수 $f(V)$	최대 출력밀도 (W/m^2)	출력 (W)
0-1	0.5	0.0069	0.0003	0.09
1-2	1.5	0.2426	0.296	92.9
2-3	2.5	0.0485	0.274	86.0
3-4	3.5	0.0624	0.968	304.0
4-5	4.5	0.0762	2.512	788.8
5-6	5.5	0.0832	5.007	1,572.2
6-7	6.5	0.0693	6.884	2,161.6
7-8	7.5	0.0624	9.522	2,990.0
8-9	8.5	0.0589	13.083	4,108.1
9-10	9.5	0.0554	17.180	5,592.3
10-11	10.5	0.0347	14.529	4,562.1
11-12	11.5	0.0277	15.238	4,784.7
12-13	12.5	0.0208	14.694	4,613.9
13-14	13.5	0.0139	12.370	3,884.1
14-15	14.5	0.1178	130.440	40,958.2
15-16	15.5	0.0069	9.294	2,918.3
16-17	16.5	0.0049	7.962	2,500.1
17-18	17.5	0.0055	10.662	3,347.9
18-19	18.5	0.0014	3.206	1,006.7
19이상	19.5	0.0007	1.877	589.4
합 계		1.0	276.0	86,861.4

6.2.4 고도의 영향

공기도 적지만 점성을 가지고 있고, 지표에는 많은 장애물이 있으므로 지표 가까이에서는 풍속이 느려지는 속도분포를 가진다. 즉 지표에서 높이 올라갈수록 풍속은 빠르므로 타워의 높이를 높게 한다. 풍속과 높이의 관계는 대략 다음과 같은 관계를 갖는다.

$$V_o = V_i(\frac{h_o}{h_i})^{\gamma} \tag{6.43}$$

여기서 V_i는 높이가 h_i인 곳의 속도이고, V_o는 높이가 h_o인 곳의 속도이다. 지수 γ는 물이나 얼음 표면과 같이 매우 평평한 곳에서는 0.1 정도이고, 매우 거친 지표에서는 0.5 정도이다. 보통은 1/7(=0.143) 정도를 사용한다. 대표적인 γ에 대한 값은 표 6.4와 같다.

한편 식 6.23에서 출력밀도는 속도의 3제곱에 비례하므로 출력밀도는 높이 비의 3γ승에 비례한다. 같은 조건에서 타워의 높이가 출력에 미치는 영향을 나타내는 출력밀도 비는 식 6.44와 같다. 식 6.44를 이용하여 처음 높이가 10 m에서 높이를 70 m까지 변할 때 출력밀도의 변화는 그림 6.28과 같다. 타워의 높이가 높을수록 출력밀도는 3γ승에 비례하므로 많이 증가하였다. 특히 지표가 거친 곳 즉 지수 γ 가 0.3 ~ 0.5 범위에서는 출력밀도 차이가 더욱 크게 나타났고, γ =0.1인 경우에는 높이의 영향은 매우 적다. 따라서 풍력터빈의 타워 높이를 가능한 한 높게 설치한다.

$$\frac{P_{wdo}}{P_{wdi}} = (\frac{h_o}{h_i})^{3\gamma} \tag{6.44}$$

표 6.4 지표의 형상에 따른 γ 값

지표의 형상	γ
호수, 바다, 평평하고 단단한 지면	0.1
풀의 높이가 약 30 cm 정도인 초원지역	0.15
키 큰 농작물, 울타리, 관목이 있는 지역	0.2
나무가 무성한 시골지역	0.25
약간의 관목과 나무가 있는 작은 도시지역	0.3
큰 건물이 있는 도시지역	0.4

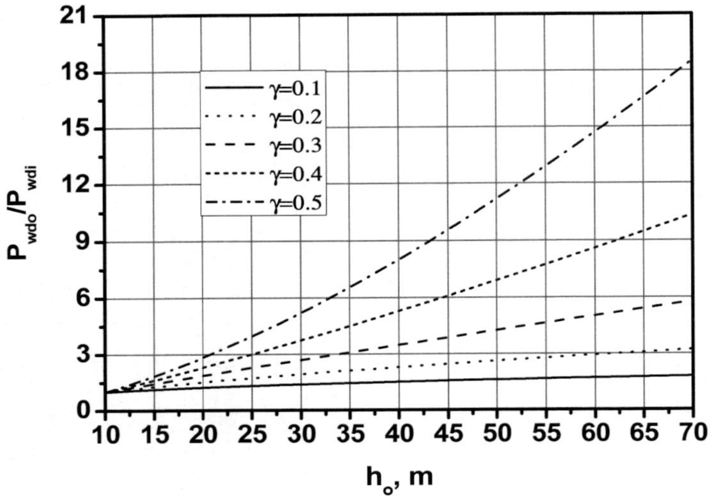

그림 6.28 타워 높이와 출력밀도 비 관계

6.3 풍력터빈 운영

풍력발전은 제한된 환경에 설치되므로 주위 환경에 잘 적응하면서 운영되어야 피해를 최소화하고 최대의 출력을 얻을 수 있다. 바람의 속도와 방향 등은 계절과 시간에 따라서 변하며, 사용 목적에 따라서 풍력터빈의 형태도 다양하다. 이러한 조건을 만족하기 위하여 최선의 설계로 건설된 풍력발전 설비도 항상 주위 환경의 변화에 잘 대응하는 전략이 필요하다. 그러므로 최대출력을 얻기 위한 터빈의 운영방법과 풍력터빈이 주위 환경에 미치는 영향에 대하여 간단히 알아본다.

6.3.1 풍력터빈 날개 특성

그림 6.29와 같이 풍력터빈의 날개는 로터 연결부에서 날개의 끝으로 갈수록 틀어져 있다. 즉 날개의 피치각이 다르다. 로터가 같은 각속도(ω)로 회전할 때 날개 끝으로 갈수록 반경(R)의 증가로 회전속도($R\omega$)가 증가한다. 따라서 바람의 속도와 날개 회전속도의

합성으로 이루어진 바람의 상대속도(V_r)의 크기와 방향은 식 6.45와 같이 날개의 반경에 따라서 변한다.

$$\overrightarrow{V_r} = \overrightarrow{V_1} + \overrightarrow{R\omega} \text{ or } |V_r| = \sqrt{V_1^2 + (R\omega)^2} \tag{6.45}$$

즉 같은 바람의 속도에 대하여 반경이 증가하면 바람의 상대속도는 증가하여 그림 6.30과 같이 바람의 받음각도(α)는 로터의 중심에서 크며, 중심에서 멀어질수록 바람의 받음각이 작아진다($\alpha_1 > \alpha_2$). 받음각이 크면 스톨이 발생할 수 있으므로 날개의 모든 부분에서 스톨의 발생을 방지하기 위하여 날개의 피치각(θ, pitch angle)이 반경에 따라서 조금씩 다르게 날개가 틀어지게 제작된다. 그림 6.29와 같이 날개 끝으로 갈수록 피치각(θ)이 작아진다.

또한 그림 6.29와 같이 풍력터빈의 날개는 끝으로 갈수록 날개폭이 좁아지게 제작되어 있다. 날개의 끝으로 갈수록 반경이 증가면서($R_2 > R_1$) 회전속도($R\omega$)의 증가로 식 6.45에서 바람의 상대속도(V_r)가 증가한다. 한편 양력($\rho A C_l V^2/2$)은 날개의 면적과 회전속도의 함수이므로 전체 날개에서 균일한 양력이 발생할 수 있도록 날개 반경의 증가에 따라 날개폭을 축소한다. 결과적으로 날개 끝으로 갈수록 피치각은 작아지고 또한 날개의 폭이 좁아진다. 예를 들어서 반경이 13.5 m인 Vestas V27 터빈 날개의 경우 날개의 폭이 1.3 m에서 0.5 m로 축소되고, 피치각도 13°에서 0°로 감소한다.

그림 6.29 터빈 날개의 형상[10, 11]

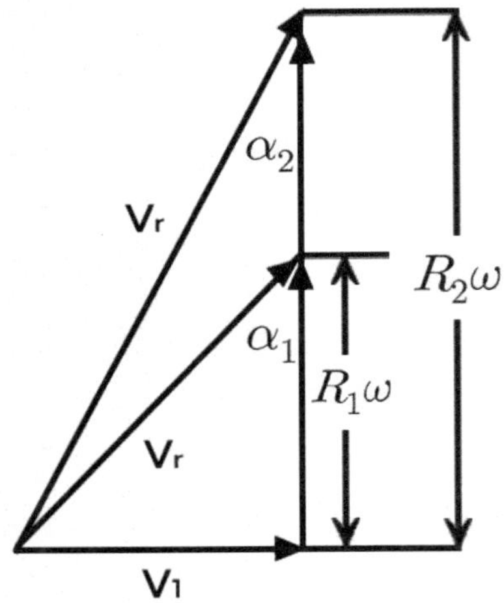

그림 6.30 동일한 풍속에서 터빈 날개의 반경과 바람의 상대속도 변화[12]

바람의 운동에너지를 기계적인 축일로 변환시키는 중요한 역할을 하는 터빈의 날개의 수는 공기역학적 효율, 제작비용, 소음, 구조의 복잡함 및 미적인 관점 등을 기준으로 많은 논의가 있었다. 특히 1 ~ 3개의 날개에 대하여 깊은 논의가 많았으며, 종합하면 다음과 같다. 한 개의 날개로 이루어진 풍력터빈이 바람의 흐름에 대한 방해가 가장 적으면서 효과적으로 출력을 낼 수 있다. 또한 제작비용을 절약할 수 있다. 그러나 두 개의 날개를 가진 터빈과 비교하면 많은 단점이 있다. 먼저 한 개의 날개로 두 개의 날개와 같은 출력을 얻기 위해서는 크고 구조가 강해야 하며 더 고속으로 회전해야 한다. 따라서 소음도 더 많이 발생한다. 또한 회전축의 한쪽에 치우친 무게의 평형을 유지하기 위하여 대칭되게 여분의 무게를 날개 반대쪽에 부착해야 한다. 이러한 사항을 고려하면 한 개의 날개를 가진 터빈은 두 개의 날개를 가진 터빈보다 경제적이지 못하다.

두 개의 날개를 사용하는 터빈은 세 개의 날개를 사용하는 터빈에 비교하여 로터의 제작비용이 저렴하며, 가벼우며 고속으로 작동하여 변속장치의 제작비용이 저렴한 장점이 있다. 또한 날개의 설치가 쉽다. 그러나 바람의 방향이 변하면 두 개의 날개는 동적인 불안정이 발생한다. 특히 날개가 수직의 위치에 있을 때는 바람의 방향 변화에 대응하지 못하며, 날개가 수평의 위치에 있으면 방향 변화에 매우 민감하다. 이와 같은 현상이 매 회전 발생하는 단점이 있다.

날개가 세 개인 경우는 이러한 불안정한 운동을 제거하고 매우 안정적으로 회전할 수 있다. 비록 세 개의 날개를 제작하고, 설치하는 비용은 많으나, 터빈이 안정적으로 작동하고 효율도 높다. 또한 세 날개 터빈은 미적인 관점에서도 최고의 호의를 받는다. 따라서 대부분의 중대형 풍력터빈은 세 개의 날개를 사용한다.

6.3.2 출력계수와 날개 끝 속도비(tip speed ratio)

식 6.23에서 주어진 풍속에 대한 풍력터빈의 출력은 출력계수(C_p)에 비례한다. 출력계수는 터빈의 회전수와 날개의 형상에 따라 변하는 값으로 출력계수를 정확하게 계산하는 것은 매우 중요한 일이다. 보통 출력계수는 날개 끝 속도비의 함수로 나타내며, 날개 끝 속도비(λ)는 다음과 같다.

$$\lambda = \frac{R\omega}{V_1} \tag{6.46}$$

식에서 ω는 날개의 회전 각속도(rad/s)이며, 날개 끝 속도비는 풍속과 날개 끝에서 원주 방향의 속도 비이다. 만약 로터의 회전수가 N rpm이면 각속도는 다음과 같다.

$$\omega = \frac{2\pi N}{60} \quad \text{(rad/s)} \tag{6.47}$$

따라서 식 6.46에 6.47을 대입하면 날개 끝 속도비는 다음과 같다.

$$\lambda = \frac{R\omega}{V_1} = \frac{\pi N R}{30\,V_1} \tag{6.48}$$

$$N = \frac{30\lambda\,V_1}{\pi R} \quad \text{(rpm)} \tag{6.49}$$

앞 절에서 이론적으로 얻을 수 있는 최대 출력계수는 0.593(Betz 한계)으로 모든 회전수에 대하여 일정한 값이었다. 이 값은 로터 날개의 형상이 전혀 고려되지 않았으므로 여러 가지 요인에 의하여 실제 출력계수는 이보다 적은 값을 가진다. 그림 6.31은 여러 가지 형태의 풍력터빈이 가지는 출력계수를 나타내고 있다. 바람의 항력을 이용하는 미국의 풍차, 네덜란드 풍차 및 사보니우스(Savonius) 풍차는 출력계수가 적고 날개 끝 속도비가 4 이하인 조건에서 주로 작동한다. 한편 날개 수가 3개인 수평축 풍력터빈이 6〈λ〈9영역에서 출력계수가 0.4 ~ 0.5의 큰 값을 가지며, 모든 풍력터빈 중에서 출력계수가 제일 높다. 날개가 1 ~ 2개인 풍력터빈은 매우 높은 속도비에서 작동함을 보여준다. 따라서 날개가 1 ~ 2인 풍력터빈은 터빈의 회전수가 높아서 소음이 많이 발생할 수 있다.

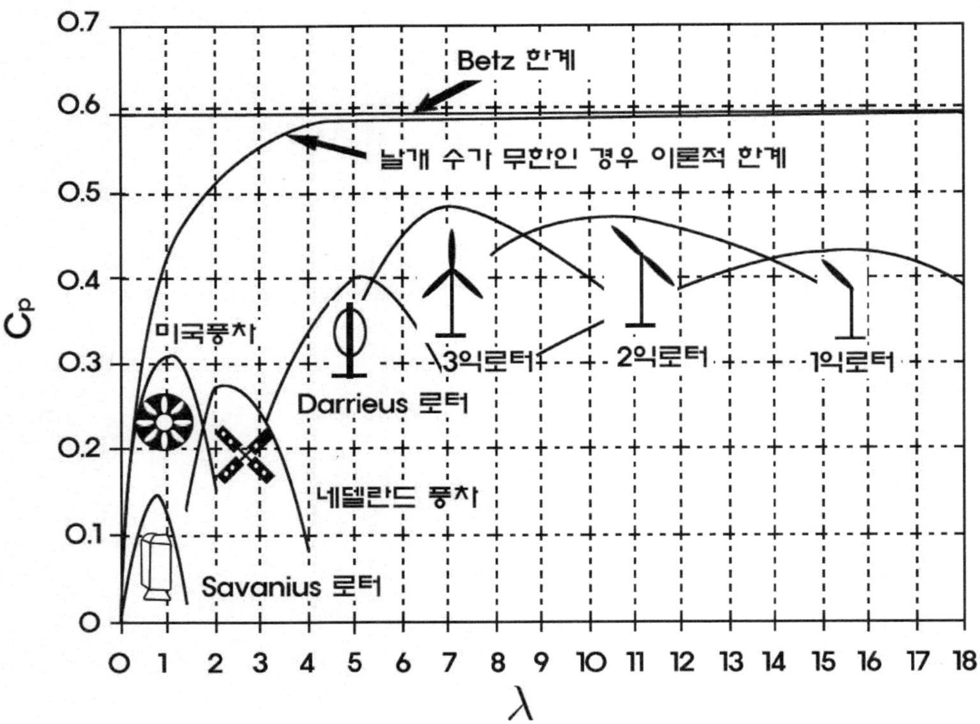

그림 6.31 출력계수와 날개 끝 속도비(λ) 관계[4]

예제 6-5) 경북 영덕에 있는 풍력터빈은 로터 날개 수가 3개이며, 반경이 41 m이고, 회전속도가 15 rpm이다. 그림 6.31에서 최고의 출력계수를 가지는 풍속을 구하라.

❖ **풀이** : 그림에서 날개 수가 3인 풍력터빈의 최대 출력은 λ = 7에서 발생하므로 식 6.48을 이용하여 계산하면 다음과 같다.

$$V_1 = \frac{\pi NR}{30\lambda} = \frac{\pi \times 15 \times 41}{30 \times 7} = 9.2\ \text{m/s}$$

즉 최고의 출력계수를 가지는 풍속은 9.2 m/s이다.

6.3.3 풍력터빈 출력곡선

그림 6.32는 정격출력이 2 MW인 풍력터빈의 출력곡선을 나타낸다. 그림에서 풍속이 약 4 m까지는 출력이 발생하지 않고, 풍속이 4 m 이상으로 증가하면 출력이 발생한다. 또한 풍속이 약 12 m 이후에는 풍속이 증가하여도 일정한 출력만 생산하고, 풍속이 25 m 이상에서는 출력 발생이 없다. 또한 풍속이 4 ~ 12 m 사이에 있을 때는 출력이 급속하게 증가함을 알 수 있다. 풍력터빈의 출력은 풍속의 세제곱에 비례하기 때문에 풍속이 증가하면 출력이 증가하지만, 풍력터빈은 항상 풍속에 비례하여 출력을 생산하지 않음을 알 수 있다.

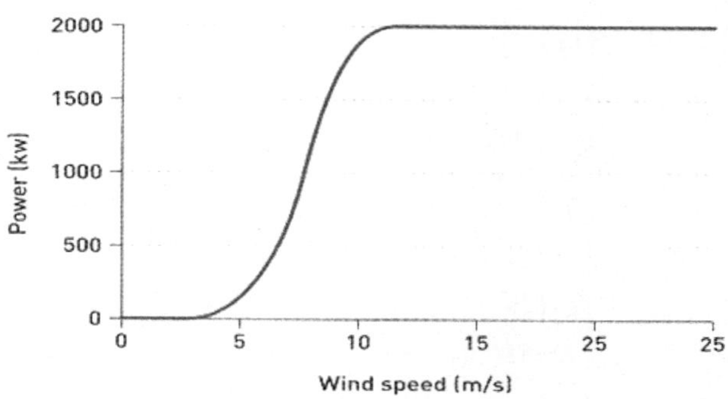

그림 6.32 정격출력이 2 MW인 풍력터빈의 출력곡선

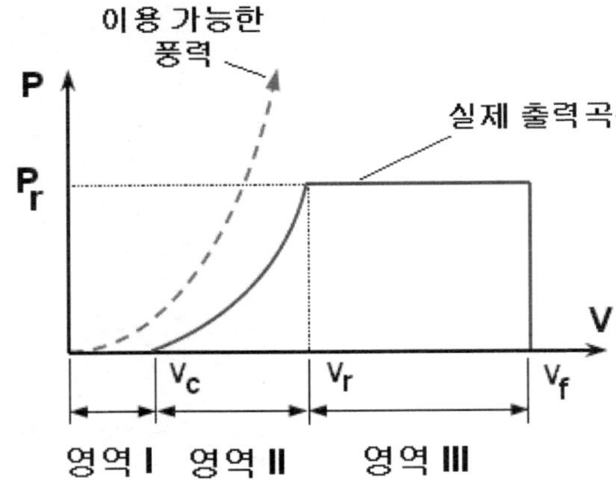

그림 6.33 풍속과 풍력터빈의 출력 관계

따라서 그림 6.32와 같은 실제 풍력터빈의 출력곡선을 바탕으로 풍력터빈의 운영형태를 요약하면 그림 6.33과 같다. 영역 I에서는 풍속이 작아서 터빈은 회전하지 않고 전력이 생산되지 않는다. 풍속이 계속 증가하여 발전에 필요한 최소의 풍속인 풍력터빈 시동풍속(V_c)에 도달하면 발전을 시작한다. 풍속이 시동풍속보다 큰 영역 II에서는 풍력터빈에서 생산하는 출력이 정격출력(P_r)보다 적으므로 해당 풍속에서 가능한 최대의 출력이 생산되도록 풍력터빈을 제어한다. 즉 출력은 풍속의 세제곱과 출력계수에 비례하기 때문에 바람의 운동에너지가 최대한 출력으로 전환되도록 최대 출력계수를 얻는 최적 날개 끝 속도비에서 작동하도록 제어한다. 따라서 영역 II에서는 피치각을 거의 일정하게 유지하면서 날개의 회전수를 제어하여 최대의 출력계수를 얻도록 한다.

영역 III은 정격출력을 생산하는 영역으로 주어진 풍속이 충분하여 해당 풍속에서 정격출력보다 더 많은 출력을 낼 수 있으나 설계에 적용한 정격출력만 생산하도록 풍력터빈을 제어한다. 즉 발전기의 토크는 일정하게 유지하기 위하여 날개의 피치각을 제어하여 스톨이 발생하게 한다. 특히 영역 II에서 영역 III으로 전환되는 경계에서 출력곡선이 급격하게 변하므로 실질적으로 제어하기에 매우 어려우며 다양한 제어기법이 이용되나 많은 문제가 발생한다. 영역 III 이후에는 풍속이 너무 커서 풍력터빈이 구조적으로 출력을 생산할 수 없는 상태다. 따라서 풍력터빈이 강풍에 손상되는 것을 방지하기 위하여 풍력터빈의 회전을 정지시키고 터빈의 날개도 가능한 적은 추력을 받도록 피치각을 조절하여 헤더(feather)상태로 유지한다. 또한 브레이크를 사용하여 모든 설비가 움직이지 못하도록 한다.

따라서 대부분 풍력터빈은 항상 작동하면서 전기를 생산하지 않고, 적절한 풍속에서만 작동한다. 예를 들면 풍속이 터빈의 시동풍속(V_c)인 3 ~ 5 m/s 정도가 되어야 발전을 시작하고 풍속이 정지풍속(V_f)인 20 ~ 25 m/s를 초과하면 발전을 멈추고 정지한다. 한편 풍속이 시동풍속보다 크고 정격풍속(V_r)보다 작은 경우 즉 정격출력(rated power, P_r) 이하에서는 해당 풍속에서 얻을 수 있는 최대출력을 생산하고, 정격출력에 도달하면 다양한 제어방법을 사용하여 터빈의 출력이 정격출력이 되도록 풍력터빈을 제어한다.

6.3.4 최대출력 운영

그림 6.31에서 풍력터빈의 형태에 따라서 최대 출력계수를 얻는 날개 끝 속도 비(λ)가 다르다는 것을 알 수 있다. 따라서 풍력터빈이 설치될 위치가 결정되면 그곳에 부는 바람의 풍속을 측정하거나 이미 측정된 자료를 이용하여 속도확률분포를 구한다. 이 자료를 이용하면 많은 시간에 부는 바람의 속도를 알기 때문에 최대출력을 얻을 수 있게 풍력터빈을 설계하고 운영하여야 한다. 풍력터빈은 바람의 속도에 따라서 회전수가 정해지는 고정식과 회전수를 조절할 수 있는 가변식이 있다. 고정식은 구조가 간단하여 제작비용과 운영비용이 절약될 수 있으나 풍속이 빠르면 작동을 멈추기 때문에 출력의 손실이 크다.

가변식은 날개의 피치각을 조절하여 날개의 회전속도를 변화시키므로 별도의 장치가 필요하여 비용이 많이 든다. 가변식은 최대출력을 얻는 λ 값이 그림 6.31에서 주어져 있으므로 이 값에 맞게 바람의 속도 변화에 따라서 날개의 속도를 변화시키는 운영방식이다. 이처럼 날개 속도를 가변시키면 날개 속도가 일정한 경우보다 약 20 ~ 30%의 출력 증가를 얻었다. 따라서 풍력터빈 대부분은 가변식을 이용하고 있다.

최대출력을 얻기 위한 날개 속도를 조절하는 방법에는 날개 끝 속도비(λ)를 일정하게 유지하는 방법과 출력값의 변화를 이용하는 방법 두 가지가 있다. 먼저 λ 값을 일정하게 유지하는 방법은 풍속과 날개의 회전수를 계속해서 측정하고 이 값을 식 6.48에 대입하여 λ 값을 계산한다. 계산값을 미리 정해진 최적의 λ 값과 비교하면서 날개의 피치각을 조절하여 터빈의 회전속도를 조절한다. 이 방법은 간단해 보이나 풍속을 계속하여 측정하는 단점이 있고, 주위 환경의 변화 등으로 최적 λ 값을 수정할 필요가 발생하였으나 실제 감지하지 못하면 시스템은 작동하고 있으나 최대의 출력을 얻지 못한다.

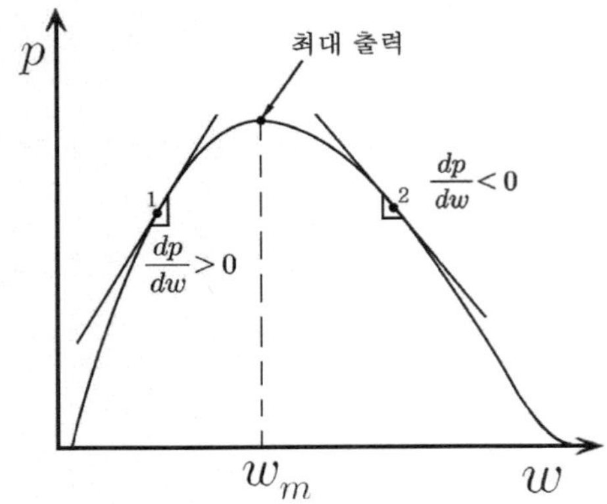

그림 6.34 풍력터빈의 출력과 회전수 관계

그림 6.34와 같이 출력과 회전수의 관계에서 특정 회전수 주위에서 최대 출력 ($dP/d\omega = 0$)이 발생한다. 따라서 두 번째 방법은 회전속도 변화에 대한 출력의 변화를 이용하여 항상 터빈이 최대출력을 내는 회전수 주위에서 회전하도록 회전수를 조절하는 방법이다. 즉 출력을 측정하여 $dP/d\omega$ 값이 음수이면 회전수가 증가할수록 출력은 감소하므로 회전수를 감소시키며, $dP/d\omega$ 값이 양수이면 회전수가 증가할수록 출력은 증가하므로 회전수를 증가시킨다. 따라서 이 방법은 식 6.50과 같은 조건을 유지 시켜서 항상 최대출력을 얻는 회전수 근처에서 터빈이 회전하게 한다. 이 방법은 지역의 풍속 측정에서 발생하는 오차와 풍력터빈의 설계 등에 민감하지 않기 때문에 최대출력을 얻기 위하여 많이 사용되는 방법이다.

$$\frac{dP}{d\omega} \approx 0 \tag{6.50}$$

6.3.5 소음 영향

풍력터빈의 설치로 주위에 미치는 영향은 소음, 조류와 박쥐의 충돌 및 시각적 영향 등을 고려할 수 있다. 시각적 영향은 매우 주관적이므로 정확하게 표시되기 어렵다. 그러나 소음은 측정하여 수치로 표시할 수 있으며 사람의 청력에 영향을 미치는 크기가 규정되어 있다. 소리의 크기(L_p, sound pressure level)를 나타내는 단위는 dB(decibel)이며 기준 압력(p_{ref})과 측정한 음원의 압력(p_s)의 비에 자연로그를 치하여 다음과 같이 나타낸다.

따라서 압력이 두 배로 증가하여도 소리의 크기는 3 dB의 차이만 있다. 또한 이 3 dB가 사람이 구별할 수 있는 최소의 소리 크기 간격이다.

$$L_p = 10 \times \log \frac{p_s^2}{p_{ref}^2} \qquad \text{(dB)} \qquad (6.51)$$

소음은 풍력터빈의 변속장치와 같은 기계 장치와 터빈 날개의 회전 때문에 발생한다. 기계 설비에서 발생하는 소음은 연속적이고 소음의 크기가 작다. 그러나 터빈의 날개에서 발생하는 소음은 풍속과 출력에 따라서 소음의 크기가 변하며 기계 장치에서 발생하는 소음보다 상대적으로 크다. 따라서 주위에 상당한 영향을 미친다. 날개에서 발생하는 소음은 풍속과 출력 외에 날개 끝의 속도, 형상, 두께, 날개 수 및 표면처리 등에 영향을 받는다. 날개 끝 속도의 크기가 소음의 크기에 결정적인 영향을 미쳐서, 날개의 길이가 길거나 회전속도가 빠르면 큰 소음을 발생한다. 또한 날개 수는 적을수록 큰 소음을 발생한다. 한편 풍력터빈으로부터 같은 거리이면 소음은 터빈의 앞보다 뒷면에서 크게 들린다. 음압은 음원에서 멀어지면 거리의 제곱에 반비례하기 때문에 음원과 측정 지점과의 거리는 매우 중요한 요소이다. 따라서 보통 풍력터빈 제조사는 터빈으로부터 위치 변화에 따른 소음의 크기를 나타낸다. 여러 가지 종류의 소음에 대한 크기는 표 6.5와 같다.

표 6.5 대표적인 소음의 크기[2]

음원의 형태	거리(m)	소리의 크기(dB)
고통을 느낌		130 ~ 140
뱃고동	30	130
제트엔진	61	120
기차	30	70
진공청소기	3	70
숲에 부는 바람	12	55
10 kW 풍력터빈	37	57
	100	55
대형 변압기	61	55
300 kW 풍력터빈	150	45
조용한 방		20

풍력터빈의 날개는 매우 크며 회전속도가 빨라서 새와 박쥐 등이 날개에 충돌하면 치명적인 상처를 입거나 목숨을 잃는다. 1980년대에는 상당한 수의 새들이 희생되었다. 특히 격자형 타워를 사용한 곳에서는 새들이 타워에 둥지를 만들기 위하여 접근하여 특히 많이 희생되었다. 한편 터빈 전면을 지나는 새는 바람에 빨려 들어가서 날개와 충돌할 수 있다. 때에 따라서는 타워의 진동으로 발생하는 소리에 유인되어 타워에 충돌하는 예도 보고되었다. 그러나 최근에는 날개가 대형화되고 회전속도가 느려져서 새들의 충돌이 현저히 줄어들었으며, 타워도 격자형보다 원통형 타워를 사용하여 많은 진전이 있었다. 또한 철새의 이동 경로나 새들의 대량 서식지 및 산란하는 곳을 피하여 설치 장소를 선정하면 피해를 최소화할 수 있다.

미각적 관점에서 똑같은 풍력터빈을 같은 간격으로 정렬되게 설치하는 것보다 출력에 미치는 영향을 최소화하면서 다양한 패턴으로 설치하면 보는 사람들의 시각을 덜 자극할 수 있다. 또한 가능하면 주위의 경관을 해치지 않게 설치하는 것도 풍력발전에 대한 좋은 여론을 형성하는 데 도움이 될 수 있다.

6.4 국내외 풍력발전 현황

국내의 바람 자원은 제주도를 중심으로 동해안의 경상북도 영덕, 서해안의 새만금 지역 및 강원도에 태백시 및 대관령 지역에 주로 분포하여, 이곳을 중심으로 풍력단지가 개발되어 있다. 제주도 북제주군 행원단지는 평균 풍속이 7.1 m/s로 매우 양호하며, 여타 지역도 6.0 m/s 내외의 우수한 풍속을 지니고 있다. 경상북도 영덕군의 경우 해안에 인접한 해발 200 m의 산 능선에서 평균 풍속이 6.6 m/s로 양호한 조건을 가지고 있다. 한편 강원도 태백시 매봉산 능선에서도 7.6 m/s의 아주 우수한 풍속이 측정되었다. 경북 영양군 맹동산 지역은 해발 800 m 능선으로 평균 풍속이 5.7 m/s이며, 군산항 비응도 지역도 평균 풍속이 약 5.6 m/s이다.

국내 최초의 풍력 시설은 1975년에 한국과학원의 주도로 경기도 화성군 엇섬에 설치된 2 kW급 풍력발전기이다(현재 철거됨). 그 후 2000년대부터 여러 곳에 설치되기 시작하였으며, 특히 10여 년 동안 육상풍력단지가 개발되어 여러 대의 풍력발전기가 한 곳에

표 6.6 초창기 국내 주요 풍력발전 시설

설치연도	용량(kW)	대수	제작사	설치장소	주관기관
1975.1	2	1	한국과학원	경기도 화성시 엇섬	한국과학원
1998.2 ~ 2003.8	600 660 225 750	2 7 1 5	NEG-MICON, VESTAS	제주도 북제주군 행원리	제주도청
2003.9	660	4	VESTAS	강원도 대관령	강원도청
2002.11 ~ 2007.11	750 850	6 4	NEG-MICON	전라북도 군산 비응도	전북도청
2004.3	1,500	4	NEG-MICON	제주도 북제주군 한경면	남부발전
2005.3	1,650	24	VESTAS	경북 영덕군 창포리	영덕풍력발전
2004.12 ~2008.10	850	8	VESTAS	강원도 태백시 매봉산	태백시청
2006.10	2	49	VESTAS	강원도 대관령	강원풍력발전(주)
2008.12 ~ 2011	1,500	26 (104 예정)	Acciona	경북 영양군 석보면 맹동산	(주)악시오나 에너지 코리아

집중적으로 설치되었다. 대표적인 풍력발전기 설치 현황을 종합하면 표 6.6과 같다. 국내에는 여러 곳의 후보지가 있으나, 환경문제로 인허가 과정이 쉽지 않아서 육지에 건설하기는 어려운 설정이다. 최근에 서해와 서남해에 해상풍력단지를 개발하는 계획이 발표되어 해상풍력 설치가 집중되고 있으며, 울산 앞 바다에는 부유식 해상풍력 건설이 추진되고 있다.

해외 여러 나라가 설치하고 있는 규모는 국내의 규모와 비교할 수 없을 정도이며, 매년 약 20 ~ 30%의 폭으로 증가하고 있다. 미국, 중국과 북유럽에서 많이 건설되고 있다. 특히 풍속이 매우 빠른 북해에 접한 영국, 덴마크와 노르웨이를 중심으로 활발히 건설되고 있다. 특징적인 점은 유럽 국가는 풍력 발전설비를 육지보다 해상에 많이 설치하고 있다는 사실이다. 최근에는 영국을 시작으로 해안에서 먼 해상에 부유식 해상풍력 건설이 주류를 이루고 있다.

CHAPTER 7 해상 풍력발전

7.1 해상풍속 특징

7.2 해상풍력터빈 특성 및 현황

7.3 해상 설치 기술

7.4 해양환경 영향

육상에 설치되는 풍력터빈에 비교하면 해상풍력터빈은 상당히 늦게 건설되기 시작하여 최초의 해상풍력터빈은 1990년대 초에 유럽에서 건설되기 시작했다. 많은 육상풍력터빈이 설치되면서 타당한 장소의 부족으로 풍력에너지가 풍부한 해상에 관심을 가진 결과로 그림 7.1과 같이 덴마크에서 450 kW 규모의 풍력터빈 11기가 건설되어 총 4.95 MW 규모의 해상풍력단지가 1991년에 완성되었다[1]. 한편 해상풍력은 넓은 공간에 많은 수의 풍력터빈을 설치하여 대단위 풍력단지를 구성하기 때문에 후류에서 풍속의 감소로 인한 출력감소, 해저에 지지구조물 설치와 풍력터빈 설치 후 유지보수 등에서 육상에 설치된 풍력터빈과 매우 다른 여러 가지 고려해야 할 장단점이 있다.

그림 7.1 1991년 덴마크에 설치된 최초 해상풍력단지(Vindeby)[1]

7.1 해상풍속 특징

7.1.1 해상풍속 분포

바다나 호수의 수면은 대부분 평탄하므로 고도에 대한 바람의 속도 변화는 매우 작다. 풍속이 증가하면 바람의 에너지 중 일부가 수면에 파도를 형성하지만, 육지에 비교하면 거의 무시할 정도이다. 또한 건물이나 나무와 같은 바람의 진로를 막는 장애물도 거의 없으므로 넓은 면적에 터빈을 설치할 수 있다. 고도와 풍속 변화 관계를 나타내는 식 7.1에 따르면 풍속의 변화는 매우 작다.

$$V_o = V_i \left(\frac{h_o}{h_i} \right)^{\gamma} \tag{7.1}$$

그림 7.2는 식 7.1을 사용하여 해상 100 m에서 20 m/s의 속도로 부는 바람에 대한 수면과 고도 100 m 사이에서 속도 변화를 나타낸다. 표 6.4에 주어진 표면의 거칠기(γ)에 대한 값을 0.1 ~ 0.4까지 변화시켰다. 해상에서는 0.1에 해당하며 도시지역과 같이 건물이 있는 곳은 0.4에 해당한다. $\gamma = 0.1$인 경우에는 높이 100 m에서 풍속이 20 m/s의 바람이 바다 표면에서는 약 10 m/s로 변한다. 그러나 $\gamma = 0.4$인 경우는 풍속이 20 m/s에서 1 m/s까지 변한다. 따라서 바다에서 풍속의 고도에 대한 변화는 현저히 적기 때문에 터빈의 타워가 특별히 높을 필요가 없다. 따라서 보통 육상에 사용되는 타워의 높이는 날개 길이의 두 배 정도이나 해상에서는 타워의 높이는 날개 길이의 1.7 ~ 1.8 배 정도가 사용된다. 육상과 비교하여 상대적으로 낮은 타워를 사용할 수 있어 경제적이다.

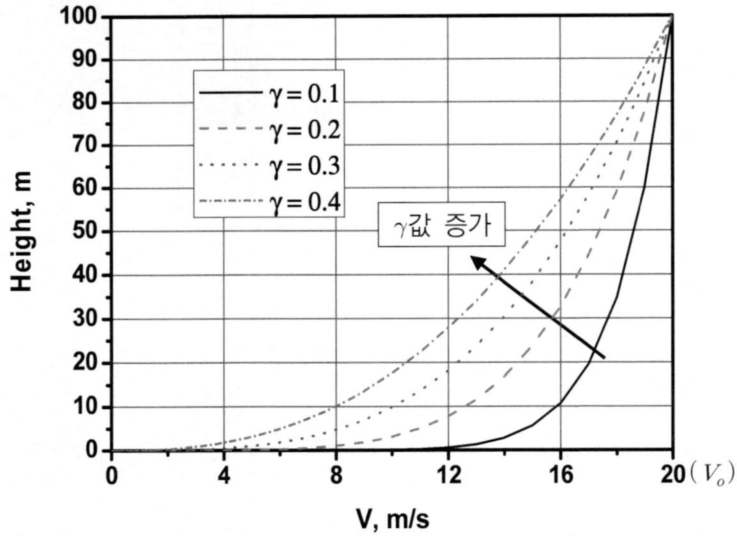

그림 7.2 고도에 대한 속도 변화

바다에 부는 바람의 또 다른 장점은 난류 강도(turbulence intensity)가 육지에서 부는 바람보다 약하다는 점이다. 육지는 태양에너지를 받으면 바로 가열되어 지표에 있는 공기가 상승하면서 난류의 강도가 강해지나 바다는 투명하여서 태양에너지 일부분은 바닷속으로 투과되어 물을 가열한다. 한편 물의 비열은 크기 때문에 바닷물 표면의 온도는 육지보다 천천히 가열되어 바다 표면에 있는 공기도 빨리 가열되지 않기 때문에 난류의 발생이 적다. 그러므로 고도에 대한 속도 변화가 적고 또한 난류 강도가 적어서 풍력터빈에 대한 충격이 작아서 유지와 보수 횟수가 적고 수명은 길어진다. 그러나 보수 횟수 당 사용되는 경비가 육지보다 높아서 전체 비용은 많다. 또한 해상에는 특별히 바람의 진로를 방해하는 구조물이 없으므로 넓게 개방된 지역에 많은 풍력터빈을 설치할 수 있어서 대규모 풍력단지 조성에 알맞다.

7.1.2 후류 영향

해상풍력터빈은 한 개가 설치되는 것이 아니라 그림 7.1, 7.3 및 7.4와 같이 여러 개의 풍력터빈이 단지를 형성하게 되며 풍력터빈은 일정한 간격을 유지하면서 정렬 배열을 유지하고 있다. 따라서 바람이 제일 앞줄에 설치된 터빈의 날개를 통과하면서 운동에너지를 빼앗기기 때문에 후류에서 풍속이 감소하고 또한 와류가 발생하여 뒷줄에 있는 터빈의 작동에 상당한 영향을 미치므로 충분한 간격을 유지하면서 설치되어야 한다.

그림 7.3 덴마크 해안에 설치된 Horns Rev 해상풍력단지[2]

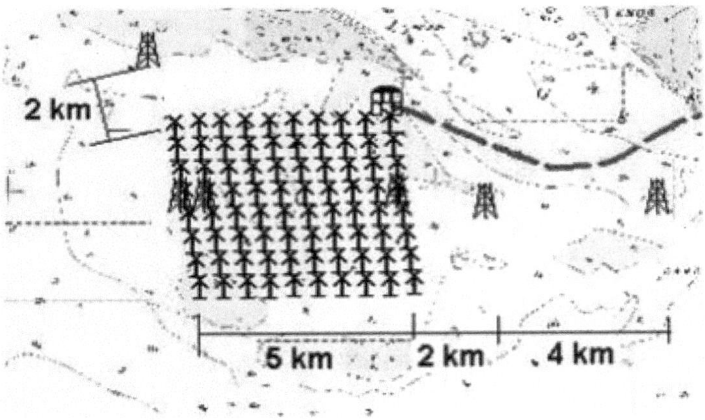

그림 7.4 덴마크 해안에 설치된 Horns Rev 해상풍력단지 설치도[3]

그림 7.3 및 7.4와 같이 설치된 Horns Rev 풍력단지는 날개 지름이 80 m인 풍력터빈 80개(10 x 8)가 날개 지름의 7배(7D) 간격으로 정렬 배열로 설치되었다. 대각선의 길이는 날개 지름의 10.4배(10.4D)이다. Nysted 풍력단지에는 날개 지름이 82 m인 풍력터빈 72개(8 x 9)가 앞뒤 간격을 날개 지름의 10.5배(10.5D)와 옆 간격을 5.8배(5.8D)의 거리로 설치되었다. 그림 7.5는 Horns Rev 단지와 Nysted 단지에서 풍향과 후류에서 출력의 변화를 나타내고 있다. 풍향과 풍력터빈 배열의 각도(270도, 278도)가 일치하는 때는 첫 번째 열 이후 터빈에서 출력은 40% 감소하였다. 그러나 풍향과 풍력터빈의 배열이 현저히 어긋나면(260도, 268도) 후류에서 출력은 서서히 감소함을 나타낸다. 조금이라도 풍향과 풍력터빈의 배열이 어긋나면 후류에서 출력이 증가함을 나타낸다. 따라서 해상풍력단지의 건설에 있어서 고려할 중요한 요소는 풍력터빈의 설치 간격과 지역에 부는 바람의 풍향이다[7, 8].

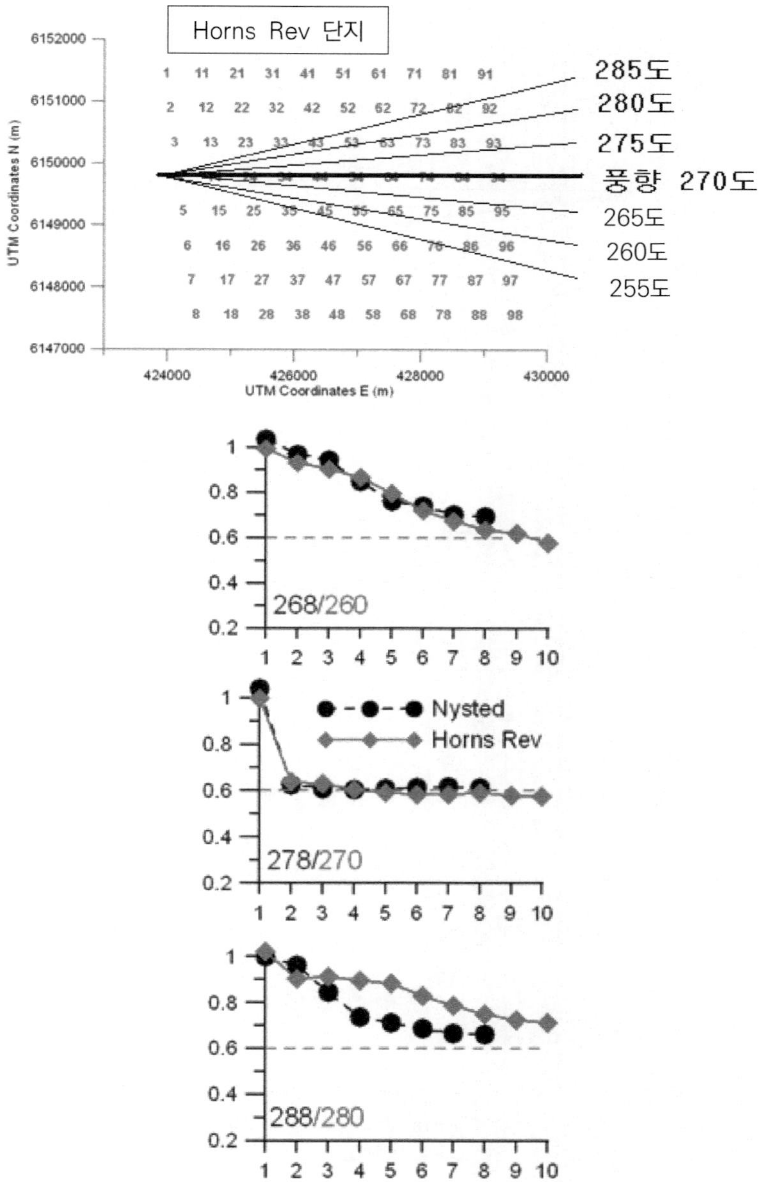

그림 7.5a Horns Rev와 Nysted 해상풍력단지 풍향 각도와 풍력터빈 출력 비교[7, 8]

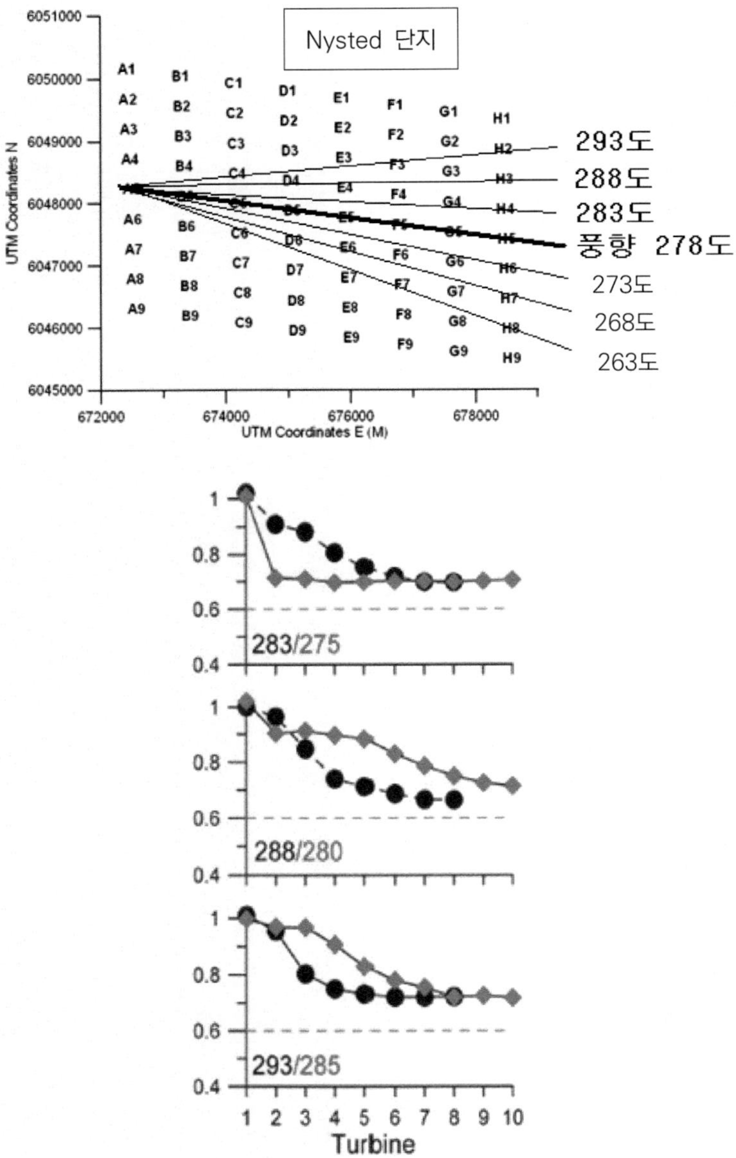

그림 7.5b Horns Rev와 Nysted 해상풍력단지 풍향 각도와 풍력터빈 출력 비교[7, 8]

그림 7.6은 풍력터빈이 바람의 운동에너지 일부를 이용하여 발전한 후에 풍력터빈 후방의 후류에서 바람의 속도와 압력 변화를 나타낸다. 후류는 보통 근접 후류(near wake)와 원거리 후류(far wake)로 분류하나 그림 7.6과 같이 근접 후류와 원거리 후류 사이에 중간후류를 넣기도 한다. 일반적으로 풍력터빈 후방에서 터빈 날개의 지름과 같은 크기의 거리까지를 근접 후류라 하며 터빈 날개의 형상에 따라 후류의 유동 형태가 결정된다. 근접 후류에서는 앞에 있는 터빈이 바람의 운동에너지를 이용하여 출력을 생산하였기 때문에 운동에너지의 감소로 바람의 속도가 현저히 낮고 반대로 압력은 높다. 이와 같은 속도의 감소를 속도결손(velocity deficit)이라 하며 속도결손은 근접 후류에서 가장 크고 그 이후에는 점점 감소한다. 중간후류와 원거리 후류에서는 풍속이 변하지 않은 경계선 밖에 있는 바람이 혼합되면서 풍속은 점진적으로 증가하고 압력은 감소하여 충분한 거리를 지나면 풍속과 압력은 터빈의 전방에서 바람의 풍속 및 압력과 같아진다. 따라서 다음 풍력터빈은 적어도 이곳 이후에 설치하여야 운동에너지를 충분히 이용할 수 있다. 따라서 풍력단지에서 앞줄과 뒷줄 사이와 양옆에 있는 풍력터빈 사이에 최소 거리가 필요하다.

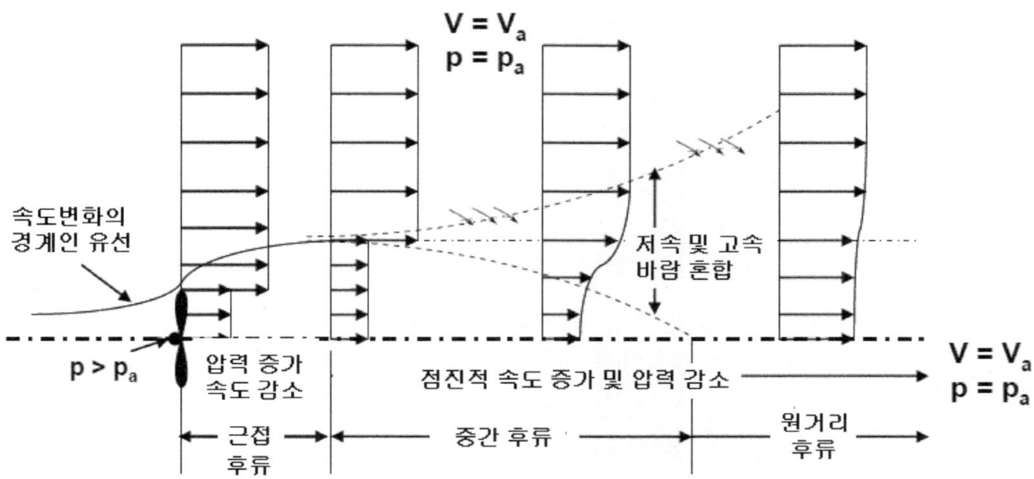

그림 7.6 풍력터빈 후류에서 속도 및 압력 변화[5]

후류의 길이를 줄이기 위해서는 후류의 외부에 있는 충분한 운동에너지를 가진 고속의 공기를 효과적으로 저속의 후류로 유입시켜야 한다. 외부 공기가 후류에 유입되면 바람의 운동에너지가 증가하고 후류의 영역이 증가하나 속도결손은 감소한다. 이와 같은 공기의 혼합은 후류에 있는 난류에 의하여 이루어진다. 후류에 있는 난류의 정도는 지역에 있는 바람의 난류 강도, 지면이나 해면의 거칠기, 바람의 고도에 따른 속도 변화와 날개, 나셀 및 타워의 형상에 따라서 좌우된다. 일반적으로 나셀과 타워에 의하여 형성되는 난류는 쉽게 소멸하고, 날개 끝에서 생성되는 와류도 날개 지름의 약 4배 거리 이내에서 소멸한다. 가장 큰 영향을 미치는 것은 지역에 불고 있는 바람이 가지는 난류의 강도이다. 그러나 일반적으로 바다에 부는 바람은 난류의 강도가 약하고 고도에 대한 속도의 변화가 작아서 후류의 길이가 상대적으로 길게 된다.[6]

7.2 해상풍력터빈 특성 및 현황

육지와 달리 해상풍력터빈에 미치는 외적 요인은 그림 7.7과 같이 매우 다양하다. 해상에는 바닷물의 조류와 파도에 의한 피칭, 롤링 및 요우잉 현상 외에 바람에 의하여 날개에 작용하는 추력과 벤딩모멘트가 있고, 전체 시스템의 하중과 하부 지지구조물에 작용하는 부력 등이 있다. 일부 지역에서는 떠다니는 빙하 조각에 의한 충돌 등도 고려해야 하며 해저에 설치되는 지지구조물의 형태에 따라서 보다 복잡한 제어시스템이 필요하다.

또한 해상풍력터빈의 주위 환경은 육상에서 작동하는 풍력터빈보다 매우 열악하다. 염분에 의한 부식과 낙뢰가 중요한 관심 사항이다. 따라서 풍력터빈의 모든 구조물은 부식방지 페인트로 특별히 도색 해야 하며, 나셀에 있는 모든 부품은 바닷바람이 함유한 염분에 의한 부식을 방지하기 위하여 밀폐시키고 나셀 내부는 사계절 온도를 조절하는 냉난방장치가 필요하다. 해상에서 빈번히 발생하는 낙뢰로부터 풍력터빈을 보호하기 위하여 낙뢰 방지 시스템도 설치된다. 한편 유지보수비용을 절약하기 위하여 자동윤활 시스템을 사용하여 움직이는 부품들의 고장을 예방하고, 고장이 잦은 기어박스를 보호하기 위하여 기어박스의 윤활유 온도를 조절하기 위하여 윤활유 온도조절 장치를 설치한다.

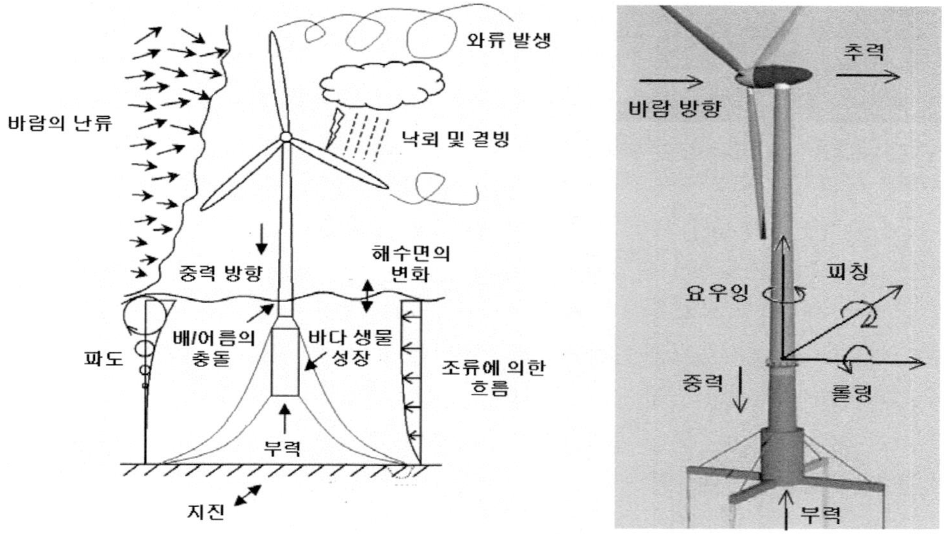

그림 7.7 해상풍력터빈에 영향을 미치는 요소 및 작용하는 힘[7]

해상풍력단지는 그림 7.8과 같은 시스템으로 구성되어 있다. ①은 풍력터빈을 해저에 고정하는 지지구조물로 콘크리트 또는 강철로 만든 중력구조물 또는 단일 강관기둥 등이 사용된다. ②와 ③은 풍력터빈의 날개와 나셀이고, ④는 발전한 전기를 수송하는 해저전선으로 각 풍력터빈에서 생성된 전기를 해상에 있는 변압기로 수송한다. ⑤는 변압기로 각 풍력터빈에서 공급된 전력의 전압을 승압하여 다시 해저전선을 통하여 육상에 있는 계통연결 송전설비⑥에 연결된다.

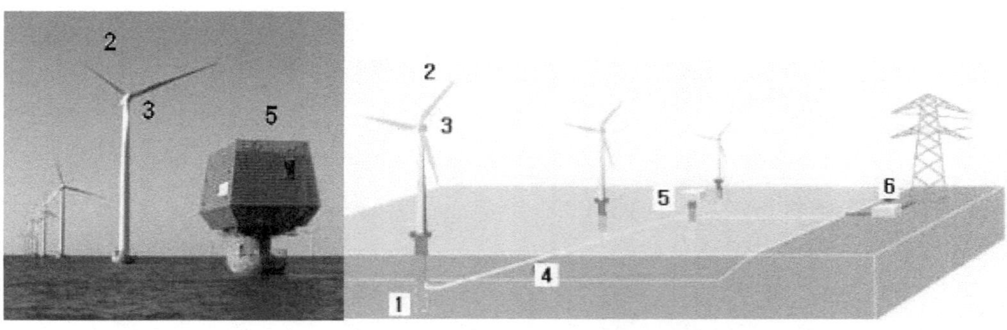

그림 7.8 해상풍력터빈의 발전시스템 구성도[8]

해상에는 풍속이 빠르고, 난류 강도(turbulence intensity)가 적은 바람이 연속적으로 불고 있어서 효율이 높은 대형의 풍력터빈을 설치할 수 있는 넓은 공간을 이용할 수 있는 장점이 있다. 특히 육지와 비교하여 바다의 표면은 장애물이 없고 평편하여서 고도에 따른 바람의 속도 변화가 작은 장점이 있다. 그러나 그림 7.8과 같이 바다에 설치하므로 수심에 따라서 다양한 형태의 타워의 하부 지지구조물이 해저에 필요하다. 타워와 하부 지지대는 바람과 파도에 의한 힘을 견딜 수 있도록 강하게 설계되어야 한다. 정비를 위하여 정박하는 배를 위하여 타워의 하부에 플랫폼 등 부수적 설비가 필요하며 이외에 설비를 나셀에 설치하고 해체하기 위하여 간단한 크레인이 필요하다. 구조물의 제작과 설치에 대한 비용과 터빈을 육상에서 해상으로 수송하여 설치하는 비용도 많다. 특히 설치 후 운용에 필요한 유지 및 보수비용이 일반적으로 많은 단점이 있다. 따라서 풍속의 증가로 전력 생산량은 증가하나 육상 풍력발전과 비교하여 추가되는 비용을 고려하여 경제성 분석을 필수적으로 선행해야 한다.

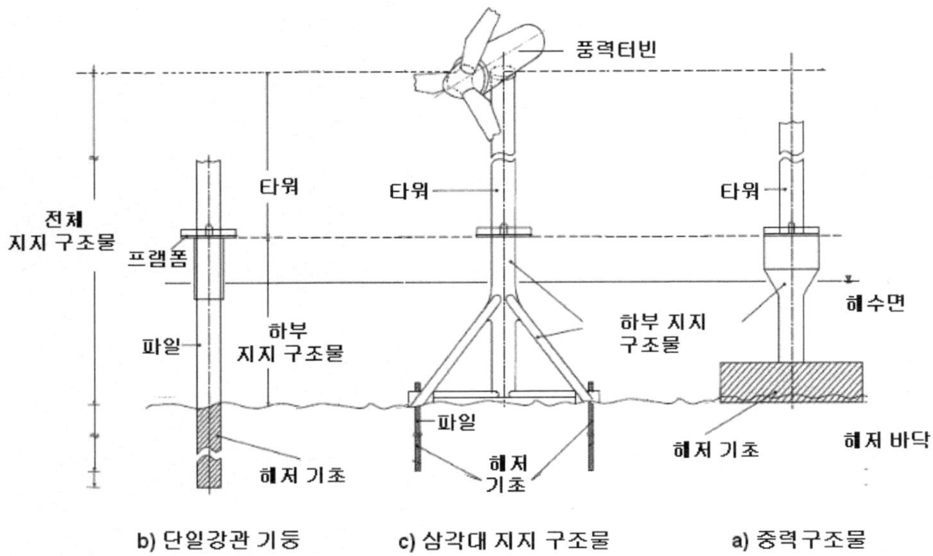

그림 7.9 해상풍력터빈의 지지구조물의 구성 요소 및 유형[9]

초기에는 0.5 MW 크기의 풍력터빈을 사용하는 빈데비(Vindeby) 풍력단지를 시작으로 작은 규모의 해상풍력단지가 건설되었다. 그 이후에 유럽에서 최대 3.6 MW의 대형 풍력터빈을 사용하는 10곳 이상의 풍력단지가 해상에 건설되었다. 설치된 해양의 수심은 5 ~ 15 m 정도로 낮아서 타워의 기초는 주로 콘크리트 구조물이나 단일 강철관을 사용하였다. 특히 대규모 해상풍력단지인 덴마크에 있는 Nysted 해상풍력단지[3]는 2.3 MW 풍력터빈 72개가 해안에서 10 km 떨어진 바다(수심 6 ~ 10 m)에 설치되어 있다. Horns Rev 해상풍력단지는 그림 7.3과 같이 2 MW 풍력터빈 80개가 해안에서 14 ~ 20 km 떨어진 해상(수심 6 ~ 14 m)에 80 m 로터 지름의 7배인 560 m 간격으로 정렬 배열로 설치되어 연간 600 GWh를 생산하고 있다. 2006년까지 초기 유럽에 건설된 단지를 요약하면 표 7.1과 같다.

표 7.1 2006년 기준 가동 중인 해상풍력단지 현황[8]

단지 명칭 (국가)	완공 연도	전체 용량 (MW)	풍력터빈 수
Vindeby(DK)	1991	4.95	11
Lely(NL)	1994	2	4
Tuno Knob(DK)	1995	5	10
Irene Vorrink(NL)	1996	16.8	28
Bockstigen-Valor(SE)	1998	2.5	5
Blyth(UK)	2000	4	2
Utgrunden(SE)	2000	10	7
Middelgrunden(DK)	2001	40	20
Yttre Stengrun(SE)	2001	10	5
Horns Rev(DK)	2002	160	80
Samso(DK)	2003	23	10
Ronland(DK)	2003	17.2	8
Frederikshavn(DK)	2003	10.6	4
Nysted(DK)	2003	165.6	72
Arklow Bank(IE)	2003	25.2	7
North Hoyle(UK)	2003	60	30

Scroby Sands(UK)	2004	60	30
Ems-Emden(DE)	2004	4.5	1
Kentish Flats(UK)	2005	90	30
Breitling(DE)	2006	2.3	1
Barrow(UK)	2006	90	30
Total		803.65	395

해상에 부는 바람의 풍속은 빠르고 일정하게 불기 때문에 보다 많은 출력을 얻기 위하여 일반적으로 해상풍력발전에 사용되는 터빈의 출력용량은 상대적으로 크다. 현재는 주로 5 ~ 10 MW가 사용되며 앞으로 더욱 증가하여 10 ~ 20 MW 용량의 풍력터빈이 사용될 예정이다. 해상풍력단지를 건설하는 나라는 주로 미국과 북유럽의 국가들이며, 아시아에 있는 한국, 중국, 대만과 일본 등이다. 앞으로 해상풍력은 더욱 큰 규모의 단지로 많은 나라에서 건설될 것으로 예상된다.

해상풍력터빈은 근본적으로 해상에 설치되기 때문에 육상풍력단지 건설보다 건설비용이 증가한다. 특히 타워 하부에 설치되는 별도의 지지구조물, 해저에 설치되는 송전선과 풍력터빈 설치비용 등이 월등히 높기 때문이다. 또한 설치 이후에도 유지보수비용이 높다. 표 7.2는 육상풍력단지와 해상풍력단지 건설비용의 항목별 비교를 나타낸다. 해상풍력단지는 풍력터빈이 차지하는 비중은 전체 비용의 50% 이하로 적지만 하부 지지구조물과 전력 송전선에 대한 비용이 약 50%에 이르고 있다. 부유식 해상풍력터빈은 하부 지지구조물과 송전선 비용이 더욱 큰 비중을 차지할 것으로 예상된다. 또한 해상에 설치에 필요한 특수선과 장비가 필요하므로 설치비용도 더욱 증가할 예정이다.

표 7.2 육상풍력단지와 해상풍력단지 건설비용 비교[9]

비용항목	육상풍력단지, %	해상풍력단지, %
풍력터빈	64	45
하부 지지구조물	16	25
전력 송전선	11	21
설치비용	0	7
기타	9	2

7.3 해상 설치 기술

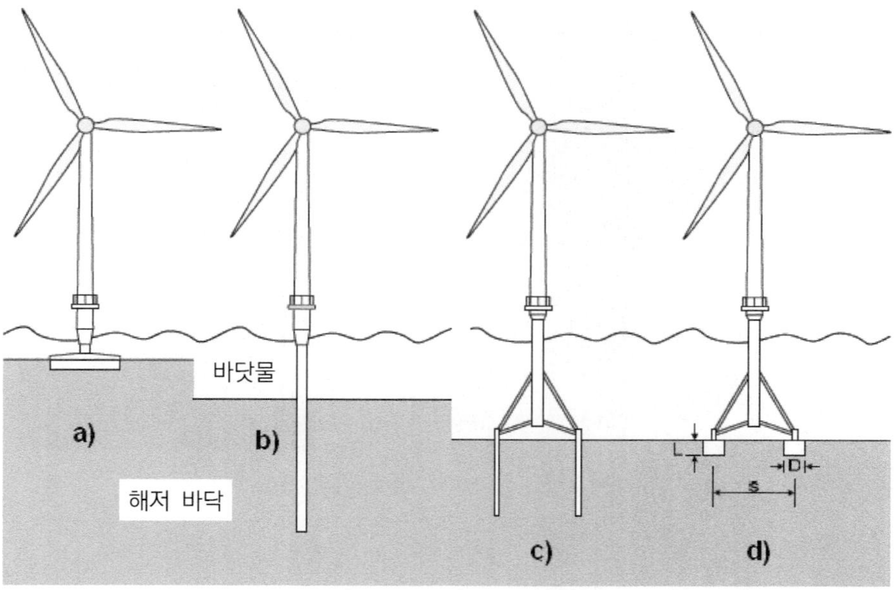

그림 7.10 얕은 바다에서 해상풍력터빈 설치 기술[11]

해상풍력발전의 경제성은 얼마나 저렴하게 해상에 터빈을 설치하느냐이다. 해상에 터빈을 설치하기 위하여 해저에 설치하는 기초는 여러 가지 방법이 사용되고 있다. 지금까지는 바다 깊이가 약 15 m 이내의 지역에 콘크리트 또는 강철로 된 중력구조물(그림 7.10a) 등을 사용하고 수심 30 m까지는 단일강관(그림 7.10b)을 사용하였다. 심해에는 부력과 케이블을 이용하여 물체를 바다에 고정하는 방법이 이용될 예정이다. 그러나 더욱 깊은 곳으로 갈수록 설치비용이 증가하고, 또한 터빈의 대형화로 타워 설치뿐만 아니라 나셀과 날개의 운반과 설치 및 해저 케이블 설치에 필요한 비용도 증가한다. 한편 해저의 대륙붕에서 원유를 채굴하는 설비가 이미 많이 가동되고 있어서 여기서 축적된 기술이 해상풍력터빈에 응용되고 있다. 이런 원유 채굴 시설은 수명이 50년이며, 많이 염려하는 바닷물에 의한 부식 등에 대한 대처 기술이 이미 개발되어 사용되고 있다.

7.3.1 중력구조물(gravity caisson foundation)

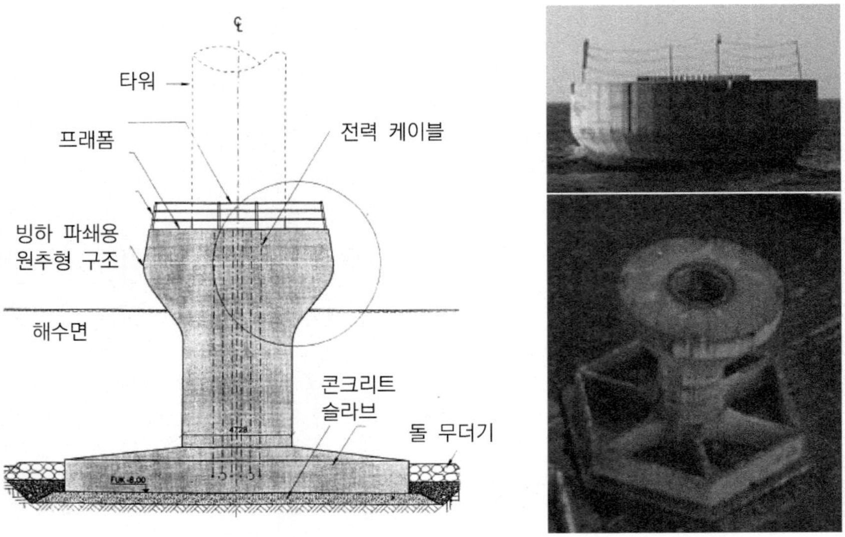

그림 7.11 해상풍력터빈의 기초로 사용된 중력구조물[12]

중력구조물의 개념은 중력을 이용하여 타워 하부에 있는 무거운 구조물이 타워를 수직으로 유지하는 방법으로 그림 7.10a) 및 7.11과 같다. 콘크리트나 강철로 사각형이나 원통형의 구조물을 만들어 해저에 설치하고 내부에 모래, 암석 또는 다른 무거운 물체로 채워서 무게를 무겁게 하면 그 위에 설치된 타워가 넘어지지 않고 터빈을 지지한다. 육상에서 형태를 만들어 풍력터빈이 설치될 장소로 운반하여 해저에 설치하고 물체를 채워서 고정한다. 그림 7.11에서 구조물과 타워 사이에 있는 원추형 형태는 유럽 북해의 바다에 떠다니는 빙하로부터 타워를 보호하기 위한 빙하 파쇄 장치이다. 이 방법은 해저에 설치하는 간단한 방법으로 덴마크의 Vindeby와 Nysted 등의 여러 곳의 풍력단지에 사용되었다. 그러나 콘크리트 구조는 약 1,000톤 정도로 매우 무거워 설치가 쉽지 않고 비용이 많이 들기 때문에 수심이 10 m 이상에는 사용하기 어려운 단점이 있다.

무거운 콘크리트의 단점을 보완하기 위하여 강철을 이용하여 넓은 사각형이나 원통형의 기초를 만들고 위에 강철관을 연결한 구조가 또한 사용되고 있다. 설치 후 모래와 같은 무거운 물질로 채워서 최종 무게는 같으나 설치 전까지는 상대적으로 가벼워서 운송하기 쉬우며 설치가 간단하여 짧은 시간에 많이 설치하는 장점이 있다. 수심 4 ~ 10 m에서 사용되는 경우 강철 틀은 80 ~ 100톤의 무게로 상대적으로 가벼워서 사용되는 크레인도 작으며 작업이 쉬워 많이 사용되고 있다.

7.3.2 단일강관(mono-pile)

그림 7.12 단일강관 하부 지지구조물 실례

그림 7.10b) 및 7.12와 같이 해저에 강관을 박고 그 위에 풍력터빈을 설치하는 단일강관은 상대적으로 가장 간단한 방법으로 단지 강관을 박는데 필요한 중장비가 추가로 사용된다. 해저에 암반이 있으면 드릴이나 폭약을 사용하여 먼저 구멍을 뚫고 강관을 설치한다. 파도의 크기나 바다에 떠다니는 얼음의 크기에 따라서 강관의 지름을 결정하나 보통 지름이 3.5 ~ 4.5 m의 강관을 해저의 상태에 따라서 10 ~ 20 m 정도 깊이로 박는다. 이 방법은 수심 30 m까지 깊이에서 많이 사용되며 실제 덴마크의 Horns Rev 풍력단지와 영국에 건설된 모든 풍력단지에서 이용되었다.

7.3.3 삼각대(tripod)와 사각대(tetrapod) 지지구조물

수심이 깊어지면 단일강관의 경우 강관의 지름이 증가하여 다루기가 어렵고 설치하기도 힘들어서 더 이상 유용한 방법이 아니다. 대안으로 그림 7.10c)와 7.10d) 같이 강관기둥의 하부에 삼각대(tripod) 또는 사각대(tetrapod) 형태의 지지대를 설치하는 방법이다. 그림 7.13과 같이 구조도 복잡하지 않고, 원통 강관의 지지대는 강관기둥을 지지하기 때문에 구조물의 강도도 증가하고 변형성도 작아져서 파도와 풍력터빈의 추력으로 발생하는 동적 거동을 견디기에 충분하여 깊은 수심에서 사용된다. 한편 무게도 가볍고 설치비용도 상대적으로 저렴하다. 따라서 수심 약 60 m까지는 이 방법이 추천된다.

그림 7.13 삼각대 지지구조물[13]

7.3.4 부유식구조물(floating foundation)

수심이 60 m 이상에서 사용될 수 있는 장치는 현재 해상에서 원유나 가스를 채굴하기 위하여 사용되는 부력을 이용한 설비들이다. 원유 설비에 작용하는 힘은 주로 파도에 의하여 생성되는 파력과 설비의 하중이다. 그러나 풍력터빈은 자체 하중 외에 해상 50 ~ 80 m에서 바람에 의한 풍력터빈에 가해지는 추력에 의하여 구조물을 넘어트리는 큰 벤딩모멘트가 작용한다. 따라서 부유식구조물은 풍력터빈의 자체 하중과 풍력터빈에 작용하는 피칭, 롤링, 요우잉 및 벤딩모멘트를 극복할 수 있을 정도의 충분한 부력이 필요하다. 아직 부유식구조물 기초는 그림 7.14와 같이 다양한 형태의 구조가 있을 수 있다. 그러나 모든 형태의 구조물은 공통으로 부력을 받는 부력탱크(buoyancy tank), 부력탱크를 정박시키는 케이블(mooring cable)과 앵커 또한 균형 유지용 밸러스트(ballast) 등으로 구성되어 있다.

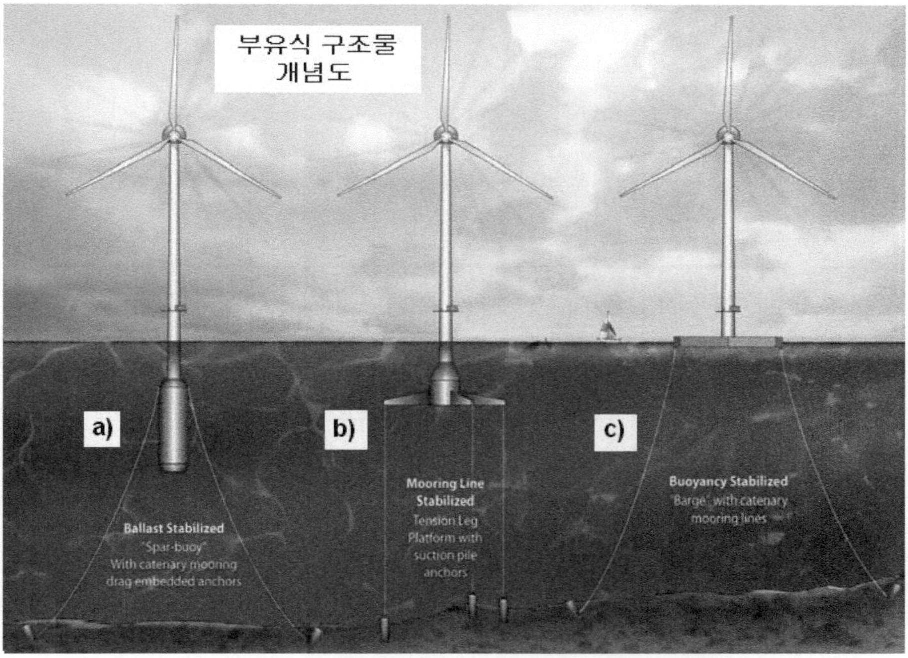

그림 7.14 심해에서 해상풍력터빈의 기초로 사용될 부유식구조물[7]

부력을 이용하는 다양한 형태의 부유식구조물은 정적평형(static stability)을 확보하는 방법에 따라서 다음과 같이 세 가지 유형으로 분류된다.

- 밸러스트(ballast)형 : 그림 7.14a)와 같이 부력탱크 아래에 균형을 유지하는 무거운 추를 매달아서 정적평형을 유지한다. 무게 추에 의하여 피칭과 롤링에 대한 저항이 있고 조류를 따라서 표류하는 것을 동시에 방지한다.

- 정박 케이블(mooring lines)형 : 그림 7.14b)와 같이 부력탱크를 고정하는 케이블을 이용하여 정적평형을 유지한다. 케이블이 해저에 있는 앵커에 단단히 고정되어 있어서 풍력터빈의 몸체가 흔들리면 케이블에 장력이 작용하여 흔들림을 방지한다.
- 부력(buoyancy)형 : 그림 7.14c)와 같이 상대적으로 면적이 넓은 부력탱크를 이용하여 정적평형을 유지한다. 일종의 바지선(barge)을 이용하는 방법이다.

앞에서 설명된 지지구조물의 특징을 요약하면 표 7.3과 같다. 현재까지 중력구조물과 단일강관이 대부분의 해상풍력단지에 사용되었다. 특히 단일강관은 해저가 모래로 이루어진 유럽의 많은 단지에 가장 경제적이어서 많이 사용되었다.

표 7.3 해상풍력터빈 지지구조물 요약

구조물 형태	적용 분야	장점	단점
중력구조물 (콘크리트)	수심 15 m 이내의 모든 해저에 설치	- 바다에 띄워서 수송 가능	- 무게가 무거워 수송 및 설치에 고비용
중력구조물 (강철)	콘크리트 보다 깊은 수심 설치 가능	- 콘크리트 보다 가벼워 수송 및 설치가 용이 - 특히 터빈을 설치하는 크레인으로 설치 가능	- 바닷물에 의한 부식방지에 대한 비용이 있고, 수심이 얇은 곳에는 콘크리트 보다 고비용임
단일강관	수심 30 m까지 설치 가능, 지름 4 m 정도는 이용 중	- 가볍고, 간단하며 다양한 곳에 사용 가능	- 암반이 있는 해저는 미리 드릴 작업이 필요
삼각대/사각대형 지지구조물	수심 30 m 이상의 해저에 이용 가능	- 매우 견고하며 다양한 형태로 설치 가능	- 제작 및 설치비용이 높고, 제거하기 어려움
부유식구조물	심해에 이용 가능 (60 m 이상)	- 심해에 이용할 수 있나 상대적으로 저렴함 - 바다의 깊이에 덜 민감함	- 정박장치나 플랫폼의 제작이 고비용 - 근처에 선박의 운항이 금지됨

7.3.5 부유식구조물(floating foundation) 설치 사례

노르웨이 에너지회사 에퀴노르(Equinor ASA)는 영국 스코틀랜드 에버딘(Aberdeen) 해안에서 25 km 떨어진 수심 120 m 해상에 30 MW 규모의 부유식 해상풍력발전단지(Hywind wind farm)를 세계 최초로 2017년에 완공하였다. 풍력발전기 한 대당 6 MW 정격출력을 생산하는 발전기 5대를 720 ~ 1,600 m 간격으로 설치하였다. 풍력발전기 높이는 총 253 m로 길이 78 m의 밸러스트(Ballast)가 수면 아래에 잠겨 있어서 균형을 유지하고, 총 1,200톤의 체인이 해저 바닥과 연결하여 해저에 고정되어 있다. 프로젝트는 2억 6천만 달러가 투자되어 한 대당 약 5.2천만 달러가 투자된 대형 프로젝트이다.

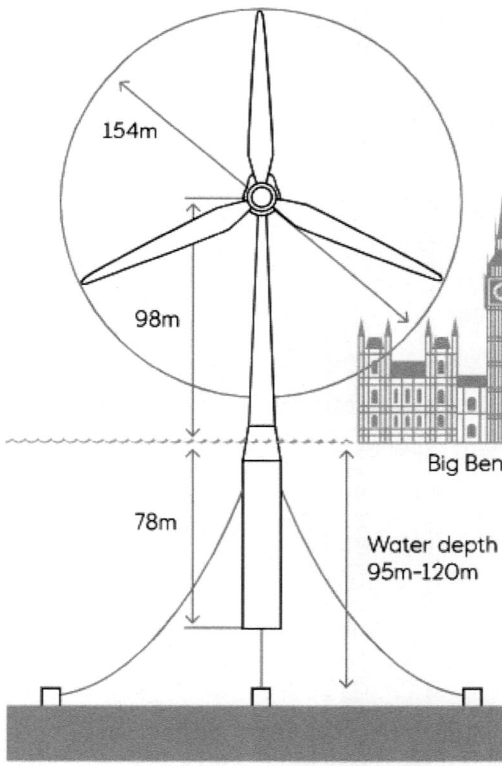

그림 7.15 하이윈 풍력단지(Hywind Wind farm) 부유식구조물[9]

표 7.4 하이윈 풍력단지(Hywind Wind farm) 재원 요약[9]

수심	95 ~ 120 m
해안에서 거리	25 km
터빈 높이	98 m
전체 높이 (날개 끝에서 밸러스트 끝까지)	253 m
밸러스트 길이	78 m
날개 지름	154 m
정격풍속	10.1 m/s(36 km/h)
정격출력	6 MW

7.4 해양환경 영향

해상풍력터빈이 해양환경에 미치는 영향을 살펴보면 하부 지지구조물의 설치에 따른 영향, 완공 후에 정규적인 유지와 보수 때 사용되는 선박의 이동 등에 의한 영향과 설치된 지지구조물에 의한 해양생물에 미치는 영향 등으로 분류할 수 있다. 해저 구조물의 설치에 따른 바다 바닥의 평탄 작업이나 강철관의 매립 때 발생하는 해저 바닥의 환경파괴가 여러 가지 해양생물에 일시적으로 영향을 미친다. 그러나 설치된 구조물은 또한 여러 해양생물의 서식지를 제공한다. 풍력터빈에서 육지까지 전력을 송전하는 해저 전력선 매설은 또 다른 해저 바닥의 환경을 일시적으로 훼손시키는 작업으로 많은 주의가 필요하다. Nysted 풍력단지의 경우 폭 10m의 전력선 매설 지역에 해양생물이 완전히 회복되었다.

표 7.5는 덴마크에 설치된 Horns Rev와 Nysted 해상풍력단지에 관한 환경영향평가 연구 결과[15]이다. 해양 포유동물은 풍력터빈 설치 시 발생하는 각종 소음과 진동으로 해양 포유동물들이 일시적으로 지역을 떠났으나 건설이 끝난 후에는 활동이 정상으로 회복되었다. 하부 지지대가 인공어초의 역할을 하여 어류 활동에는 긍정적인 효과가 관측되었다. 철새들의 활동을 레이더, 비행기와 망원경을 사용하여 관찰한 결과 그림 7.15와 같이 철새들은 1 km 전방에서 미리 풍력터빈의 존재를 인식하고 풍력터빈 사이로 날아가거나 완전히 풍력단지를 우회하여 이동하는 것으로 관측되었다.

표 7.5 해상풍력터빈 해양환경 영향평가 요약[15]

<table>
<tr><th>조사 대상</th><th>Horns Rev.</th><th>Nysted</th></tr>
<tr><td>어류</td><td colspan="2">- 하부 지지대가 인공어초의 역할
- 어류의 활동에 긍정적 효과</td></tr>
<tr><td>조류</td><td colspan="2">- 일반적으로 조류는 풍력단지를 우회함
- 일부 조류는 서식지를 옮김
- 풍력터빈과 충돌 확률은 낮음
- 총 조류 수는 거의 영향이 없음</td></tr>
<tr><td rowspan="2">포유류</td><td colspan="2">- 바다표범은 하부 지지대 설치 때 영향을 받음
- 바다 및 해변에서 바다표범의 행동에 특별한 변화는 관찰되지 않음</td></tr>
<tr><td>- 건설 기간에 돌고래 수는 약간 감소
- 완공 후에 회복됨</td><td>- 건설 기간에 돌고래 수는 현저히 감소
- 완공 2년 후에 일부 회복됨</td></tr>
</table>

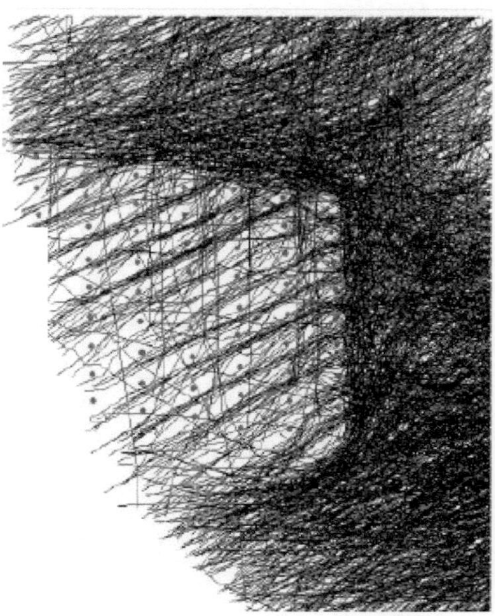

그림 7.15 2004년 가을 덴마크 Nysted 풍력단지의 철새 이동경로 관측 결과[15]

CHAPTER 8 해양 에너지

8.1 조력발전

8.2 조류발전

8.3 파력발전

8.4 해수온도차 발전

해양에너지(ocean energy)는 조력, 조류, 파력 및 해수온도차 에너지로 분류되며 청정하고 무한하다. 그러나 에너지 밀도가 낮고 출력의 변동이 심하며 대규모 투자에 비하여 단기간의 이익을 얻기 힘들어서 실용화가 더디다. 삼면이 바다로 둘러싸여 반도로 이루어진 우리나라는 다양한 형태의 해양에너지를 이용할 수 있는 좋은 입지 조건을 갖추고 있다. 대표적으로 서해는 간만의 차이가(8 m) 크며 수심이 얕고, 해안선의 굴곡이 심하여 다양한 형태의 만이 있다. 따라서 만을 가로지르는 방조제를 설치하면 적은 건설비로 대용량의 조력발전을 할 수 있다. 그림 8.1과 같이 시화호, 가로림만, 천수만, 인천만 등의 후보지가 있다. 또한 임진왜란 때 이순신 장군이 해전에 이용했던 울돌목은 빠른 조류로 유명하다. 이처럼 서남해안의 해안은 리아스식 해안으로 조류가 빠른 특징이 있어 조류발전의 유망한 후보지다. 동해와 제주도 근해는 파도가 높고 수심이 깊어 파력발전과 해수온도차 발전이 유망하다.

연구기관의 조사에 따르면 우리나라 연안에는 조류 100만 kW, 조력 650만 kW와 파력 650만 kW 등 해양에너지의 자원이 1,400만 kW에 달할 것으로 추정된다. 우선 시화호에 25.4만 kW의 조력발전소 완공을 시작으로 가로림만에 50만 kW의 조력발전을 계획하고 있다. 또한 울돌목에 500 kW의 조류발전이 시험 운영되고 있다.

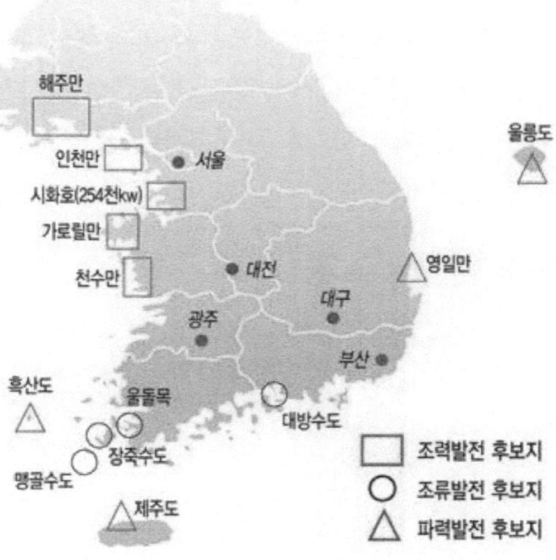

그림 8.1 조력, 조류 및 파력발전 유망지[1]

해양에너지는 에너지양이 매우 많고 고갈될 염려가 없으나 에너지 밀도가 낮다. 청정에너지로 해양이나 대기오염의 염려는 없으나 건설 입지 선정이 까다롭고, 조력발전의 경우 방조제로 바다 일부를 차단하면 환경변화를 염려해야 한다. 조류, 파력 및 해수온도차 등의 경우 전력의 출력 변동이 심하고 육상으로 송전이 어려운 단점이 있다. 또한 해양에너지는 조력발전을 제외하면 아직 실용화되지 않고 개발단계에 있다. 해양에너지를 실용화하기 위해서는 출력을 안정시키고, 시스템의 가동률과 효율을 높이는 노력이 필요하다.

8.1 조력발전

조력발전(tidal power)은 바닷물의 수위 차이를 이용하는 발전 방법으로 원리는 저 낙차 수력발전과 유사하다. 지구 주위를 돌고 있는 달과 태양의 인력과 지구가 자전으로 발생하는 원심력이 바닷물에 상호작용하여 하루에 두 번씩 바닷물의 높이가 주기적으로 높아졌다 낮아졌다 하는 현상이 일어난다. 이런 조석 현상은 어느 정도 규칙성을 가지고 있으나 물의 관성, 대륙의 존재 및 수심 등의 영향에 의하여 지표의 모든 곳에 같은 현상이 발생하지 않는다. 따라서 일부 지역은 상대적으로 조석이 심하며, 일부 지역에서는 전혀 일어나지 않는 지역도 있다. 조석이 심한 곳은 캐나다 서해안, 스페인에서 영국에 이르는 유럽의 서해안, 오스트레일리아의 서북 해안, 뉴질랜드의 서해안, 아프리카 대륙의 동해안, 중남미의 서해안 등이 대표적으로 그림 8.2와 표 8.1에서 자세히 알 수 있다.

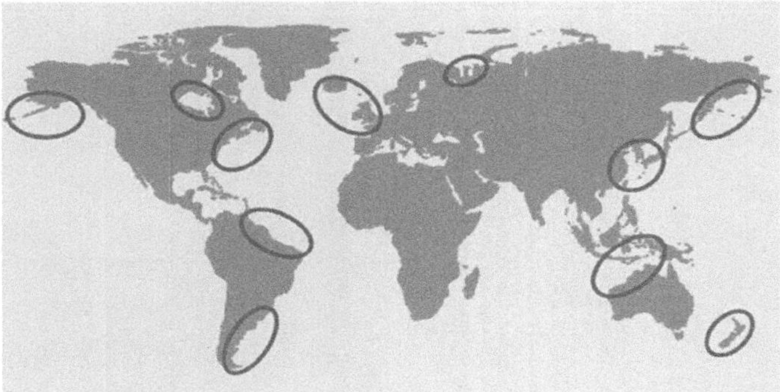

그림 8.2 세계적 조력발전 후보 지역

표 8.1 세계의 주요 조석 발생지역[2]

국명	지역명	평균 높이 (m)	유역면적 (km^2)	최대 용량 (MW)
호주	Secure Bay	10.9	-	-
캐나다	Cobequid	12.4	240	5338
	Cumberland	10.9	90	1400
인도	Cambay	6.8	1970	7000
한국	가로림만	4.7	100	520
	시화호	5.6	-	254
멕시코	Rio Colorado	6 ~ 7	-	
영국	Severn	7.8	450	8640
	Mersey	6.5	61	700
미국	Knik Arm, Alaska	7.5	-	2900
	Turnagain Arm, Alaska	7.5	-	6501
러시아	Mezen	9.1	2300	19200

조력발전은 밀물과 썰물의 반복적 특성으로 발전량을 장기적으로 예측할 수 있어서 전기를 안정적이고 지속해서 공급할 수 있다. 낙차는 작지만 물의 밀도가 공기에 비하여 약 1,000배 정도 크기 때문에 조력의 에너지 밀도가 커서 대규모 발전이 가능하다. 따라서 한번 건설하면 저렴하게 전기를 공급할 수 있는 장점이 있다. 그러나 유효낙차가 작아서 넓은 저수지 면적이 필요하며, 저수지의 조성으로 해안의 환경변화가 발생할 염려가 있는 단점이 있다.

8.1.1 조력발전 원리

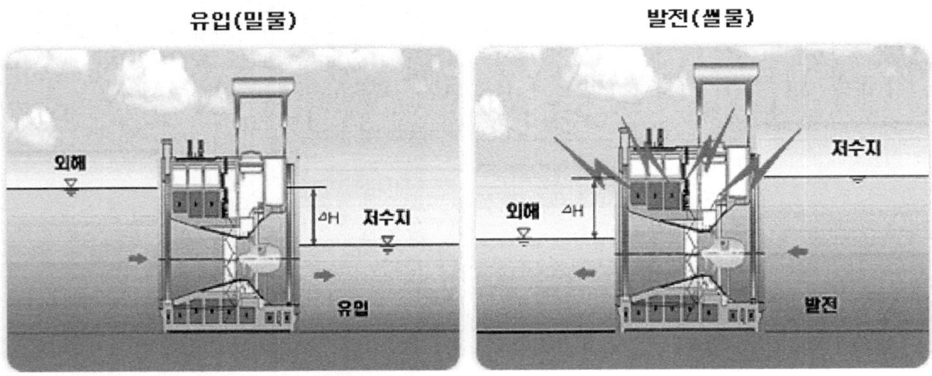

그림 8.3 낙조식 조력발전 개념도

달과 태양의 인력과 지구의 자전에서 생기는 원심력에 의하여 발생하는 수면의 상승과 하강에 의한 물의 위치에너지를 수차를 이용하여 기계에너지로 바꾸고, 수차에 연결된 발전기를 회전시켜 전기에너지를 생산하는 방법을 조력발전이라 한다. 따라서 그림 8.3과 같이 조석현상이 발생하는 강 하구나 해안의 만을 방조제로 막아 밀물 때 해수를 유입시켜서 가두고, 썰물로 외해와 저수지의 수위차(ΔH)가 발생하면 방조제에 설치된 수차를 이용하여 발전한다.

일반적으로 바다를 가로막은 방조제에 수문이 설치되어 밀물로 바다의 수면이 높아지면 수문을 개방하여 저수지에 물을 채우고 수문을 닫는다. 썰물이 되어 바다의 수위가 낮아지면 수문을 개방하여 수문 아래에 설치된 터빈을 작동시켜서 전기에너지를 생산한다. 다시 밀물이 되면 저수지에 물을 채우는 방법을 되풀이한다. 하루에 밀물과 썰물이 2회 되풀이되므로 하루에 2회 발전할 수 있으며, 때에 따라서는 저수지에 물이 들어오고 나가는 모든 경우에 터빈을 작동시키면 하루에 4회 발전할 수 있다. 밀물과 썰물의 시간은 항상 예측할 수 있으므로 발전 시기를 예상할 수 있고 일정량의 전기를 생산할 수 있는 장점이 있다.

발전에 사용되는 대표적인 터빈은 벌브(Bulb)형과 스트라플로(Straflo)형이 있으나 벌브형이 많이 사용되고 있다. 벌브형은 그림 8.4와 같이 전구와 같은 형태를 가지며 내부에 발전기가 설치되어 터빈과 축으로 연결되어 있다. 소용돌이 없이 물이 수차의 축방향으로 흐르게 되어 손실이 적고 효율이 높으며 주로 저 낙차에 사용된다.

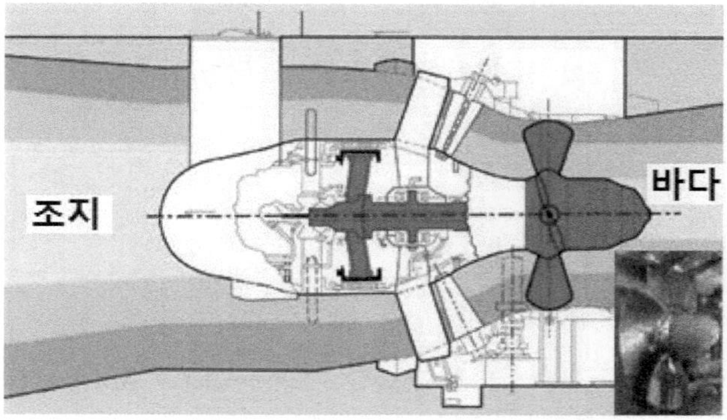

그림 8.4 조력발전에 사용되는 벌브형 터빈

방조제 안의 저수지에 있는 물이 가지는 위치에너지를 계산하면 다음과 같다.

$$E = mg\Delta H \quad \text{(J)} \tag{8.1}$$

식에서 m은 저수지에 있는 물의 질량, ΔH는 간만의 차이에 의한 수위의 변화, g는 중력가속도로 9.8 m/s^2의 값이다. 한편 질량은 다음과 같다.

$$m = \rho A \Delta H \quad \text{(kg)} \tag{8.2}$$

식 8.2를 8.1에 대입하면 에너지는 다음과 같이 나타낼 수 있다

$$E = \rho g A (\Delta H)^2 \quad \text{(J)} \tag{8.3}$$

위 식에서 에너지는 수위 차의 제곱에 비례하므로 바닷물의 수위 차가 매우 중요한 요소가 된다. 식 8.3에 터빈과 발전기의 효율을 곱하면 예상되는 발전량을 계산할 수 있다.

예제 8-1) 저수지의 면적이 9 km^2이며, 간만의 차이가 10 m이면 발전할 수 있는 전기량을 계산하라. 하루에 2회 만조와 간조가 있고, 터빈과 발전기의 효율은 각각 85%와 90%이다.

❖ **풀이** : 바닷물의 밀도를 1025 kg/m^3로 가정하고, 식 8.3에 주어진 값을 대입하면 다음과 같다.

$$E = \rho g A(\Delta H)^2 = 1025 \times 9.8 \times 9 \times 10^6 \times 10^2$$
$$= 9041 \times 10^9\ J$$

단류식을 이용하면 하루에 두 번의 만조가 있어서 저수지에 두 번 바닷물을 저장하고 발전을 할 수 있다면 하루의 발전량은 위의 값에 2를 곱해야 한다.

$$E_d = 2 \times E = 2 \times 9041 \times 10^9 = 1808.2 \times 10^4\ MJ$$

하루를 기준으로 24시간으로 나누면 다음과 같다.

$$E_d = 1808.2 \times 10^4 / (24 \times 60 \times 60) = 209.3\ MW$$

이 값에 터빈의 효율과 발전기의 효율을 곱하면 실제 전기에너지를 구할 수 있다.

$$E_d = 209.3 \times 0.85 \times 0.90 = 160.2\ MW$$

이 값이 조력발전소의 발전 용량이다. 그러나 실제는 발전을 계속하면 저수지의 수위가 낮아져서 위치에너지가 줄어 발전량은 적어진다.

8.1.2 조력발전 방식

조력발전의 방식에는 밀물 또는 썰물 때 한 번만 발전하는 단류식과 밀물과 썰물 때 모두 발전하는 복류식으로 구분하며, 사용하는 저수지의 수에 따라서 단조지식과 복조지식이 있다. 단류식은 낙조식과 창조식이 있으며, 낙조식은 밀물 때 조지(조지는 물을 저장하는 저수지를 의미)에 물을 채우고 썰물 때 조지와 수위가 낮아진 외해의 수위 차이를 이용하는 발전방식이다. 그림 8.5와 같이 낙조식은 조지에 물을 채우는 충수시간, 바다의 수위가 낮아지는 대기시간, 발전시간으로 구성된 한 사이클이 되풀이한다(충수 -> 대기 -> 발전). 따라서 충수시간과 대기시간에는 발전을 못 하여 발전이 연속적이지 못하다.

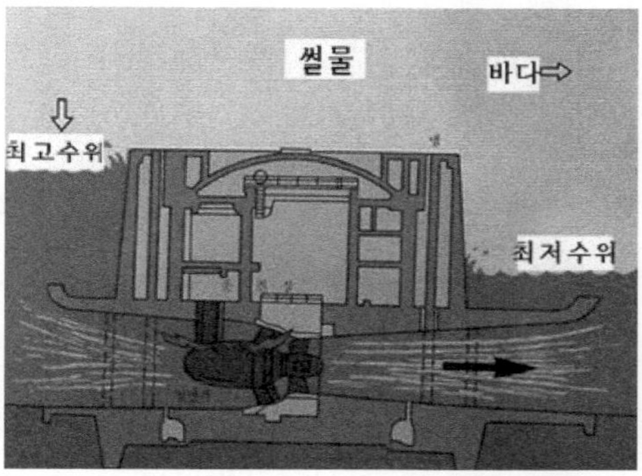

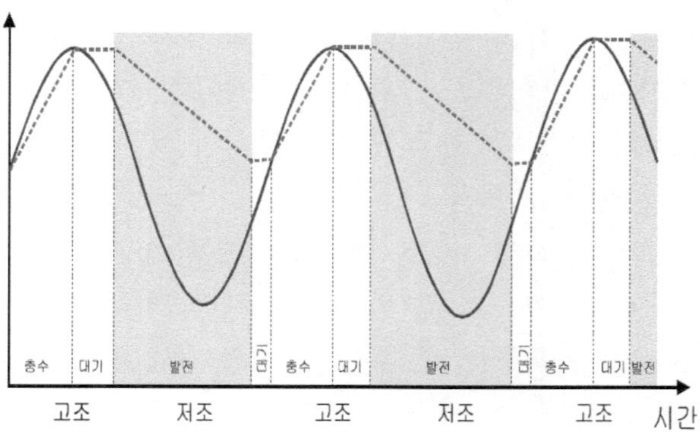

그림 8.5 낙조식의 수위 변화와 발전 사이클[3]

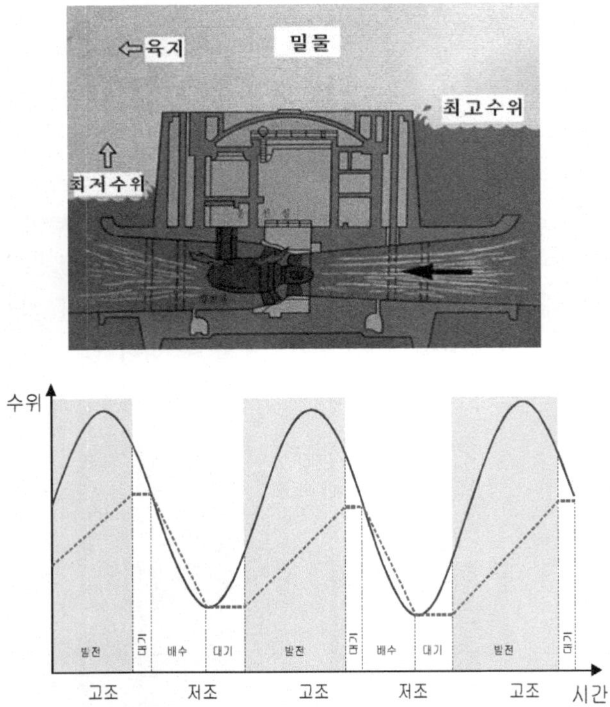

그림 8.6 창조식의 수위 변화와 발전 사이클[3]

또 다른 단류식은 밀물 때 수위가 높아진 외해와 조지의 수위 차이를 이용하여 발전하고 썰물 때 조지의 물을 방출하는 창조식 발전방식이다. 그림 8.6과 같이 바닷물이 밀려들면 발전하고, 썰물이 되면 배수하고 대기 후 밀물이 되면 다시 발전을 시작하는 사이클이 진행된다(**발전 -> 배수 -> 대기**).

복류식은 낙조식과 창조식을 복합한 것으로 밀물과 썰물 때 발생하는 외해와 조지의 수위 차이를 이용하여 양방향으로 두 번 발전하는 방식이다. 최대의 수위 차이를 이용할 수는 없으나, 썰물과 밀물 모두를 이용할 수 있어서 더욱 연속적으로 발전하는 장점이 있다. 그림 8.7은 복류식 발전 사이클을 보여주고 있다. 사이클에서 밀물과 썰물 기간에도 발전하므로 충수 및 배수 시간이 짧고 발전하는 시간이 상대적으로 길다.

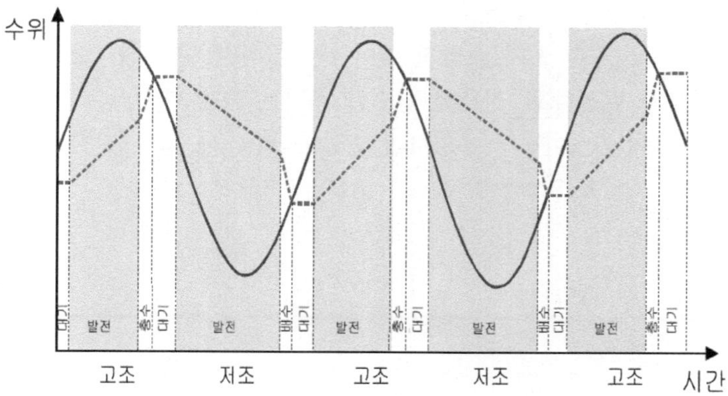

그림 8.7 복류식 발전의 수위 변화와 발전 사이클[3]

복조지식은 그림 8.8과 같이 두 개의 저수지를 이용하는 방법으로 건설비용이 매우 많으나 계속하여 발전하므로 출력의 단속성을 완화할 수 있다. 복조지식은 다시 연결식과 분리식으로 구분한다. 연결식은 조력발전 대상지점의 지형상 2개의 조지 형성이 가능할 경우 하나를 고수위 저수지, 다른 하나는 저수위 저수지로 조성하여 2개 저수지 사이의 수위 차이를 이용한다. 즉 외해의 조석 변화에 따라서 고수위 저수지와 저수위 저수지의 수문을 조작하여, 고수위 저수지에서 저수위 저수지로 해수를 유통하면서 연속적으로 발전한다. 그러나 충분한 수위 차이를 얻기 힘들어서 발전효율이 떨어진다.

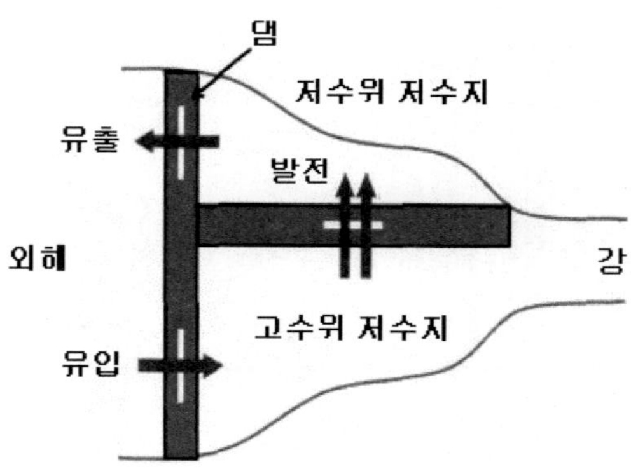

그림 8.8 복조지식 발전의 발전 사이클

분리식은 2개의 조지를 단류식으로 운영하는 방법이다. 즉 밀물 때 한쪽 조지는 창조식 발전하는 동안 다른 쪽 조지는 발전 없이 단순히 물을 채운다. 썰물이 되면 물이 채워진 조지에서 낙조식 발전하고, 창조식 발전한 조지는 물을 배수하여 다음 밀물 때 수행할 창조식 발전에 대비한다. 이렇게 운영하면 밀물과 썰물 때 모두 발전을 할 수 있다. 조력발전 방식을 요약하면 표 8.2와 같다.

표 8.2 조력발전 방식 요약

<table>
<tr><th colspan="3">분 류</th><th>특 징</th><th>장 · 단점</th></tr>
<tr><td rowspan="3">해류 이용 회수</td><td rowspan="2">단류식</td><td>창조식</td><td>밀물 때 발전하고, 썰물 시 조지의 물을 방출</td><td rowspan="2">비용이 저렴함, 발전이 불연속적임, 대표적으로 사용 중인 방식</td></tr>
<tr><td>낙조식</td><td>밀물 때 조지에 물을 채우고, 썰물 때 발전</td></tr>
<tr><td colspan="2">복류식</td><td>밀물과 썰물 때 발생하는 수위 차이를 이용하여 밀물과 썰물 양방향으로 발전</td><td>발전이 연속이나, 이용하는 낙차가 적어 발전효율이 낮음</td></tr>
<tr><td rowspan="3">조지 수</td><td colspan="2">단조지</td><td>하나의 조지를 이용하여 위의 단류식이나 복류식을 이용하여 발전</td><td>비용이 저렴함, 단류식 이용 시 발전이 불연속적임</td></tr>
<tr><td rowspan="2">복조지</td><td>연결식</td><td>2개의 조지를 이용하여 고조지에서 저조지로 물을 유통하도록 하면서 발전.</td><td rowspan="2">건설 비용이 많이 드나, 연속 발전이 가능함.</td></tr>
<tr><td>분리식</td><td>2개의 조지에 각각의 터빈을 설치하여 하나는 창조식 다른 하나는 낙조식으로 운영함.</td></tr>
</table>

8.1.3 국내외 현황

현재까지 국내외에서 가동 중인 발전시스템은 표 8.3과 같이 5개소에 불과하다. 그림 8.9와 같이 1966년에 프랑스 생말로 지방의 랑스강 하구에 건설된 조력발전소는 가장 성공적으로 운영되는 대표적인 조력발전소이다. 24 MW 수차 10기가 설치되어 발전 용량도 240 MW로 시화호 조력발전소가 완공되기 전에는 세계 최대 규모였다. 또한 조력발전소 덕분에 많은 관광객의 방문으로 세계적인 관광지로 유명하다. 캐나다 노바스코디아 지방의 펀디만에 건설된 아나폴리스 조력발전소는 평균낙차가 7m이며, 20 MW의 스트라플로 수차 발전기 1기가 설치되어 연간 50 GWh의 전력을 생산하고 있다.

표 8.3 국내외 조력발전소

발전소 명	최대조차/평균 (m)	시설용량 (MW)	준공연도	연간 발전량 (GWh)	발전방식	수차 형식
랑스 (프랑스)	13.5/8.5	240 (10기)	1966	544	복류식	벌브
아나폴리스 (캐나다)	8.7/7	20 (1기)	1984	50	단류식 (낙조식)	스트라프로
지앙시아 (중국)	8.39/-	3.2	1980~1985	6.0	복류식	벌브
키스라야구바 (러시아)	3.9/-	0.4	1968	1.2	복류식	-
시화호	9/5.6	254 (10기)	2011	552	단류식 (창조식)	벌브
가로림만	7.9/-	520 (20기)	미정	950	단류식 (낙조식)	벌브

그림 8.9 프랑스 랑스 조력발전소

국내에서는 시화호 방조제에 조력발전소가 2011년에 완공되어 254 MW의 전기를 생산 중이며, 소양강 수력발전의 1.5배 규모이다. 연간 약 86만 배럴의 원유 대체효과와 31.5만 톤의 이산화탄소 줄이는 효과를 얻고 있다. 시화호 조력발전소는 현재 가동 중인 발전소 중에서 세계에서 제일 큰 발전 용량을 가지고 있다. 단류식 창조발전으로 외해에서 바닷물이 호수에 유입될 때 발전이 이루어진다. 정격 낙차가 5.8 m 정도이고, 수차당 흐르는 바닷물의 유량은 482.1 m^3/s로 수차 1기당 약 25.4 MW를 생산한다. 또 다른 대규모 조력발전소 후보지인 가로림만은 매우 유망한 후보지이나 지역 주민과 환경단체의 반대로 건설이 지연되고 있다.

그림 8.10은 시화호 방조제에 설치된 발전설비와 수문의 배치도를 나타내며, 적절한 낙차를 유지하기 위하여 그림 8.11과 같은 발전 사이클에 따라서 방조제의 수문과 수차의 문을 여닫는다. 창조식 발전이므로 발전에 필요한 최소한의 낙차가 조성될 때까지 수차의 수문과 방조제의 수문을 모두 닫고 기다리며, 이 기간을 대기상태라 한다. 썰물이 되어 외해의 수위가 상승하여 최소한의 낙차가 형성되면 수차의 수문을 열고 발전을 시작하며, 이때를 발전상태라 한다. 따라서 저수지의 수위도 조금씩 상승하지만, 외해의 수위가 훨씬 빨리 상승하여 낙차는 점점 커진다. 계속하여 발전하는 동안 밀물이 되어 외해의

수위가 내려가기 시작하며, 동시에 저수지의 수위는 발전으로 유입되는 바닷물에 의하여 계속하여 상승한다. 그러나 최소한의 낙차가 유지되는 동안 발전은 계속하다 낙차가 최솟값 이하로 내려가면 제방의 수문과 수차의 수문을 모두 닫고 기다리는 대기상태를 유지한다. 밀물이 계속되어 외해의 수위가 저수지의 수위 아래로 내려가면 제방의 수문과 수차의 수문을 모두 열고 저수지의 수위를 낮춘다. 이 기간을 배수라 한다. 밀물이 끝나고 썰물이 시작되어 다시 외해의 수위가 저수지의 수위와 같아지면 모든 수문을 닫고 외해의 수위가 더욱 상승하여 낙차가 발전에 필요한 최소치에 도달할 때까지 기다리는 대기상태를 유지한다. 이렇게 대기, 발전, 대기, 배수를 반복하여 한 번의 발전 사이클을 완성한다. 하루에 이와 같은 사이클이 두 번 이루어지며 하루에 두 번 발전한다.

그림 8.10 시화호 조력발전소 수차와 수문의 배치도

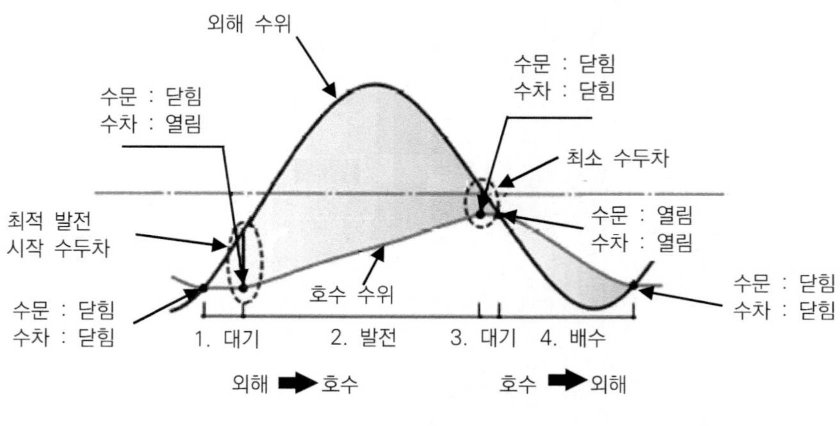

그림 8.11 시화호 조력발전소 운전 사이클

예제 8-2) 시화호에 건설된 조력발전소의 정격발전 용량을 계산해보자. 수차의 효율은 92.25%이고, 발전기의 효율은 97.8%로 가정한다.

❖ **풀이** : 저수지의 물이 가지는 위치에너지를 나타내는 식 8.3은 다음과 같다.

$$E = \rho g A(\Delta H)^2 = gm\Delta H$$

이 식을 시간에 대하여 나누고 수차와 발전기의 효율을 곱하면 정격용량을 나타내는 다음과 같은 식이 된다.

$$P = g\dot{m}\,\Delta H\eta_t\eta_g = g\rho\,\dot{V}\Delta H\eta_t\eta_g$$

따라서, 주어진 데이터를 입력하여 계산하면 다음과 같다.

$$\begin{aligned} P &= g\rho\,\dot{V}\Delta H\eta_t\eta_g \\ &= 9.8\times 1025\times 482.1\times 5.8\times 0.9225\times 0.978 \\ &= 25.4\ MW \end{aligned}$$

수차 10기가 설치되어 있으므로 전체 발전 용량은 254 MW이다.

8.2 조류발전

조류발전(tidal current power)은 조력발전과 달리 바닷물의 운동에너지를 이용하여 수차를 회전시켜서 전기에너지를 얻는 점이 풍력발전과 유사하며 단지 바람 대신에 바닷물을 이용하는 차이가 있다. 따라서 방조제가 필요 없이 조류의 흐름이 빠른 곳을 선정하여 수차발전기를 설치해야 하므로 적지를 선정하는 어려움이 있으나 비용이 적게 들고 해수 유동이 자유로워 환경에 미치는 영향이 거의 없는 장점이 있다. 그러나 발전을 적절히 조절할 수 있는 조력발전에 비하여 자연적인 조류의 흐름의 세기에 따라 발전량이 결정되는 단점이 있다.

조류발전에서 얻는 출력은 바닷물의 운동에너지를 이용하므로 풍력발전과 같이 식 8.4와 같다.

$$P_w = \frac{1}{2} C_p \rho A V^3 \qquad \text{(W)} \tag{8.4}$$

위 식에서 바닷물의 밀도는 보통 1,025 kg/m^3이며, V는 바닷물의 속도이고, C_p는 수차의 성능계수다. 출력은 풍력발전과 같이 유속의 3제곱에 비례하므로 조류의 흐름이 빠른 입지를 선정하는 것이 매우 중요하다. 그러나 바닷물의 밀도는 공기의 밀도보다 약 1,000배 크기 때문에 같은 출력을 내기 위하여서는 터빈의 반경을 훨씬 작게 해야 한다. 만약 발전기 효율(η_g)과 회전축과 변속장치의 효율(η_r)이 주어지면 식은 다음과 같다.

$$P_w = \frac{1}{2} C_p \rho A V^3 \eta_r \eta_g \qquad \text{(W)} \tag{8.5}$$

그림 8.12 수평축수차 및 수직축수차

그림 8.13 SenGen사가 개발한 조류발전 설비[4]

조류발전에는 그림 8.12와 같은 수평축수차 또는 수직축수차가 사용된다. 수평축수차는 터빈의 회전축과 해류의 흐름 방향이 평행하고, 구조가 간단하고 안정적이다. 이미 풍력발전과 선박의 프로펠러에 적용된 기술로 기술의 신뢰성이 높고, 장치의 유지보수가 간편하다. 최근에 많이 연구되고 있는 수직축수차는 회전축과 해류의 방향이 수직을 이루며, 해류의 흐름 방향 변화에 무관하게 축은 같은 방향으로 회전한다. 다수의 수차를 한 개의 수직축에 설치할 수 있으나 구조적으로 하중에 취약하다. 이물질이 잘 삽입되어 진동이 발생하며, 수직축이 길어 큰 굽힘 모멘트가 작용하는 단점이 있다. 그림 8.13은 SenGen사가 최초로 상업적 발전용으로 개발한 1.2 MW급 수평축수차로 아일랜드(Ireland) 북부 해안에 설치되었다(2007).

예제 8-3) 조류의 속도가 2 m/s이고, 성능계수가 20%이며, 터빈의 반경이 1 m이면 정격출력을 구하라. 만약 하루 12시간씩 일 년에 350일 운영한다면 발전량을 구하라. 발전기 효율을 95%로 가정하고, 회전축과 기어를 합한 효율을 90%로 가정한다.

❖ **풀이** : 식 8.5를 이용하면 조류발전기의 출력을 구할 수 있다.

$$P_w = \frac{1}{2} C_p \rho A V^3 \eta_r \eta_g = 0.5 \times 0.2 \times 1025 \times (\pi \times 1^2) \times 2^3 \times 0.90 \times 0.95$$
$$= 2{,}201.5 \; W$$

1년간의 발전량은 위의 값에 1년 동안 작동되는 시간을 곱하면 다음과 같다.

$$P_w = 2{,}201.5 \; W \times 12\text{시간} \times 350\text{일}$$
$$= 9.64 \, MWh$$

우리나라에서는 그림 8.1과 같이 서남해의 맹골수도, 장죽수도, 울돌목, 대방수도 및 남해대교 등 여러 후보지가 있다. 특히 전남 해남군 진도대교 인근에 있는 울돌목에 한국해양연구원에 의하여 1 MW급(500 kW급 2기) 시험 조류발전소가 2009년에 건설되어 시험운전을 진행하고 있다. 이곳은 약 2m의 조석간만의 차와 5 ~ 6 m/s의 조류 속도를 가지고 있어서 세계적인 조류발전의 적지이다. 그림 8.14는 현재 시험운영 중인 울돌목 조류발전소 조감도다. 그림 8.15와 같이 축의 지름이 40 cm인 수직축에 날개가 3~6개가 달린 헬리칼수차(helical turbine)를 사용하였으며, 수차의 반경은 1.5 m이다. 한 개의 축에서 500 kW를 생산하고 있으며, 이런 축이 2개로 구성되어 있다. 하루 15시간 정도 작동하며 발전을 할 수 있다. 특히 많은 이물질이 해류를 따라서 흘러와 수차와 충돌하는 것을 방지하기 위하여 수차 주위에 방지 철 구조물을 설치한 결과 해류의 흐름을 방해하여 수차의 성능이 감소하였다.

그림 8.14 진도 울돌목 조류발전소 조감도[3]

그림 8.15 진도 울돌목 조류발전소 전경 및 수직축수차[3]

8.3 파력발전

해면에 바람이 불면 해면과 바람의 경계면에서 마찰 때문에 바닷물이 바람 방향으로 움직이면서 파도가 형성되고 파도의 전진 속도가 바람의 속도보다 느리면 계속하여 파도가 형성된다. 이 과정에서 바람은 에너지를 잃고 바닷물은 에너지를 얻는다. 반대로 지구의 중력은 파도의 형성을 억제한다. 파도는 바람의 속도, 바람이 부는 기간 및 바다 표면이 열려 있는 공간이 증가하면 파도의 높이는 증가한다. 일반적으로 큰 파도는 강력하며, 파력은 파도의 높이(파도의 마루와 골짜기 높이 차이), 속도(같은 위치에 파도의 마루가 도착하는 속도), 길이 및 물의 밀도 등에 따라서 결정되며 파도의 명칭은 그림 8.16과 같다. 한편 파도는 상하 및 좌우로 운동하므로 물 위에 떠 있는 물체는 그림과 같이 타원형을 따라서 움직인다. 그러나 수심이 깊은 곳에서는 즉 수심이 파도 길이의 반보다 깊으면 원형이 된다.

단위 수평 면적의 파도가 가지는 에너지는 파도의 위치에너지와 운동에너지의 합으로 다음과 같고 평균 파도 에너지 밀도라 한다.

$$E = \frac{1}{8}\rho g H_m^2 \qquad (J/m^2) \tag{8.6}$$

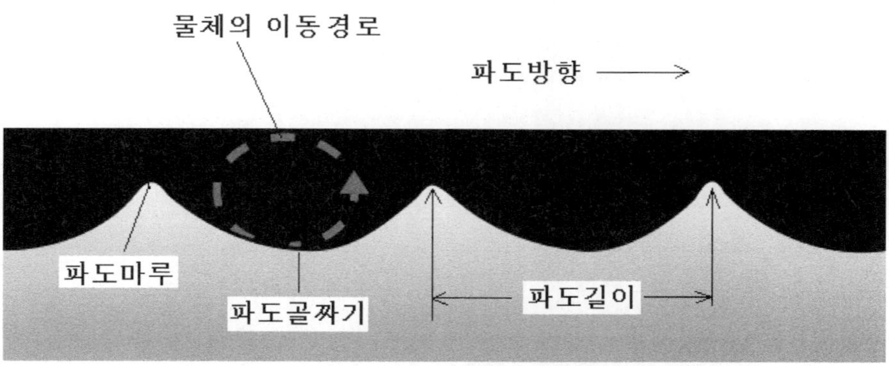

그림 8.16 파도의 명칭 및 물체의 이동 경로

식 8.6에서 H_m은 파도의 높이로 파도마루와 파도골짜기의 높이 차이로 보통 수면에 설치된 부위에서 측정된다. 파도가 전진하면서 이 에너지도 이동하고, 이 이동 속도를 그룹 속도(group velocity)라 한다. 따라서 파도 진행 방향에 있는 수직면의 단위 폭을 통과하는 에너지를 평균 파도 에너지 유속(energy flux)이며 다음과 같다.

$$P = EV_g = \frac{\rho g^2}{32\pi} H_m^2 t_f \qquad \text{(W/m)} \tag{8.7}$$

위 식에서 V_g는 그룹 속도이며 m/s의 단위를 가진다. t_f는 파도의 주기로 바다의 한 지점에 파도마루가 지나간 후 다시 파도마루가 도달하는 사이의 시간이다. 식 8.7에 중력가속도 9.8 m/s^2과, 바닷물의 밀도 1,025 kg/m^3을 대입하면 다음과 같이 간략하게 나타낼 수 있다. 이 값은 파도의 파력으로 에너지 변환 장치에서 실제 발전하는 전기에너지와 다르다.

$$P = 980\left(\frac{W}{m^3 \cdot s}\right) \times H_m^2 t_f \qquad \text{(W/m)} \tag{8.8}$$

식 8.8에서 파력은 파도 높이의 제곱에 비례하고, 파도주기에 비례한다. 따라서 파고가 높고, 파도의 이동 속도가 빠를수록 큰 파력을 가진다.

■ **예제 8-4)** 파도의 높이가 3 m이고, 주기가 8초인 보통의 파도가 가지는 파력을 구하고, 파고가 15 m이고, 주기가 15초인 폭풍 때 파도의 파력과 비교하라.

❖ **풀이** : 파력은 파고와 주기의 함수이며 식 8.8을 이용하면 간단하게 계산할 수 있다.

$$P = (980\frac{W}{m^3 \cdot s}) \times H_m^2 t_f = 980 \times 3^2 \times 8 = 70.6\ kW/m$$

$$P = (980\frac{W}{m^3 \cdot s}) \times H_m^2 t_f = 980 \times 15^2 \times 15 = 3.3 MW/m$$

파고의 차이는 5배, 주기는 약 2배 차이가 있으나 파력은 약 47배 차이가 발생하였다.

파력발전(wave power)은 바람에 의하여 형성된 파도가 상하 및 좌우로 운동할 때 가지는 에너지를 이용하여 전기를 생성하는 방법이다. 바다에는 항상 파도가 있어서 에너지 자원은 무한하고 청정하다. 그러나 일반적인 발전기의 회전수는 빠르나 파도의 움직임은 느리며, 수차는 일정한 속도와 방향의 해류를 필요하지만, 파도의 힘은 세지만 힘의 방향이 일정하지 않다. 또한 폭풍과 소금물에 의한 부식에 견딜 수 있는 구조물이 필요로 하는 단점이 있다. 현재까지 다양한 방법이 연구되고 있으며 발전설비는 해안, 해안 가까이 또는 해안에 먼바다 등 적용되는 기술에 따라서 다양한 위치에 설치되고 있다. 또한 파도로부터 힘을 추출하는 방법에 따라서 공기터빈형(air turbine), 부위(Buoy) 연결형 및 부주형(Pontoon) 등으로 공기를 압축하거나 바닷물을 펌프 하여 수차를 이용한다. 또한 여기에 사용되는 발전방식에도 터빈형, 수차형, 선형전기발전형(linear electrical generator) 및 유압램형 (hydraulic ram) 등이 있다.

8.3.1 공기터빈형(air turbine)

대표적인 설비는 그림 8.17과 같이 하부에 공기실과 상부의 터빈과 공기의 입출을 조절하는 밸브로 구성된다. 파도가 상하로 움직이면 공기실 내의 수위가 변하면서 공기실 내에 있는 공기를 압축과 흡입하는 과정이 반복된다. 내연기관의 흡입, 압축과정과 유사하여, 해면이 상승하면서 공기실 내에 있는 공기를 압축하면 공기는 출구로 배출되면서 상부에 설치된 터빈을 회전한다. 반대로 해면이 하강하면 출구는 닫히고 반대로 흡입구가 열리면서 공기는 공기실로 흡입되면서 터빈을 회전한다. 따라서 터빈은 파도의 상하 운동에

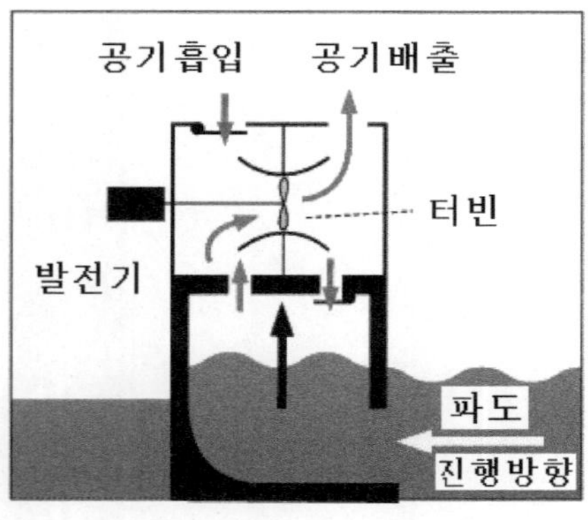

그림 8.17 공기터빈형 발전의 기본 원리

동조하면서 계속해서 한 방향으로 회전한다. 발전기는 터빈과 회전축으로 연결되어서 회전하면서 전기를 생산한다. 공기의 흐름을 유발하는 방법을 제외하면 소규모 풍력터빈의 작동과 유사하다. 이와 같은 발전설비는 바다에 떠 있는 부유식과 해안에 설치하는 고정식 등이 있다. 국내에서도 한국해양원구원에서 40~60 kW 공기터빈형을 제작하여 울산광역시 주전 앞 바다에서 실험을 시행하던 중에 2001년 태풍으로 유실된 경험이 있다.

그림 8.18 영국 해안에 설치된 Wave gen 사의 LIMPET 설비[5]

그림 8.18은 해안에 설치된 영국의 Wave gen 사의 LIMPET 모델로 공기가 파도에 의하여 공기실에서 압축되면서 공기터빈을 회전시키는 공기터빈형으로 성공적으로 발전하고 있다. 그림 8.19는 Energetech사가 호주 Kembla항 해안에 설치한 발전설비로 500 kW급으로 성공적으로 시험 되었다. 포물선형의 방파제를 설치하여 파도가 공기를 압축하는 공기실로 모이게 하여 파도의 상하 운동으로 공기를 압축하여서 부착된 공기터빈을 회전시킨다.

그림 8.19 호주 해안에 설치된 Oscillating Water Column 설비[5]

8.3.2 부위 연결형

그림 8.20 ~ 8.22는 부위(Buoy)를 사용하여 파도를 따라서 부위가 상하 운동을 하면서 부위 아래에 설치된 펌프나 자석선형발전기를 작동하여 발전하는 방식이다. 그림 8.20은 호주의 카네기사에서 개념을 실험 중인 CETO로 구형부위(①) 아래에 실린더형 펌프(②)가 연결되어서 해수를 고압으로 해변으로 이송하여 해변에 설치된 수차(⑦)를 회전하여서 발전하는 방식으로 수차와 발전기가 육지에 있는 장점이 있다. 그림 8.21은 AquaEnergy사가 개발한 발전설비로 부표 아래에 직선운동을 하는 실린더형 펌프가 부착되어 부위가 상하운동을 하면 고압의 물을 부위 안에 있는 수차로 보내서 발전한다. 그림 8.22는 부위 아래에 영구자석 선형발전기가 연결되어 파도에 따라서 상하로 운동하는 선형발전기가 직선운동을 하면서 직접 발전을 한다.

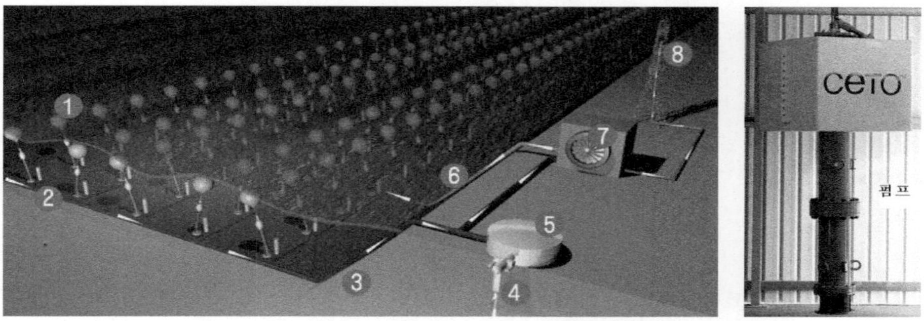

그림 8.20 호주 Alan Burns에 의하여 개발된 CETO 모형[6]

그림 8.21 AquaEnergy사의 AquaBuOY WEC 모형[5]

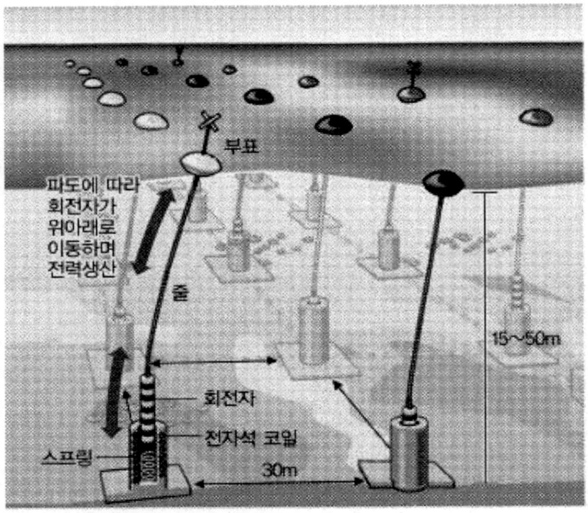

그림 8.22 부위를 이용한 선형자석발전기 모델[7]

8.3.3 부주형

부주형(Pontoon)은 바다의 표면에 대형 물체를 띄워서 파도의 상하 운동에 따라서 물체가 운동할 때 생기는 동력을 이용한다. 그림 8.23은 Pelamis Wave Power 사가 제작한 Pelamis 에너지 변환장치로 길이가 30 m이고, 지름이 3.5 m인 원통, 네 개가 3개의 경첩으로 연결되어 있다. 여러 조각으로 연결된 부주가 파도 진행 방향과 평행하게 설치되어 파도가 진행되면서 부주의 일부는 상승하고 일부는 하강하며 골절 부분에 설치된 유압펌프 장치를 작동시켜서 기름을 고압으로 압축하여 발전하며 750 kW의 발전설비가 2004년에 설치되어 1,000시간 동안 성공적으로 실증되었다. 2.25 MW 규모의 상업적 시설이 포르투갈 북부 해안에 설치되어 시험 중이며 22.5 MW급이 영국 해안에 설치될 예정이다.

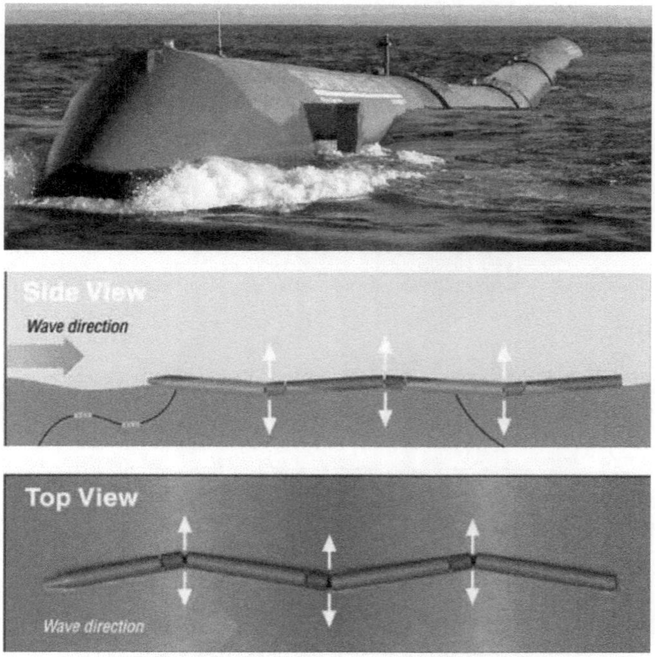

(a) 전체 조립된 모습

(b) 부주 연결부에 있는 발전설비 내부 모형도

그림 8.23 Pelamis Wave Power 사가 제작한 Pelamis 설비[10]

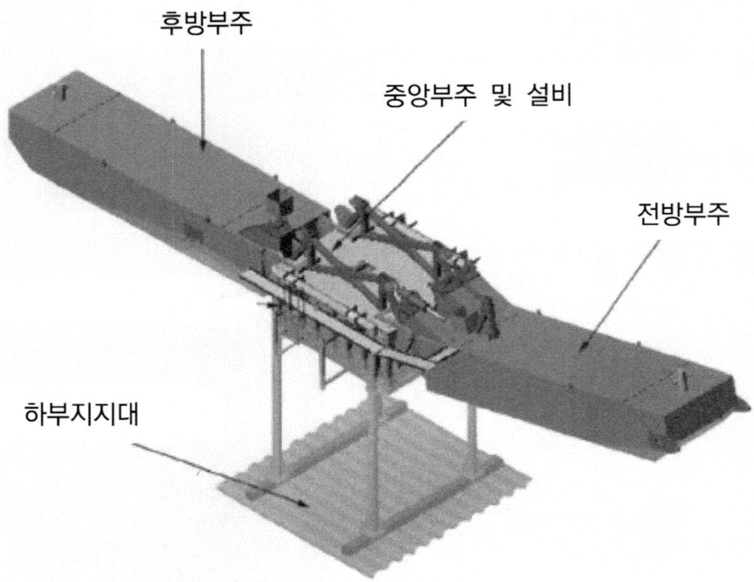

그림 8.24 Ocean Power Delivery 사가 제작한 McCabe Wave Pump 모형도[5]

그림 8.24는 Ocean Power Delivery (Pelamis Wave Power) 사가 제작한 McCabe Wave Pump 모형도로 3개의 부주로 이루어져 있고, 중앙에 있는 부주에 펌프가 설치되어 있어, 앞과 뒤에 있는 부주가 파도를 따라서 상하로 운동을 하면서 이 펌프를 작동시켜서 발전한다. 약 40 m 크기의 시험설비가 제작되어 1996년 Ireland 근해에서 성공적으로 작동되었다.

그림 8.25는 스웨덴의 Eco Wave Power 사가 제작한 파력을 이용한 발전설비이며 파도 높이 5 m에서 3 MW 전력을 생산하는 설비이다. 배 모형의 부주①가 파도에 따라서 상하로 움직이면 연결된 피스톤②이 유체를 압축하여 압축탱크③에 저장한다. 저장된 유체는 수차④를 회전시키면 같은 축에 연결된 발전기⑤를 회전하여 발전한다. 수차를 나온 유체는 저장 탱크⑥에 저장된 후에 다시 프스톤으로 돌아가서 압축된다. 이런 과정이 반복하여 진행되면서 발전한다.

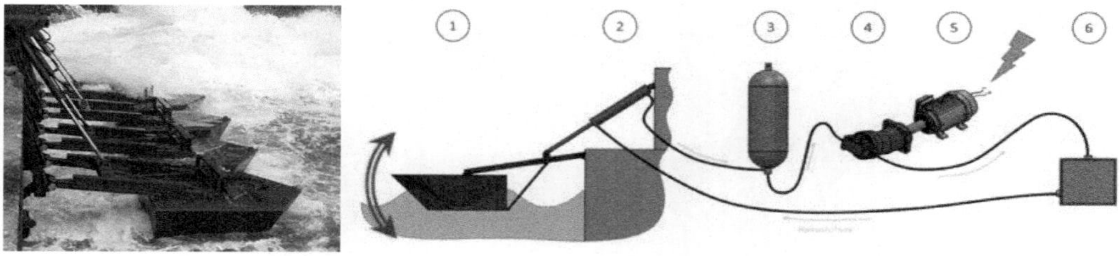

그림 8.25 Eco Wave Power 사가 제작한 파력발전 설비[6]

8.4 해수온도차 발전

지구 표면의 2/3를 덮고 있는 바다는 최대의 태양에너지 흡수체이며 저장소이다. 적도 근처의 바다는 태양에 제일 근접하며 또한 태양이 비취는 각도의 변화가 적기 때문에 태양열을 많이 흡수할 수 있어서 특히 적도 근처의 열대지역 바다의 수온은 상대적으로 제일 높다. 따라서 적도를 중심으로 남북으로 위도가 20° 이내인 지역의 바다에서는 표면 온도가 26℃ 이상이고 이곳의 약 1,000 m의 심해에서는 4℃로 평균 22℃의 온도 차이가 있다. 일반적으로 남극과 북극 근처의 바닷물 온도는 낮아서 그림 8.26과 같이 심해를 통해서 적도로 흐르며, 적도 근처의 따뜻한 바닷물은 극지방으로 흐른다.

이처럼 해수온도차 발전(ocean thermal energy conversion)은 적도 부근에서 바닷물 표면과 심해 사이에 존재하는 온도 차이(22℃)를 이용하여 열기관을 작동시켜서 전기를 얻는 방법이다. 대표적인 화력발전소에서 작동하는 증기사이클과 매우 유사하다. 그러나 온도 차이가 작아서 쉽게 증발하는 암모니아를 물 대신에 작동유체로 사용한다. 온도 차이가 22℃로 작아서 열기관의 효율은 매우 낮다. 따라서 대용량의 발전을 위해서는 대규모 설비가 필요한 단점이 있다.

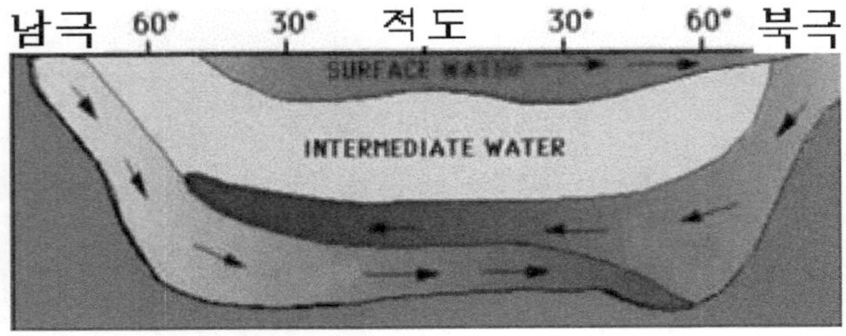

그림 8.26 바닷물의 흐름 방향[9]

예제 8-5) 26℃의 해수와 4℃의 해수 사이에 작동하는 열기관의 이론적 효율을 구해보자.

❖ **풀이** : 모든 작동 과정이 가역과정인 카노열기관을 이용한다면, 최대의 이론효율을 얻을 수 있다. 카노열기관에 적용되는 카노효율은 다음과 같다.

$$\eta_{th,rev} = 1 - \frac{T_L}{T_H} = 1 - \frac{(273+4)K}{(273+26)K} = 0.074$$

즉 해수온도차 발전의 효율은 7.4%로 화력발전소의 30~40% 효율에 비교하면 효율이 매우 낮다. 따라서 같은 용량의 발전을 하기 위하여 대규모 설비가 필요하다.

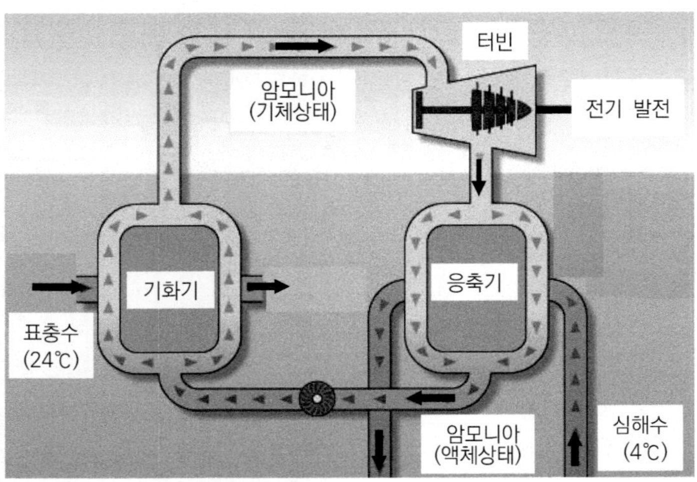

그림 8.27 해수온도차 발전 개념도[10]

해수온도차 발전은 그림 8.27과 같은 간단한 폐쇄형 랭킨사이클(Rankine cycle)을 이용하여 설명하면 다음과 같다. 먼저 열교환기인 기화기에서 표층수를 이용하여 액체상태의 암모니아를 가열하여 기화시키면, 고압이 된 암모니아 기체는 터빈에 들어가서 터빈을 회전시켜서 전력을 생산한다. 터빈을 나온 저압의 암모니아 기체는 열교환기인 압축기에 들어가서 1,000 m 아래의 심해에서 끌어올린 4℃의 바닷물과 열교환을 하며 암모니아는 열을 잃고 액화된다. 액화된 암모니아를 펌프로 다시 기화기에 보내어져 기화되어 터빈을 회전시키는 과정을 반복한다. 사용하는 열기관 사이클은 다양한 방법이 있을 수 있다.

해수온도차 발전은 낮은 효율로 고가의 설비비용이 필요하여 풍력과 같은 다른 재생에너지에 비교하여 발전하지 못하고 있다. 몇 기관에 의하여 연구 및 개발이 진행되고 있으며, 인도의 NIOT(National Inst. Ocean Tech.), 하와이에 있는 NELHA(Natural Energy Lab. of Hawaii Authority), 미국의 NREL(National Renewable Energy Lab.)와 일본의 Xenesys사와 Saga대학 등이 대표적이다. 1993년부터 1998년 사이에 NELHA에 의하여 하와이에 210 kW 규모의 설비가 설치되어 전력과 담수를 성공적으로 생산했다. 또한 그림 8.28과 같이 인도의 NIOT에 의하여 세계 최대 규모인 1 MW 규모의 설비를 바지선을 이용하여 2001년에 제작하여 실증 연구가 진행되었다. 작동유체로 암모니아를 사용하였으며, 밀집형 열교환기가 기화기와 응축기로 사용되었다.

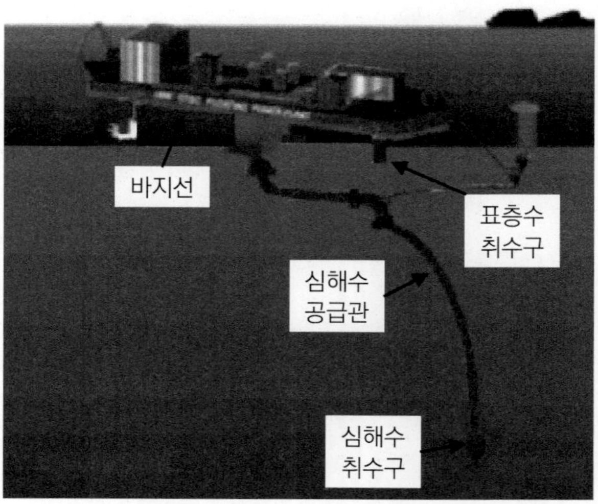

그림 8.28 인도에서 바지선에 설치한 1MW 규모의 해수온도차 발전설비[9]

CHAPTER 9

소수력 발전과 양수발전

9.1 소수력발전 개요

9.2 소수력발전 사례

9.3 양수(揚水)발전

수력발전은 그림 9.1과 같이 저수지에 있는 물과 발전기의 높이 차이로 생기는 물의 위치에너지를 이용하여 발전기를 회전시켜서 전기를 발전하는 방법이다. 즉 수차를 이용하여 물의 위치에너지를 기계에너지로 변환하고, 다시 발전기를 이용하여 전기에너지로 변환한다. 따라서 이산화탄소를 배출하지 않는 청정에너지로 분류되며, 강수량이 풍부하면 연료비가 들지 않는 장점도 있다. 또한 화력이나 원자력과 달리 저수지 수문을 열면 몇 분 이내에 정격출력을 생산할 수 있는 장점도 있다. 그러나 하천을 가로질러 대형 댐을 설치하고 물을 저장하는 관계로 넓은 면적의 저수지가 형성되어 넓은 지역이 수몰된다. 또한 저수지 주변 지역의 기온과 기후의 변화를 초래하여 자연환경을 파괴하는 단점이 있어서 현재는 대형 댐을 만들기 어려운 형편이다. 대표적인 수력발전소인 소양강 수력발전소와 같이 물의 낙차가 큰 곳에 설치된 대형 발전소와 대조되는 소형 수력발전소가 소수력발전소이다.

그림 9.1 수력발전소의 개략도

9.1 소수력발전 개요

소수력발전은 용어가 의미하는 것과 같이 소수력발전소로 10,000 kW 미만의 수력발전을 의미하나 우리나라는 3,000 kW 이하의 규모를 소수력발전이라 한다. 따라서 물의 낙차가 크지 않은 소형 댐, 농업용수로의 보, 정수장 및 하수처리장, 화력발전의 응축기 냉각수로 사용한 바닷물의 배수로 등과 같이 다른 목적으로 설치된 설비에 있는 작은 낙차를 이용하여 여분의 전력을 생산하는 시설이다. 소수력발전은 강우량에 큰 영향을 받으며 설치비용이 매우 큰 단점이 있으나, 설치 후 운영 및 관리가 간편하여 전국에 산재한 잠재적 자원을 활용하는 장점이 있다. 또한 규모는 작으나 탄소 배출량이 없으므로 탄소배출권 확보에 큰 보탬이 된다.

소수력발전의 발전원리는 수력발전과 같으며 발전설비의 구조는 그림 9.2와 같은 구조로 이루어져 있다. 위치에너지를 가지는 물이 수문이 열리면 안내 깃을 따라서 반경 방향에서 수차에 주입되어 수차를 회전시키고 축 방향으로 흘러간다. 이때 수차와 같은 축에

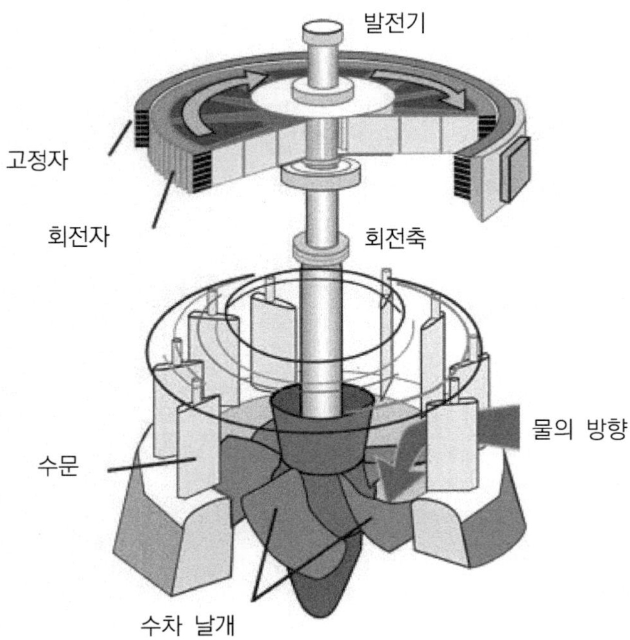

그림 9.2 소수력발전의 수차와 발전기의 단면도[2]

표 9.1 수차의 종류 및 특징

구 분	수차 종류	수차 모양	낙차 범위
충동형	**펠톤(Pelton)수차 :** 물을 수차 날개에 충돌시켜 회전력을 얻음. 큰 낙차와 저 유량에 적합.		15 ~ 1,800 m
반동형	**프란시스(Francis)수차 :** 동력 변환은 대부분 물의 압력에 의존하나 약간의 충동력도 작용함. 물이 반경 방향에서 축 방향으로 진입.		40 ~ 400 m
	프로펠러(Propeller)수차 : 가장 간단하며 저렴함. 정격유량 이하에서 효율이 저하됨.	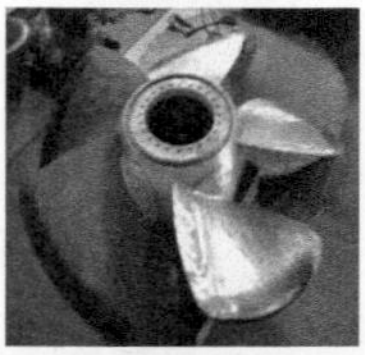	50 m 이하
	카플란(Kaplan)수차 : 날개깃의 열림 각도를 조절하여 프로펠러수차의 단점을 보완함.		100 m 이하

연결된 발전기의 회전자가 회전하여 전기를 발전한다. 따라서 수차는 발전설비의 중요 구성 요소로 충동형과 반동형으로 분류되며, 물의 낙차에 따라서 사용되는 수차의 형태는 표 9.1과 같이 다양하게 분류한다.

충동형은 그림 9.3과 같이 펠톤수차(Pelton turbine)가 대표적인 형식이며 1880년대에 Pelton에 의하여 발명되었다. 물을 노즐로 분출시켜서 수차 회전판 주위에 12~24개의 부착된 버킷에 충돌시켜서, 물의 위치에너지를 운동에너지로 바꾸어 회전력을 얻는다. 펠톤수차는 낙차는 크지만, 수량이 상대적으로 적은 곳에 적합한 수차로 효율이 매우 좋다. 주로 15 ~ 1,800 m의 낙차에 사용된다.

펠톤수차는 물이 가지는 위치에너지(mgh)를 노즐의 출구에서 물의 운동에너지($m V_i^2/2$)로 변환시키며 이때 노즐의 출구에서 물의 속도(V_i)는 다음과 같다.

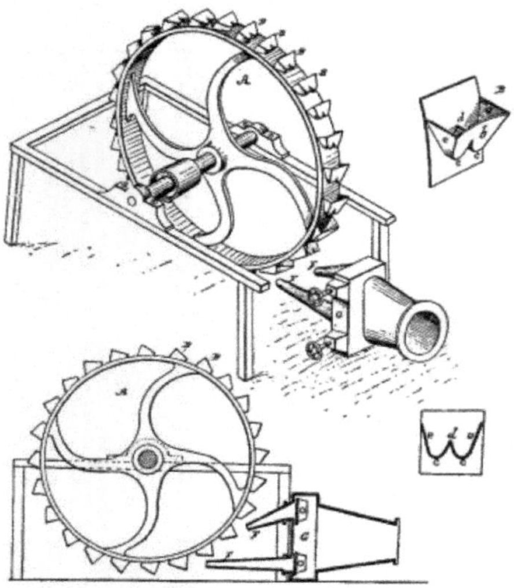

그림 9.3 Pelton이 1880년에 특허받은 펠톤수차의 모습[3]

$$V_i = \sqrt{2gh} \tag{9.1}$$

만약 지름이 D인 수차가 ω의 각속도로 회전하면 수차의 속도(u)와 수차에 작용하는 힘은 다음과 같다.

$$u = \omega D/2 \tag{9.2}$$

$$F = \dot{m}(V_i - V_f) = \dot{m}[V_i - (-V_i + 2u)] = 2\dot{m}(V_i - u) \tag{9.3}$$

여기서 $\dot{m}$은 물의 질량유량이다. 수차에 작용하는 힘은 식 9.3을 사용하여 구하면, 수차에서 발생하는 동력은 다음과 같다.

$$P = T\omega = Fu = 2\dot{m}u(V_i - u) \tag{9.4}$$

최대 출력과 수차의 속도와의 관계를 구하기 위하여 식 9.4에서 출력을 속도로 미분하고, 그 값을 영이라 하면 다음과 같은 관계를 구할 수 있다.

$$dp/du = 2\dot{m}(V_i - 2u) = 0 \Rightarrow u = V_i/2 \tag{9.5}$$

즉 최대의 출력은 수차의 속도가 물의 노즐출구 속도의 1/2일 때 얻을 수 있고, 최댓값은 다음과 같다.

$$P_{\max} = \dot{m}V_i^2/2 = \dot{m}gh \tag{9.6}$$

최대 출력은 물의 위치에너지와 같고, 즉 수차가 동력으로 변환할 수 있는 위치에너지 전부를 동력으로 발생시키므로 수차의 효율이 100%이다. 한편 수차의 효율은 식 9.7과 같으며, 수차의 속도가 영이거나 즉 수차가 정지해 있을 때 또는 수차의 속도와 물의 노즐출구 속도가 같으면 효율은 영이 된다.

$$\eta = P/P_{\max} = \frac{2\dot{m}u(V_i - u)}{\dot{m}V_i^2/2} = \frac{4u(V_i - u)}{V_i^2} \tag{9.7}$$

일반적으로 충동형 및 반동형 수차에서 얻을 수 있는 출력은 물의 위치에너지에 수차의 효율을 곱하여서 다음과 같이 구한다. 한편 수차의 효율은 거의 90%로 매우 높다.

$$P = \eta\dot{m}gh \quad \text{(W)} \tag{9.8}$$

■ **예제 9-1)** 울산광역시 울주군에 있는 대곡댐에 설치된 소수력발전소의 정격출력을 계산해보자. 유량은 1,040 kg/s이고, 유효낙차는 37.4 m이고, 전체효율은 83.6%이다.

❖ **풀이** : 정격출력을 계산하는 식 9.8을 이용하여 아래와 같이 계산한다.

$$\begin{aligned} P &= \eta\dot{m}gh \\ &= 0.836 \times 1040 \times 9.8 \times 37.4 \\ &= 318.7\,kW \end{aligned}$$

정격출력은 318.7 kW이며, 유량과 낙차의 변화에 따라서 발전량은 다소 변할 수 있다.

반동형은 물의 위치에너지가 가지는 압력의 차이를 이용한다. 물이 수차에 유입되어 빠져나갈 때 반작용으로 수차의 날개를 밀어서 수차를 회전시키는 형태로, 표 9.1과 같이 프란시스수차, 프로펠러수차 및 카플란수차가 있다.

프란시스수차(Francis turbine)는 비교적 높은 낙차에 사용되는 반동식 수차로서 원추형 회전체 보스에 날개깃을 8~20개 붙이고, 날개깃 외곽의 가장자리는 링 모양의 밴드로 막혀 있다. 큰 압력을 가진 물이 날개깃 사이로 빠르게 지나면서 수차를 회전시킨다. 동력 변환은 대부분 물의 압력에 의존하나 약간의 충동력도 작용한다. 이용되는 낙차는 소형 수차의 경우 30 m 이하에도 사용되며, 용량이 클수록 증가하여 대규모 발전소의 경우 50 ~ 400 m의 매우 넓은 범위에 사용된다. 국내의 발전소에 가장 많이 설치된 형식이다.

프로펠러수차(Propeller turbine)는 팽이 모양의 몸체에 3~7 날개깃이 부착된 가장 간단한 구조로 가격이 저렴하다. 50 m 이하의 낮은 낙차에 사용되나 정격유량 이외의 영역에서는 효율 저하라는 큰 결점이 있으므로 항상 일정한 유량을 사용할 수 있는 조건에 적합하다. 이 결점을 보완하기 위하여 유입되는 유량에 따라 날개깃의 열림 각도를 조절할 수 있는 카플란수차(Kaplan turbine)가 개발되었다. 카플란수차는 구조가 복잡하여 가격이 비싸지만, 출력이 변동되어도 효율의 변화가 심하지 않기 때문에 대규모 발전소에서 프로펠러 대신 사용한다.

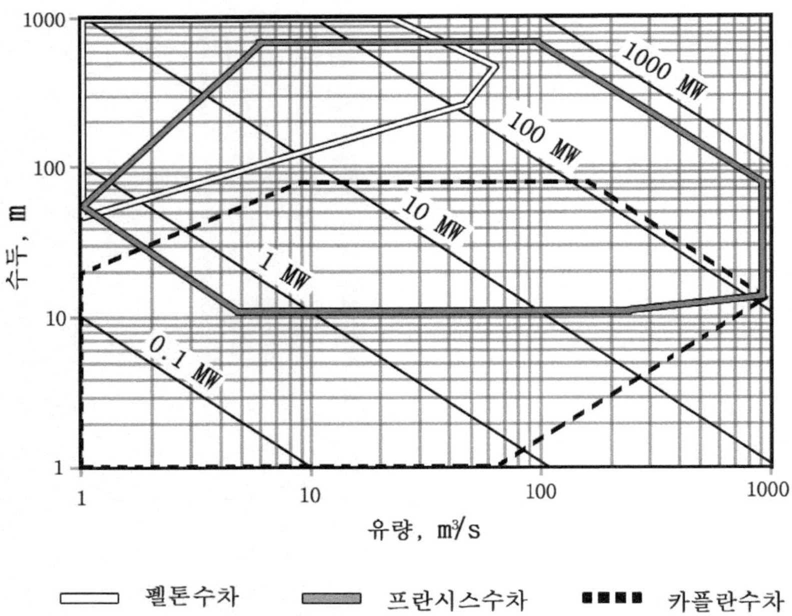

그림 9.4 수차의 이용 범위[2]

그림 9.4는 수차가 적용될 수 있는 유량과 낙차의 범위를 나타내고 있다. 수차의 선택은 유량보다 낙차의 크기에 따라서 선택하며 충동형은 낙차가 큰 곳에 사용되고, 반동형은 상대적으로 낙차가 작은 곳에 사용된다. 카플란수차는 날개깃의 열림 각도를 조절하여 유량과 낙차에 적합한 최고의 효율을 유지하면서 작동할 수 있어서 다양한 낙차와 유량에 적용될 수 있다. 프란시스수차와 카플란수차는 다양한 유량에 적용할 수 있으나 프란시스수차가 보다 큰 낙차에 이용된다.

9.2 소수력발전 사례

울산광역시 천상정수장에 설치된 소수력발전소에는 저수지인 사연댐과 정수장 사이에 있는 약 14 m 유효낙차를 이용한다. 사용된 수차는 프로펠러형이며 250 kW의 발전기 1기가 2004년에 원수 유입부에 설치되었다. 총경비 8.15억이 투자되었으며, 투자비의 68%는 국비로 지원되고 나머지 32%는 시비가 투자되었다. 물을 정수하여 가정에 공급하기 위하여 매일 일정량의 물을 사연댐에서 정수장으로 보내기 때문에 천상정수장에 설치된 소수력은 규모는 작으나 발전량이 일정한 장점이 있다. 현재 한국전력에서 구매하는 소수력 구매단가는 105.7원/kWh(2008년)로 하루에 12시간 정도 운영한다면 일 년에 1.16억 원의 수익이 발생한다. 따라서 일정량의 유지보수비는 필요하나 대략 8년 정도 운영하면 설치경비를 회수할 수 있다고 할 수 있다. 설치된 발전기와 수차의 모습은 그림 9.5와 같다.

최근에는 화력발전소에서 응축기 냉각수로 사용한 바닷물의 배수로에 작은 낙차를 이용한 소수력발전소가 많이 건설되고 있다. 삼천포 화력발전소에 약 5,000 kW급 해양소수력발전소가 좋은 예이다. 냉각수 배수로에 있는 약 4.5 m의 낙차에 카플란수차를 이용하는 790 kW 발전기 6대를 설치하여 운영하고 있다. 발전소가 운영되면 냉각수는 항상 필요하므로 일정량의 발전을 항상 할 수 있는 장점이 있다. 발전량은 연간 22,756 MWh로 42,153배럴의 원유 대체효과와 14,255톤의 온실가스를 줄이는 효과가 있다.

그림 9.5 울산광역시 천상정수장에 설치된 소수력발전기와 수차

그림 9.6 삼천포 화력발전소에 설치된 해양소수력발전소와 저수조

9.3 양수(揚水)발전

양수(揚水)발전은 명칭이 의미하는 것과 같이 하부저수지의 물을 상부저수지로 끌어올려서 얻은 물의 위치에너지를 이용하여 발전하는 방법이다. 일반적으로 심야에 발생하는 여분의 전력으로 물을 양수하여 저장한 후에 긴급히 필요할 때 아래로 흘려보내면서 전력을 생산한다. 따라서 물을 저장하기 위하여 그림 9.7과 같이 상부저수지와 하부저수지가 꼭 필요하다.

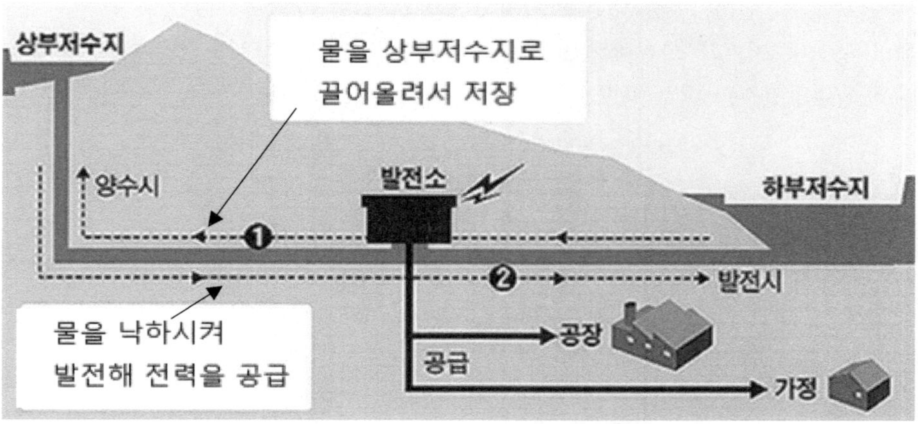

그림 9.7 양수발전소 작동원리

표 9.2 양수발전소 개요[4]

구분		청평	삼랑진	무주	산청	양양	청송	예천
설비용량 (MW)		400x2기 800	600x2기 1,200	600x2기 1,200	700x2기 1,400	1,000x4기 4,000	600x2기 1,200	800x2기 1,600
상부댐	높이 (m)	62	88	60.7	86.9	72	89.8	73
	길이 (m)	290	269	287	360	347	400	620
건설 년도		1980	1985	1995	2001	2006	2006	2011

양수발전소는 대규모 상부저수지와 하부저수지 건설이 필요하여 자연환경을 파괴하는 단점이 있다. 그러나 장점도 많이 있어서 전 세계적으로 건설이 활발하게 추진되고 있다. 수력발전의 한 형태인 양수발전은 수문을 열면 몇 분 이내에 전기를 생산할 수 있는 장점이 있다. 또 물을 양수하여 상부저수지에 저장하면 물의 위치에너지가 증가하여 에너지 저장의 기능을 한다. 현재까지 개발된 최대 규모의 에너지 저장 설비이다. 이 두 가지 장점을 활용하여 전력이 긴급하게 필요한 첨두부하를 담당한다. 즉 여름 낮에 냉방수요가 갑자기 증가하여 전력 수요가 증가하면 전류의 주파수가 불안전하게 되는 상황에 이른다. 이때 양수발전소의 상부저수지 수문을 열면 몇 분 이내에 전력을 공급하여 전류의 주파수

를 안정시킬 수 있다. 또한 대규모 정전이 발생하여 발전소를 다시 가동할 때도 양수발전소에서 생산된 전기가 화력발전소에 긴급하게 공급되어 발전소를 가동하는 장점이 있다. 따라서 양수발전소는 매우 중요한 재난방지 시설이기도 하다.

CHAPTER 10 지열

화산활동이 활발한 지역에서는 마그마의 분출로 지구 내부의 온도가 매우 높다는 사실을 알고 있다. 많은 지역에서 오래전부터 온천을 이용했고, 온천수를 다양한 용도로 활용했다. 이와 같은 지구 내부에 있는 뜨거운 열을 지열(geothermal energy)이라 한다. 기술의 발달로 지표를 시추하여 더욱 깊은 곳에서 높은 온도의 물과 수증기를 끌어내어 이용하게 되고, 이 수증기를 이용하여 전기를 발전하는 수준에 이르렀다. 지열의 활용 분야는 온천욕 외에 건물의 난방, 겨울 동안 식물재배, 목재의 건조, 새우나 물고기 양식 등에 오래전부터 사용하고 있어, 인류의 생활을 윤택하게 하고 있다. 또한 지열은 태양에너지 및 풍력 다음으로 풍부하고 청정한 재생에너지로 화석연료를 대체하고 이산화탄소 가스를 발생하지 않는 장점이 있어 많은 관심을 끌어왔다.

10.1 지열의 개요

지구는 고체상태의 내핵(inner core), 고온의 마그마(magma)로 이루어진 외핵(outer core), 마그마와 암석으로 이루어진 맨틀(mantle) 및 지각의 구조로 이루어져 있으며 그림 10.1과 같다. 지각은 지표에서 약 25~65 km 깊이이고, 맨틀은 2,900 km이다. 내핵과 외핵은 반경이 약 3,470 km이다. 지열의 80%는 내부의 핵에서 여러 가지 광물질(우라늄, 칼륨, 토륨 등)의 방사성 동위원소 붕괴에 따라 계속하여 발생하며, 지열의 20%는 지구의 생성 때 저장된 열이다. 그림 10.2와 같이 이 열에 의하여 지구 내부의 온도는 5,000℃ 이상이다. 따라서 내부의 핵은 암석이 녹은 마그마 상태이며, 계속하여 고체상태의 암석을 녹이고 마그마는 대류현상에 의하여 계속해서 지표로 보내진다.

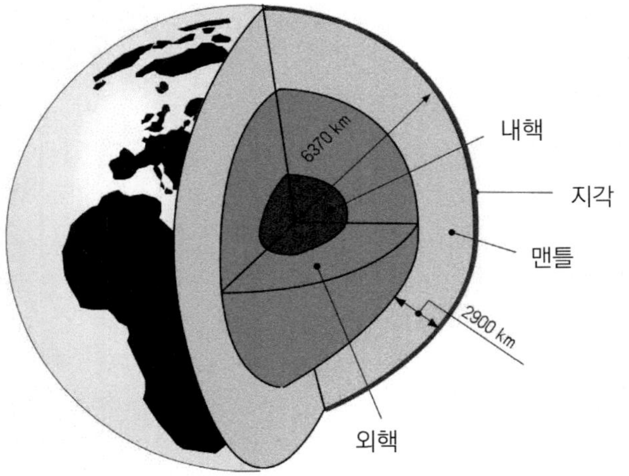

그림 10.1 지구 내부의 구조

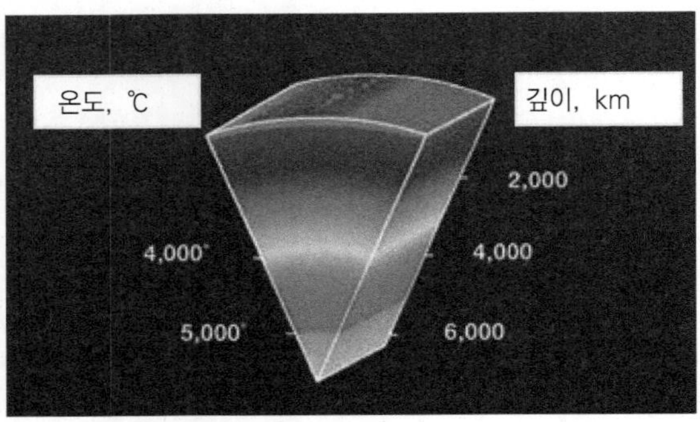

그림 10.2 지구 내부의 온도분포[3]

지구 내부에서 지열은 마그마로부터 전도열전달에 의하여 지구 표면으로 전달되며, 평균 열량은 0.087 W/m^2이다. 육지에서는 약 0.065 W/m^2이고 바다에서는 0.101 W/m^2 정도이다. 이 지열은 지구의 내부에서 나오는 에너지이며, 청정하고 계속하여 생성되는 무한한 재생에너지이다. 한편 태양열도 지구 표면에 전달되기 때문에 지표의 온도 상승에 이바지한다. 지구의 가장 표층인 지각 온도는 약 15℃를 유지하나, 내부로 내려갈수록 온도는 증가하여 약 2 km 깊이에서는 약 65~75℃이고, 3 km 깊이에서는 약 90 ~ 105℃에 이른다. 평균하여 2.5 ~ 3℃/100 m 온도가 증가하지만, 지역에 따라서 많은 차이가 있다. 특히 화산활동이 활발한 지역은 마그마가 지표 가까이에 있어서 온도는 매우 높은 편이다. 그러나 평균적으로 지각 온도는 15 ~ 540℃ 사이 온도를 유지하며 깊이가 깊을수록 온도가 높다.

지열을 많이 이용하는 곳은 그림 10.3과 같이 지각판이 서로 마주치고 지진이 자주 발생하는 곳인 환태평양 주위다. 지열은 90℃ 이하를 저온 자원, 90 ~ 150℃ 사이를 중온 자원, 150℃ 이상을 고온 자원으로 구분한다. 온도에 따라서 직접 난방, 히트펌프, 또는 전기발전 등에 다양한 용도로 사용된다. 발전 분야를 제외하고 이용되는 지열의 35%가 히트펌프에 사용되고, 목욕에 26%, 난방에 22%, 온실에 8%, 양식업에 4% 및 산업용이 3% 등이다. 전기발전도 온도에 따라서 온수와 수증기를 분리한 후 발전하는 경우, 끓는 온도가 낮은 작동유체를 사용하는 경우, 바로 수증기를 사용하여 터빈을 작동시키는 경우 등 다양한 발전 형태가 있다.

국제지열에너지위원회(IGA)[4]에 따르면 발전설비는 지난 30년 동안 매년 5.5% 증가하고 있으며, 5년마다 1,000 MW가 증가하고 있다. 2010년에만 약 10,717 MW의 발전설비가 증설되었다. 주요 발전설비 설치 국가는 미국, 필리핀, 인도네시아, 멕시코, 이탈리아, 뉴질랜드 등으로 자세한 자료는 표 10.1과 같다.

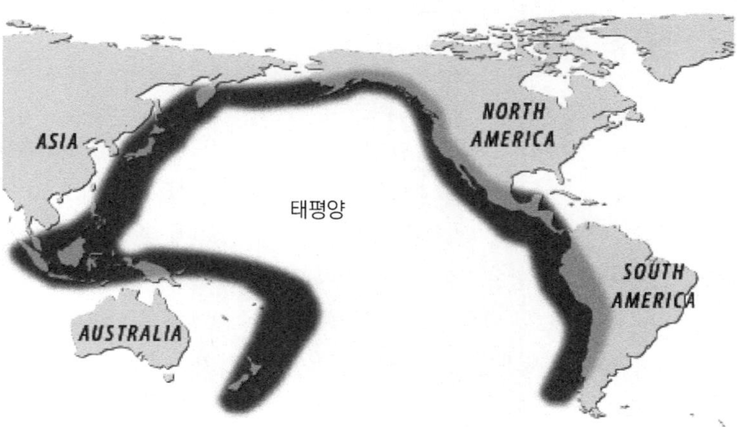

그림 10.3 지열을 많이 활용하고 있는 지역

표 10.1 주요 국가에 5년마다 설치된 발전시설 용량(MW)

국 가	1990년	1995년	2000년	2005년	2010년
미국	2,775	2,817	2,228	2,544	3,093
필리핀	891	1,227	1,909	1,931	1,904
인도네시아	145	310	590	797	1197
멕시코	700	753	755	953	958
이탈리아	545	632	785	790	843
뉴질랜드	283	286	437	435	628
아이슬란드	45	50	170	322	575
일본	215	414	547	535	536
세계 전체 발전 용량	5,832	6,867	7,974	9,064	10,717

10.2 지열 히트펌프

지각은 약 100 m 깊이까지는 일정한 온도(15℃)를 유지하고 있다. 따라서 동물들은 겨울에 추위를 피하고자 땅속에 굴을 파고 겨울을 난다. 또한 여름에도 더위를 피하려고 동굴 속에서 보낸다. 일 년 내내 온도가 변하지 않는 땅속에 관을 설치하여 지열을 이용하면 경제적이다. 겨울에 난방용으로 사용하는 히트펌프는 저온열원이 필요하므로 온도가 일정한 지열은 매우 양호한 저온열원이다. 여름에는 냉방에 사용되는 히트펌프의 응축기에서 발생하는 열을 냉각시키기 위하여 지열을 사용하거나 직접 공기를 지열로 냉각시켜서 사용할 수 있다.

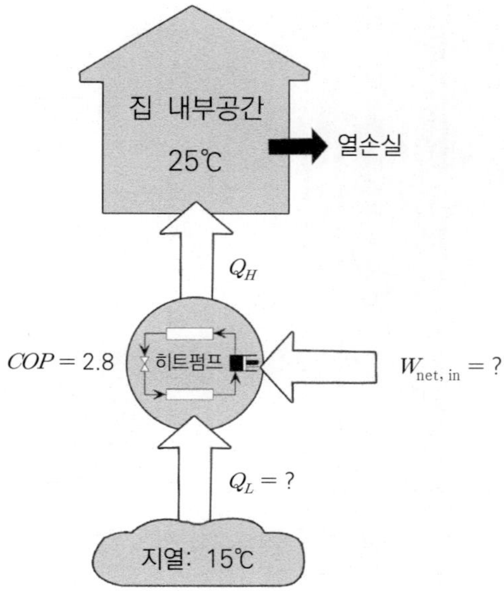

그림 10.4 지열을 이용한 난방용 히트펌프

그림 10.4는 난방에 사용되는 성능계수(COP)가 2.8인 히트펌프의 작동원리를 설명하고 있다. 히트펌프는 땅속에서 저온의 열(Q_L)을 받아서 고온의 열(Q_H)을 실내로 방출하여 난방한다. 즉 히트펌프 내에 있는 작동유체가 지열을 받아서 증발하고, 응축기에서 응축되면서 방출하는 열이 난방에 사용되는 원리이다. 열역학 제1 법칙에 따르면 식 10.1과 같이 히트파이프를 작동하는데 필요한 전기(W_{netin})와 저온의 열(Q_L)을 합한 열(Q_H)이 난방에 사용된다. 그러나 저온의 열(Q_L)로 사용된 지열에 대해서는 값을 치르지 않고, 실제 지급한 경비는 전기(W_{netin}) 뿐이기 때문에 사용자는 저렴한 경비로 난방을 할 수 있는 장점이 있다. 히트펌프의 성능계수(COP)는 식 10.2와 같다.

$$Q_H = Q_L + W_{netin} \tag{10.1}$$

$$COP = Q_H / W_{netin} \tag{10.2}$$

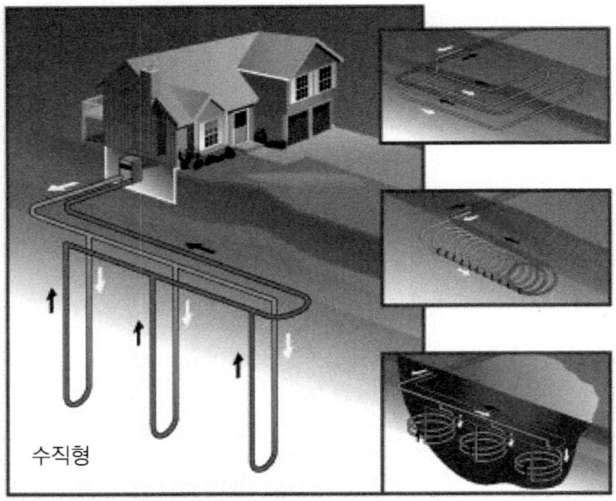

그림 10.5 히트펌프에 사용되는 관의 매설 형태

히트펌프에 저온의 지열을 공급하기 위하여 다양한 형태로 관을 땅속에 매립하고 작동 유체가 관속을 지나면서 열교환을 통하여 필요한 열을 얻는다. 그림 10.5와 같이 설치하는 지역의 특성과 비용에 따라서 관을 수직 또는 수평으로 매설하거나, 관을 한곳에 집중하여 매립 또는 여러 곳에 나누어 매설하는 등 다양한 방법이 사용되고 있다. 관을 설치하는 장소는 건물 주위의 공터, 숲속, 주차장 및 연못 등 설치하는 히트펌프와 멀지 않는 곳의 빈터다.

예제 10-1) 성능계수(COP)가 2.5인 히티펌프를 난방에 사용하려고 자료조사를 하고 있다. 난방에 필요한 열량은 5 kW이고 기기의 가격은 150만 원이다. 하루 12시간씩 사용한다면 20만 원 가격의 전기히터를 사용하는 경우와 비교하여 몇 년이 지나야 히트펌프와 전기히터 가격의 차액을 회수할 수 있나요? 단 전기세는 200원/kWh로 가정한다.

❖ **풀이** : 식 10.2를 이용하여 히트펌프를 사용하여 절약하는 에너지를 계산한다.

$$W = \dot{Q}_H / COP = 5\,kW / 2.5 = 2\,kW$$
$$\dot{Q}_L = \dot{Q}_H - W = 5\,kW - 2\,kW = 3\,kW$$

5 kW의 난방을 위하여 전기히터는 5 kW의 전기를 사용하지만, 히트펌프는 전기는 2 kW만 사용하고 3 kW는 지열을 사용하여 전기에너지 사용을 절약하였다. 하루 동안 절약한 전기에너지 양을 금액으로 계산하면 다음과 같다.

$$3\,kW \times 12\text{시간} \times 200\text{원}/kWh = 7{,}200\text{원}/\text{일}$$

설비 가격 차이를 회수하는 기간은 다음과 같다.

$$\text{기간} = \frac{\text{히트펌프 가격} - \text{전기히터 가격}}{\text{절약비용}} = \frac{150\text{만원} - 20\text{만원}}{7{,}200\text{원}/\text{일}} = 180.6\text{일}$$

히트펌프의 가격이 130만 원 비싸지만 180.6일 정도 사용하면 전기의 절약으로 비용을 회수할 수 있다.

10.3 지열발전

지열에 의하여 생산된 수증기 온도와 수증기에 포함된 가스의 양에 따라서 다양한 형태의 발전모형이 사용된다. 온도가 150℃ 이하로 낮으면 수증기에 물방울이 포함되어 있어 수증기에서 물방울을 분리해야 한다. 만약 바로 터빈에 주입하면 미세한 물방울과 고속으로 회전하는 터빈의 날개가 충돌하여 날개가 부식되거나 파괴되는 경우가 발생하기 때문이다. 또한 수증기에 포함된 가스의 양이 12%(질량비) 이상이면 터빈을 통과한 수증기를 응축기에서 응축할 수 없으므로 한 번 사용한 수증기는 대기 중으로 방출시켜야 한다.

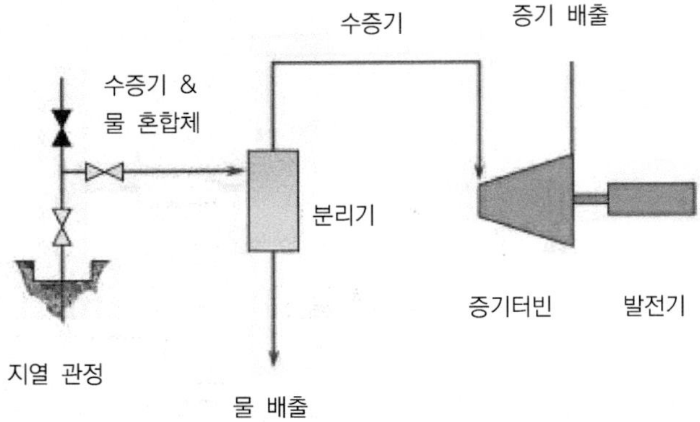

그림 10.6 사용한 증기를 대기에 배출하는 발전 형태

대기 중으로 사용한 수증기를 방출하는 가장 간단한 발전 형태의 구성은 그림 10.6과 같다. 지열 관정에서 취수한 수증기와 물의 혼합체는 분리기를 통하여 액체인 물과 기체인 수증기로 분리된다. 분리된 물은 외부로 배출시키고, 수증기는 증기터빈을 회전시켜서 일하고 대기 중으로 배출된다. 증기터빈에 연결된 발전기가 전기를 생산한다. 이 발전 형태는 매우 간단한 구조로 소규모 발전에 사용되며 규모는 2.5 ~ 5 MW 정도이다. 건설 기간이 짧은 장점이 있으나 사용되는 수증기의 양이 많은 단점이 있다.

50 ~ 100 MW의 조금 큰 규모는 사용한 수증기를 바로 대기 중에 배출하지 않고 응축기를 사용하여 응축된 물을 다시 땅속으로 배출하여 증기를 만들어 사용한다. 따라서 냉각탑과 응축기 같은 장치가 필요하며 구성도는 그림 10.7과 같다.

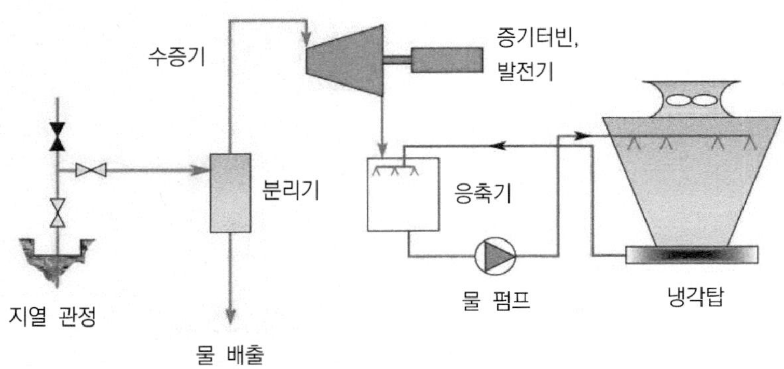

그림 10.7 사용한 증기를 응축하는 발전 형태

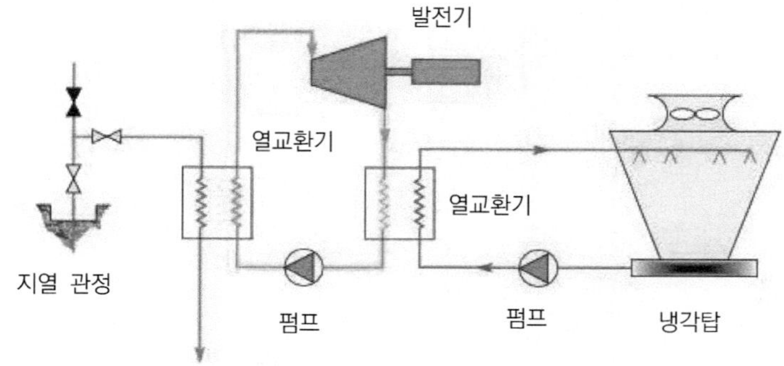

그림 10.8 작동유체를 사용하는 발전 형태

저온 수증기(70 ~ 150℃)를 이용하는 또 다른 형태는 중간에 기화온도가 낮은 작동유체를 사용하는 방법(binary plant)으로 그림 10.8과 같다. 저온의 수증기에는 액체상태의 물방울이 많이 포함되어 있어서 수증기를 직접 사용하지 않는다. 따라서 수증기 분리기를 사용하는 대신에 열교환기를 사용하여 수증기가 작동유체를 가열하여 기화시킨다. 기화된 작동유체가 터빈을 회전시키게 한다. 또 터빈에서 나온 작동유체는 열교환기를 사용하여 응축시켜서 액체로 변환시킨 후에 다시 지열을 얻는 열교환기로 보내어 기화시킨다. 따라서 작동유체가 터빈을 회전시키고, 지열 관정에서 나온 수증기는 터빈에 들어가지 않기 때문에 터빈에 손상을 입히지 않는 장점이 있다. 이 방법은 폐열을 회수하는 곳에도 사용할 수 있으며, 매우 소규모로 100 kW ~ 5 MW 정도에 이용되고 있다.

지열 관정에서 발생하는 수증기 온도가 150℃ 이상으로 아주 높으면 수증기의 건도가 100%(dry steam)로 증기 중에 물방울이 존재하지 않는다. 이 상태에서는 그림 10.9와 같은 구성도에서 분리기가 필요하지 않기 때문에 수증기가 바로 증기터빈에 들어가서 터빈을 회전시켜서 발전한다. 터빈에서 나온 수증기는 응축기에서 액체로 응축되어 다시 지열 관정에 보내져 가열되어 고온의 수증기가 된다. 이 과정은 화력발전소에서 사용되는 발전과정과 같으며 단지 화석연료 대신에 지열을 이용하는 차이가 있다.

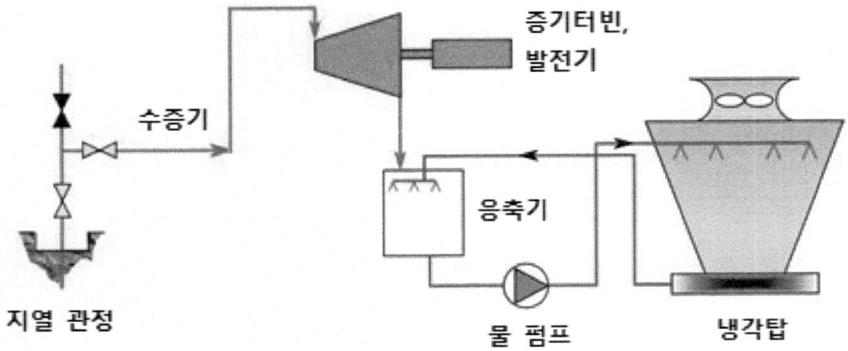

그림 10.9 온도가 150°C 이상의 증기를 바로 터빈에 보내는 발전 형태

CHAPTER 11 연료 전지

11.1 연료전지 개요
11.2 연료 유량
11.3 가습 및 공급장치
11.4 연료전지 냉각

연료전지(fuel cell)는 수소와 산소가 결합하면서 전기, 물과 열만 생성하고 배기가스가 발생하지 않는 청정한 에너지변환 장치로 장래의 자동차 동력장치로 주목받고 있다. 또한 주택에 공급되는 천연가스(LNG)를 수증기개질반응(reformer)을 통하여 추출한 수소를 이용하여 연료전지에서 발생한 전기와 열을 주택에 공급하는 방법도 있다. 따라서 연료전지에 관한 많은 연구가 진행되어 발전과 자동차용 연료전지는 상용화가 실현되었다. 일본과 같은 나라에서는 특히 주택용 연료전지 개발도 활발하여 일반인의 관심도 증가하고 있다.

11.1 연료전지 개요

연료전지는 1839년 영국의 William Grove 경에 의하여 물의 전기분해에서 착안하여 최초로 개발되었으며, 1950년대와 1960년대에는 미국항공우주국에서 우주선에 전기를 공급하기 위하여 고분자전해질 연료전지(제미니) 및 알칼리 연료전지(아폴로, 스페이스셔틀 우주왕복선) 등을 개발하였다. 1970년대에 석유파동으로 연료전지 개발이 다시 관심을 가지게 되었으며, 1980년대에 자동차용으로 개발되기 시작하였다. 1993년 캐나다의 발라드(Ballard)사에 의하여 자동차 동력용 연료전지가 개발되었다. 현재 대부분 주요 자동차회사들은 연료전지 자동차를 개발하고 있다.

11.1.1 연료전지 작동원리

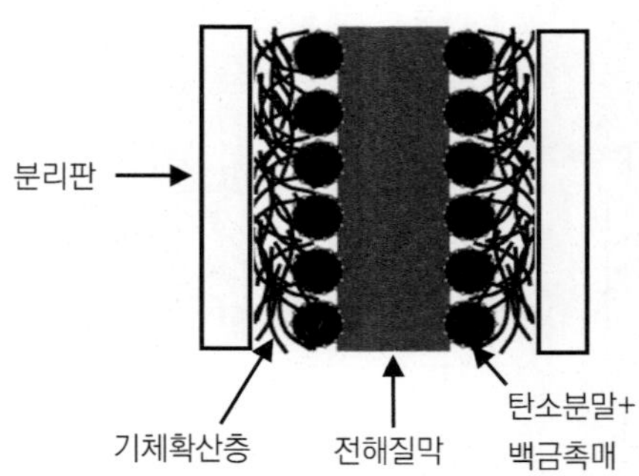

그림 11.1 연료전지의 구성

연료전지는 크게 수소가 공급되는 연료극(anode)과 산소가 공급되는 공기극(cathode)의 두 개의 전극(electrode)이 있고, 두 전극 사이에 위치하는 전해질막(electrolyte)으로 구성되어(그림 11.1) 있다. 또 연료극과 공기극은 백금과 탄소분말로 이루어진 촉매층과 수소 또는 산소를 촉매층으로 전달해주는 다공질의 기체확산층(gas diffusion layer, GDL)으로 구성되어 있다. 두 개의 전극 외부에 분리판이 있어서 수소와 산소의 공급통로와 연료전지를 냉각하는 냉각수의 통로를 제공한다. 따라서 하나의 연료전지는 중심에 전해질막을 두고 한쪽에 연료극, 반대쪽에 공기극이 있고, 이 두 전극의 바깥 양쪽에 분리판이 부착되어 있다. 그러나 하나의 연료전지에서 생산되는 출력은 매우 적기 때문에 이런 연료전지를 여러 개 연결하여 사용하며, 이것을 스택(stack)이라 한다.

연료전지에서 진행되는 전기화학적 반응은 연료극과 공기극에서 서로 다르다. 그림 11.2와 같이 연료극에 공급된 수소는 촉매의 작용으로 양이온(H^+)과 전자(e^-)로 나누어진다. 전자는 외부 도선을 따라서 공기극으로 이동하며, 양이온은 전해질막을 통과하여 공기극으로 이동한다. 산소가 공급되는 공기극에서 촉매로 수소 양이온, 전자 및 산소가 결합하여 물과 열이 발생하며 반응이 끝난다. 각 과정에서 발생한 반응을 나타내는 화학반응식은 다음과 같다.

- 연료극(Anode) : $H_2 \rightarrow 2H^+ + 2e^-$ (11.1)

- 공기극 (Cathode) : $\frac{1}{2}O_2 + 2H^+ + 2e^- \rightarrow H_2O$ (11.2)

- 연료전지 전체 : $H_2 + \frac{1}{2}O_2 \rightarrow H_2O + 전기 + 열$ (11.3)

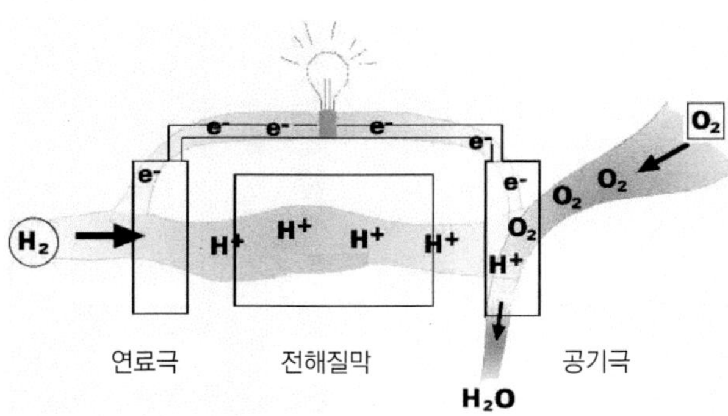

그림 11.2 연료전지의 작동원리

표 11.1 연료전지 종류 및 특성

연료전지 종류	고분자전해질 (PEMFC)	고체산화물 (SOFC)	알칼리 (Alkali FC)	인산염 (PAFC)	용융탄산염 (MCFC)
전해질막 종류	고분자전해질 (Ion exchange membrane)	지르코니아 (Solid metal oxide)	수산화칼슘 (KOH)	인산수용액 (Liquid phosphoric acid)	탄산염 (Molten carbonate salt)
작동온도, °C	60 ~ 100	600 ~ 1000	50 ~ 120	150 ~ 200	600 ~ 800
산화제	O_2 /공기	O_2 /공기	O_2 /공기	O_2 /공기	CO_2/O_2 /공기
효율, %	35 ~ 50	45 ~ 60		35 ~ 50	45 ~ 60
응용분야	자동차	발전용	우주/군사	발전용	발전용

연료전지는 수소와 산소를 이용하여 전기 외에 물과 열을 생산하는 청정한 에너지변환 장치로 많은 장점이 있다. 우선 움직이는 부품이 적기 때문에 소음이 발생하지 않으며, 효율이 높고, 전기의 품질이 좋고, 운영비용이 저렴하고, 여러 가지 방법으로 수소를 제조하여 공급할 수 있는 많은 장점이 있다. 연료전지는 작동하는 온도와 전해질막의 종류에 따라서 다양하게 응용되고 있으며, 고분자전해질 연료전지(PEMFC)가 자동차의 동력으로 사용된다. 고체산화물 연료전지(SOFC)와 용융탄산염 연료전지(MCFC)는 발전용으로 사용된다. 대표적인 종류는 표 11.1과 같다.

11.1.2 전기화학적 반응

연료전지에 사용되는 수소의 발열량 일부는 전기로 변환되고 나머지는 열로 방출되기 때문에 먼저 수소의 발열량과 연료전지 내부에서 진행되는 전기화학적 반응 등의 작동원리에 대하여 간략하게 살펴본다. 수소와 산소를 열량계에 넣고 연소시키면 식 11.4와 같은 화학반응이 일어나서 물과 열이 발생하며, 생성되는 열의 양은 식 11.5를 이용하여 계산할 수 있다. 생성되는 물의 상태는 액체 또는 기체 일 경우가 있으며, 물의 상태에 따라서 발생하는 열의 양도 다르다.

$$H_2 + \frac{1}{2}O_2 \rightarrow H_2O + 열 \tag{11.4}$$

$$\triangle H = (h_f)_{H_2O} - (h_f)_{H_2} - \frac{1}{2}(h_f)_{O_2} \tag{11.5}$$

수소를 연소시켜서 25℃로 냉각시켜 생성된 물의 상태가 완전히 액체일 때 발생한 열을 고위발열량이라 하며 다음과 같다.

$$\begin{aligned}\triangle H &= (h_f)_{H_2O} - (h_f)_{H_2} - \frac{1}{2}(h_f)_{O_2} \\ &= -286\,kJ/mole - 0 - 0 \\ &= -286\,kJ/mole\end{aligned} \tag{11.6}$$

" - "는 발열을 의미하며 또한 화학반응은 다음과 같이 나타낼 수 있다.

$$H_2 + \frac{1}{2}O_2 \rightarrow H_2O(L) + 286\,kJ/mole \tag{11.7}$$

만약 생성된 물의 상태가 기체이면 생성된 열의 일부가 물을 기화시키기 위하여 사용되어 발열량이 감소하며, 이 값을 저위발열량이라 한다. 화학반응은 다음과 같다.

$$H_2 + \frac{1}{2}O_2 \rightarrow H_2O(V) + 241\,kJ/mole \tag{11.8}$$

수소의 연소 결과 발생하는 열의 양은 생성된 물의 상태가 액체인 경우의 고발열량인 286 kJ/mole과 기체 상태의 저발열량인 241 kJ/mole로 구분된다. 이 두 발열량의 차이가 물의 기화열이며 45 kJ/mole이다.

(1) 전기화학적 반응

실제 모든 화학적 반응에 엔트로피의 생성이 동반되며, 따라서 286 kJ/mole의 고위 발열량이 전부 전기로 변환되지 못하고 일부만 전기로 변환된다. 그러면 고위발열량의 몇 퍼센트가 전기로 변환될지가 최대 관심이므로 이 과정은 Gibbs 자유에너지 생성 과정으로 다음과 같다.

$$\Delta G = \Delta H - T\Delta S \tag{11.9}$$

$$\Delta S = (S_f)_{H_2O} - (S_f)_{H_2} - \frac{1}{2}(S_f)_{O_2} \tag{11.10}$$

25℃에서 수소의 고발열량 286.02 kJ/mole을 이용하여 식 11.9에서 Gibbs 자유에너지 생성을 계산하면 다음과 같다.

$$\begin{aligned}\Delta G &= -286.02 - (273+25)[0.06996 - 0.13066 - \frac{1}{2} \times 0.20517] \\ &= -237.34\ \mathrm{kJ/mole}\end{aligned} \tag{11.11}$$

계산 결과 고위발열량 중에서 237.34 kJ/mole만 전기로 변환되고 나머지 48.68 kJ/mole은 열로 방출된다. 따라서 연료전지의 이론적 효율은 다음과 같다.

$$\text{이론적 효율 : } \frac{\Delta G}{\Delta H} = \frac{237.34}{286.02} = 0.83 \Rightarrow 83\% \tag{11.12}$$

(2) 연료전지에서 생성되는 이론적 전압

전기적 일은 전압과 전기량의 곱으로 다음과 같다.

$$W_e = V \times q \quad (J/mole) \tag{11.13}$$

식에서 V는 전압(Volts)이며, q는 전기량(coul/mole)이다. 1 coul은 1 mole에 들어있는 6.24×10^{18}개의 전자들에 의하여 운송되는 전기의 양이다. 따라서 1 mole의 가스에 의하여 발생하는 전기량은 다음과 같다.

$$q = n \times N_{Avg} \times q_{el} \tag{11.14}$$

여기서, n은 분자 하나에 있는 전자 수(예 : H_2=2)이고, N_{Avg}는 아보가드로수(Avogodro 수=$6.022 \times 10^{23} molecules/mole$)로 1 mole에 들어있는 분자의 수이다. q_{el}는 전자 하나가 가지는 전기량($1.602 \times 10^{-19} coul/electron$)이다. 또한 1 mole의 전자가 가지는 전기량인 파라데이상수(F, faraday constant)는 다음과 같다.

$$F = N_{Avg} \times q_{el} = 6.022 \times 10^{23} \times 1.602 \times 10^{-19}$$

$$= 96,485 coul/electron - mole \tag{11.15}$$

따라서 파라데이상수를 이용하면 전기량은 다음과 같다.

$$q = n \times F \tag{11.16}$$

특별히 수소는 분자당 2개의 전자를 가지므로 n에 2를 대입하면 수소의 전기화학적 반응 때문에 발생하는 전기량은 다음과 같다.

$$q = 2 \times F \tag{11.17}$$

식 11.16을 이용하여 전기적 일을 나타내면 다음과 같다.

$$W_e = V \times q = V \times n \times N_{AVG} \times q_{el} = V \times n \times F \quad \text{(J/mole)} \tag{11.18}$$

최대 전기적 유효한 일은 Gibbs 자유에너지 생성과 같으므로 연료전지의 이론적 전압은 다음과 같다.

$$W_e = -\Delta G \qquad \Rightarrow \qquad V = \frac{-\Delta G}{nF} \tag{11.19}$$

그러므로 25℃에서 수소를 사용하는 연료전지에서 생성되는 이론적 전압은 다음과 같이 1.23 V 다.

$$V = \frac{-\Delta G}{nF} = \frac{237,340}{2 \times 96,485} = 1.23\ V \tag{11.20}$$

11.1.3 전해질막(electrolyte)의 특성

수소와 산소를 분리하면서 단지 수소 양이온만 통과시키는 전해질막의 특성에 대하여 살펴봄으로써 전기를 생성하는 일 외에 가습 및 냉각의 필요성에 대하여 살펴본다. 자동차용 연료전지에 사용되는 고분자 전해질막의 상품명은 Nafion이다. 이 막은 매우 얇으면서(μm단위) 수소와 산소를 격리하고 단지 수소 양이온만 연료극에서 공기극으로 통과시키는 역할을 한다. 따라서 전해질막은 화학적 및 기계적으로 연료전지 작동환경에서 안정적이어야 하며 수소와 산소를 분리하는 충분한 능력이 요구된다. 또한 연료전지의 좋은 성능을 위해서 높은 수소이온 전도성이 필수적이다.

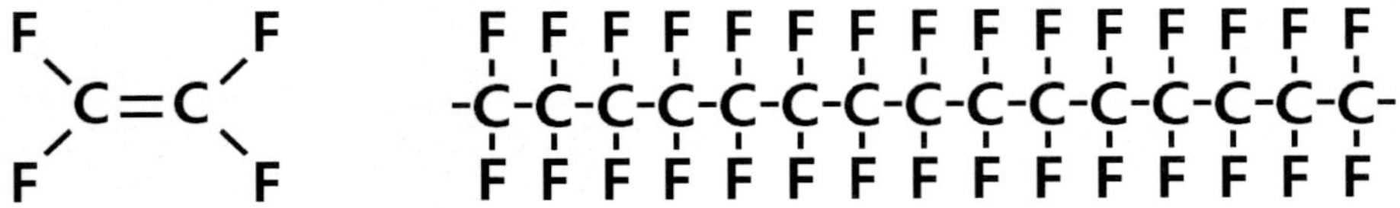

Tetrafluoroethylene Polytetrafluoroethylene (PTFE)

그림 11.3 테트라프루로에칠렌(PTFE)

Nafion은 기초물질인 폴리에칠렌(Polyethelene)에서 수소를 불소로 치환하여 테트라프루로에칠렌(Polytetrafluoroethylene, PTFE)을 만든다. 그림 11.3과 같이 이 물질은 불소와 탄소의 강력한 접착으로 질기고 화학적으로 매우 안정적이다. 특히 물을 멀리하는 특성이 있어서 야외 스포츠용품의 재료로 많이 사용된다. 그러나 수소이온은 물이 있어야 전도성이 높으므로 테트라프루로에칠렌을 직접 전해질막으로 사용할 수 없다.

수소이온의 전도성을 증가시키기 위하여 PTFE에 물과 친한 친수적인 물질인 HSO_3 (Sulfonic acid)를 사용하여 그림 11.4와 같이 체인을 만든다. 화학적 및 기계적으로 매우 안정된 조직에 친수적인 성질을 결합하여 만들어진 물질이 Nafion이다. 따라서 그림 11.5와 같이 전해질막에는 물을 멀리하는 방수영역(CF_2)과 물을 좋아하는 친수영역(SO_3)이 동시에 들어 있다. 수소이온의 전도성 향상에 필수인 물이 전해질막에 항상 적절히 공급될 수 있어 수소 양이온은 H_3O^+의 형태로 연료극에서 공기극으로 잘 이동한다. 즉 수소의 양이온이 전해질막을 통과하면서 물을 끌고 연료극에서 공기극으로 이동한다. 이런 현상을 전기삼투이동(electro-osmotic drag)이라 하며 전류의 세기에 비례한다. 또한 공기극에서 발생하는 열은 전해질막을 가열하여 막에 있는 물을 증발시켜 건조시키므로 외부에서 공기나 액체를 사용하여 냉각하지 않으면 연료전지의 성능 저하를 초래할 수 있다.

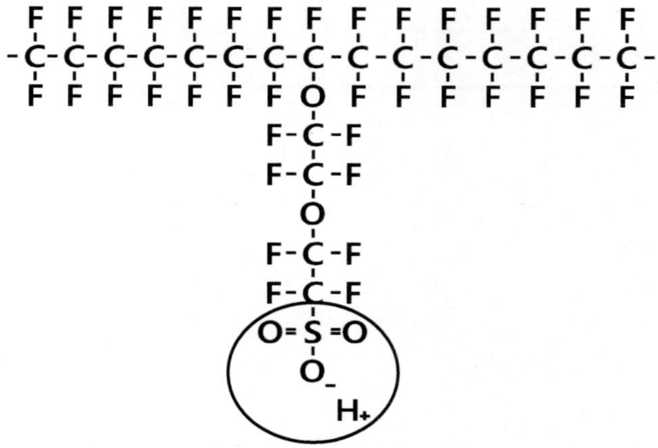

그림 11.4 PTFE에 HSO_3가 첨가된 조직

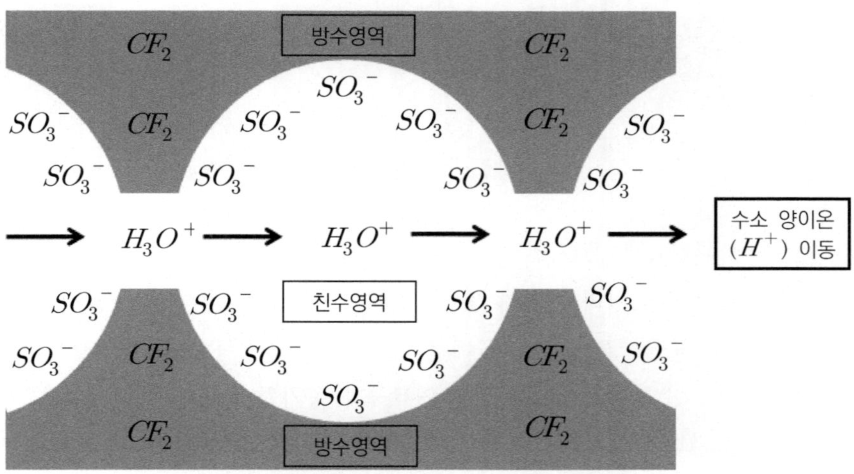

그림 11.5 전해질막 내부에서 친수영역과 방수영역 모형

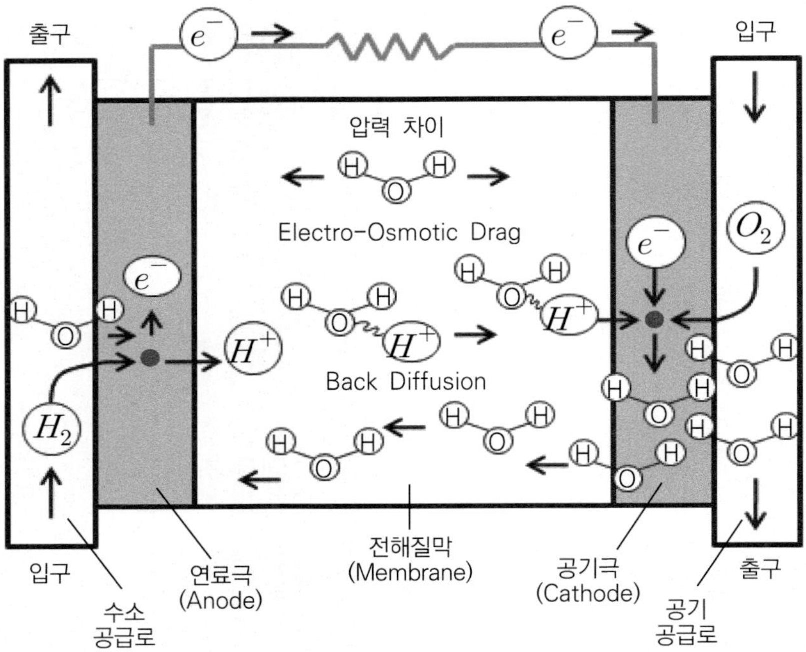

그림 11.6 전해질막을 통한 물의 이동 현상

그림 11.6은 전해질막 내부에서 물의 이동 현상을 나타내고 있다. 전해질막을 통해서 물이 이동하는 원인에는 여러 가지가 있다. 먼저 수소의 양이온이 전해질막을 통과하면서 H_3O^+의 형태로 물을 끌고 연료극에서 공기극으로 이동하는 전기삼투이동(electro-osmotic drag)이 있다. 또 다른 경우는 연료극과 공기극 사이의 물의 농도 차이로 발생하는 역확산(back diffusion)이 있고, 전해질막 내부에서 물의 압력 차이로 이동이 발생한다.

11.2 연료 유량

전기를 생성하는 연료전지는 연료로 수소와 산소가 필요하며, 또한 충분한 성능을 발휘하기 위하여 수소와 산소의 공급량도 필요로 하는 양보다 많은 양을 공급하고 가습한다. 전기를 생성한 후 수소와 산소는 결합하여 물이 되어 연료전지에서 배출되는 공기와 함께 배출된다. 따라서 그림 11.7과 같이 연료전지에 공급되고 또한 작동 후 배출되는 수소, 산소 및 물 등의 유량을 정확하게 파악하는 것이 매우 중요하다.

연료전지에 사용되는 수소 및 산소의 양은 발생하는 전류의 세기에 비례하여 몰수, 질량유량 또는 체적유량으로 나타낼 수 있다. 또한 생성되는 물의 양도 같은 방법으로 나타낼 수 있다. 식 11.16에서 전기량을 구하였다. 즉 1 mole의 가스에 의하여 발생하는 전기량이다. 그러나 일반적으로 전기량보다 전류의 세기를 주로 사용한다. 전류의 세기(I)는 단위시간 당 흐르는 전기량과 같다. 따라서 연료전지에서 전류(I)를 생산하는데 필요한 수소의 양을 몰수로 나타내면 식 11.21과 같고, 이 식은 연료전지에서 발생하는 전류를 2개의 전자를 가지는 1 mole의 수소 분자가 가지는 전기량(F)으로 나눈 값이다.

$$\dot{N}_{H_2} = \frac{I}{2F} \quad \text{(mole/s)} \tag{11.21}$$

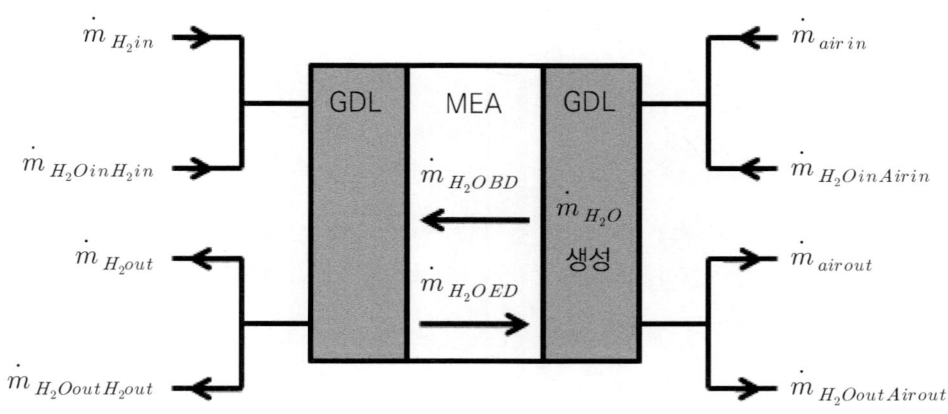

그림 11.7 연료전지에 공급 또는 배출되는 수소, 공기 및 물의 질량 이동

비슷한 방법으로 수소 1 mole에 대하여 필요한 1/2 mole 산소의 양은 다음과 같다.

$$\dot{N}_{O_2} = \frac{I}{4F} \quad \text{(mole/s)} \tag{11.22}$$

또한 1 mole의 수소와 1/2 몰의 산소가 결합하여 생성되는 물의 양은 다음과 같다.

$$\dot{N}_{H_2O} = \frac{I}{2F} \quad \text{(mole/s)} \tag{11.23}$$

식에서 F는 파라데이상수(Faraday's constant=96,485 $Coul/mole$)다.

몰수로 나타낸 수소, 산소 및 물의 유량에 각 각의 분자량을 곱하면 다음과 같이 질량 유량으로 나타낼 수 있다.

$$\dot{m}_{H_2} = \frac{I}{2F} M_{H_2} \quad \text{(g/s)} \tag{11.24}$$

$$\dot{m}_{O_2} = \frac{I}{4F} M_{O_2} \quad \text{(g/s)} \tag{11.25}$$

$$\dot{m}_{H_2O} = \frac{I}{2F} M_{H_2O} \quad \text{(g/s)} \tag{11.26}$$

많은 유량계는 기체의 유량을 질량 대신에 체적을 측정하는 경우가 많이 있으므로 체적유량으로 표현해 본다. 기체를 이상기체상태 방정식을 만족하는 이상기체로 가정하면 몰수와 체적의 관계는 다음과 같다.

$$V_m = \frac{V}{N} = \frac{RT}{P} \quad (m^3/mole) \tag{11.27}$$

이 식을 이용하여 대기압(P = 101.3 kPa)과 20℃에서 이상기체 1 mole의 체적을 계산하면 다음과 같다.

$$V_m = \frac{V}{N} = \frac{RT}{P} = \frac{8.314 \times (273.15 + 20)}{101,300} \tag{11.28}$$

$$= 0.02365\, m^3/mole$$
$$= 23,650\, cm^3/mole$$
$$= 23.650\, l/mole$$

따라서 수소와 산소의 유량을 체적유량으로 나타내면 다음과 같다.

$$\dot{V}_{H_2} = V_m \times \dot{N}_{H_2} = 0.02365 \times \frac{I}{2F} \quad (m^3/s) \tag{11.29}$$

$$\dot{V}_{O_2} = V_m \times \dot{N}_{O_2} = 0.02365 \times \frac{I}{4F} \quad (m^3/s) \tag{11.30}$$

■ **예제 11-1)** 전류 10 A를 발전하는 연료전지에 사용되는 수소와 산소의 양을 몰수, 질량유량 및 체적유량으로 나타내라.

❖ 풀이 :

1) 수소

식 11.21을 이용하여 몰수를 구한다.

$$\dot{N}_{H_2} = \frac{I}{2F} = \frac{10}{2 \times 96485} = 5.18 \times 10^{-5} \text{ mole/s}$$

식 11.24를 이용하여 질량유량을 구한다.

$$\dot{m}_{H_2} = \frac{I}{2F} M_{H_2} = \frac{10}{2 \times 96485} \times 2 = 10.4 \times 10^{-5} \text{ g/s}$$

식 11.29를 이용하여 체적유량을 계산한다.

$$\dot{V}_{H_2} = V_m \times \dot{N}_{H_2} = 23650 \times \frac{I}{2F}$$
$$= 23650 \times \frac{10}{2 \times 96485} = 1.226\ cm^3/s$$

2) 산소

수소와 유사한 방법으로 식 11.22를 이용하여 산소의 몰수를 구한다.

$$\dot{N}_{O_2} = \frac{I}{4F} = \frac{10}{4 \times 96485} = 2.59 \times 10^{-5}\ \text{mole/s}$$

질량유량은 몰수에 분자량을 곱하여 다음과 같다.

$$\dot{m}_{O_2} = \dot{N}_{O_2} \times M_{O_2} = 2.59 \times 10^{-5} \times 32 = 82.8 \times 10^{-5}\ \text{g/s}$$

체적유량은 식 11.30을 이용하여 계산한다.

$$\dot{V}_{O_2} = V_m \times \dot{N}_{O_2} = 23650 \times \frac{I}{4F}$$
$$= 23650 \times \frac{10}{4 \times 96485} = 0.6125\ cm^3/s$$

3) 물

액체상태의 물의 몰수와 질량유량을 식 11.23과 11.26을 이용하여 구하면 다음과 같다.

$$\dot{N}_{H_2O} = \frac{I}{2F} = \frac{10}{2 \times 96485} = 5.18 \times 10^{-5}\ \text{mole/s}$$

$$\dot{m}_{H_2O} = \frac{I}{2F} M_{H_2O} = 5.18 \times 10^{-5} \times 18 = 93.3 \times 10^{-5}\ \text{g/s}$$

11.3 가습 및 공급장치

연료전지가 자동차 동력장치로 원활하게 작동하기 위하여서는 여러 가지 부수적인 운영 조건을 만족시켜야 한다. 대표적인 조건으로 수소 양이온이 연료극(anode)에서 공기극(cathode)으로 통과하는 전해질막(electrolyte)에 적당한 양의 수분이 필요하다. 따라서 연료전지 내부에서 물이 생성되지만, 연료전지에 주입되는 수소와 공기에 가습이 필요하다. 또한 연료전지는 수소가 가진 에너지 일부는 전기로 변환하고 일부는 열로 변환시킨다. 이 열을 냉각시키지 않으면 전해질막이 가열되어 전해질막에 있는 수분을 증발시키므로 연료전지의 냉각이 필수적이다.

연료전지의 작동에 필요한 수소와 공기의 공급장치, 가습에 필요한 가습장치 및 냉각장치를 포함한 장치를 주변장치(BOP, balance of power)라 하며 일반적으로 보조장치로 취급되어 중요하지 않게 생각한다. 그러나 도로의 노면 상태에 따라 변하는 동력의 동적인 공급 변화에 대응하기 위해서 주변장치는 매우 중요한 요소이다. 이 절에서는 연료전지 운영에 필수적인 가습기의 원리, 가습 방법 및 수소와 공기의 공급장치에 대하여 살펴본다.

11.3.1 가습장치

상대습도는 온도에 반비례하므로 대기 온도에서 상대습도가 높은 상태로 수소와 공기가 연료전지에 공급되어도 연료전지 내부에서 가열되면서 상대습도는 급격히 떨어진다. 자동차에 사용되는 고분자형 연료전지의 작동온도는 보통 90℃ 내외로 대기 온도보다 상당히 높다. 따라서 연료전지의 작동온도에서도 높은 상대습도를 유지하기 위하여 수소와 공기에 가습이 필요하다. 가습의 방법은 연료전지의 출력, 작동온도와 압력 및 연료의 공급 방법에 따라서 다양하며 대표적으로 사용되는 방법은 다음과 같다.

- 수소 및 공기의 저수조 통과
- 고온 다습한 출구 공기와 수증기 교환
- 물 또는 수증기의 직접 분사(spray or injection)

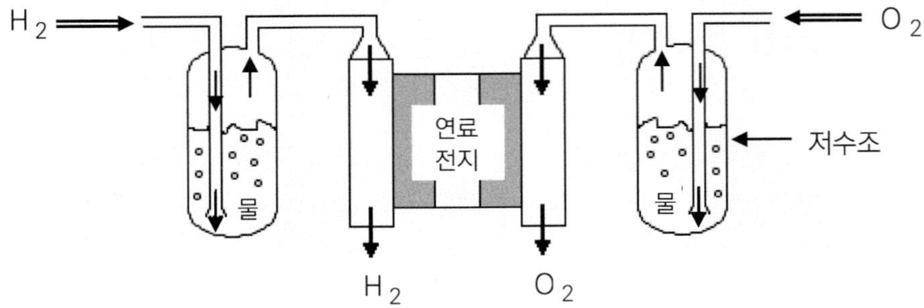

그림 11.8 저수조를 이용한 가습 방법

첫 번째 방법인 수소 및 공기의 저수조 통과는 보통 병원에서 환자에게 산소를 공급할 때 가습하기 위하여 사용하는 방법이다. 그림 11.8과같이 일정한 온도의 물이 담겨 있는 용기로 공기를 통과시키면 공기 방울이 물과 접촉하면서 건조한 공기가 가습 되는 간단한 원리이다. 그러나 이 방법은 아주 간단한 방법으로 실험실에서 사용은 가능하지만, 실제 자동차에 사용하기는 쉽지 않다.

가장 간단하면서 사용할 수 있는 방법인 두 번째의 경우는 연료전지의 공기극 출구에서 배출되는 출구의 공기는 습기가 많고 상대적으로 온도가 높으므로 이 공기를 이용하는 방법이다. 따라서 공기극에 들어가는 저온의 건조한 공기와 다공성의 얇은 막을 사이에 두고 서로 교차하면서 수분을 교환하는 방법이다. 그림 11.9와 같이 다공성 막을 사이에 두고 고온 다습한 공기와 저온 건조한 공기가 흐르면서 열과 수분을 교환한다. 고온 다습한 공기가 가습기를 통과하면 수분 일부가 막의 표면에서 응축되고 이 응축된 물은 다공성 막을 통과하여 건조한 공기가 흐르는 반대편으로 스며들어 저온 건조한 공기를 가습한다.

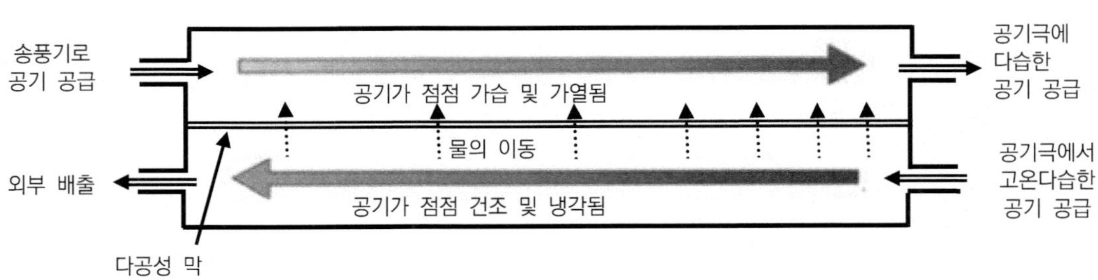

그림 11.9 고온 다습한 출구 공기를 이용하는 가습 원리

가습 장치에 움직이는 부품이 없어 상대적으로 간편하고 공기가 일정하게 가습 되는 장점이 있다. 그림 11.10은 가습기의 형상이다.

세 번째 방법으로 그림 11.11과 같이 물이나 수증기를 직접 연료전지에 들어가는 공기나 수소에 분사하여 가습하는 방법이다. 물을 분사하기 위하여 물을 항상 보관하고 펌프를 사용하여 공급하기 때문에 부피가 크고 동력이 필요로 한다. 물의 양이 정확하게 제어되지 못하면 연료전지의 기체확산층 또는 전해질막의 기공이 물로 막혀서 오히려 연료전지의 성능이 저하 되거나 완전히 작동을 멈출 수 있는 단점이 있다. 물을 분사하는 방법에는 다공성의 금속을 사용하거나 노즐을 사용하여 물을 분사한다.

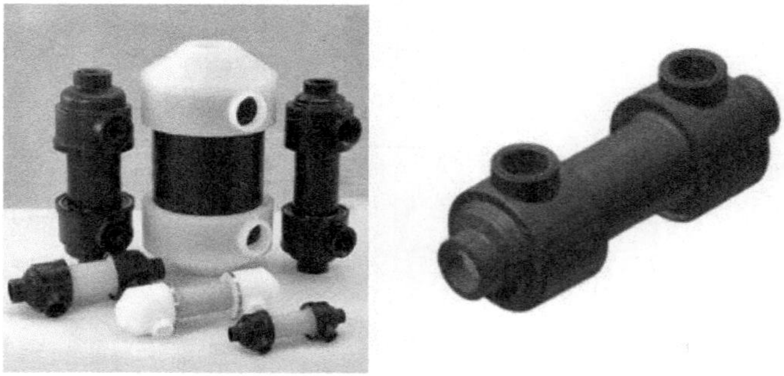

그림 11.10 고온 다습한 공기극 출구 공기를 이용하는 가습 장치

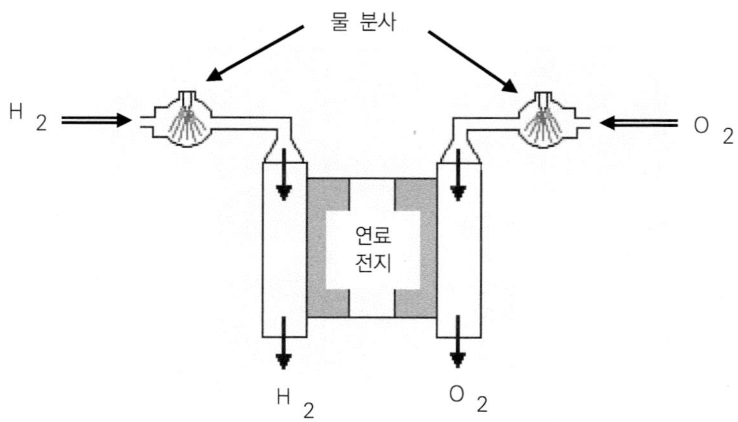

그림 11.11 물 또는 수증기를 분사하여 가습

가습장치는 연료전지의 작동을 원활하게 하려면 필수적인 장치이며 설명한 세 가지 방법을 기초로 여러 가지 변형된 가습 방법이 있을 수 있다. 실제 사용되는 방법은 연료전지의 작동환경과 출력 규모 등을 고려하여 결정된다. 또 일반적으로 연료전지에서 생산한 출력 일부가 가습기 작동에 사용되기 때문에 가능한 한 가볍고 부피가 작고 동력이 적게 사용되는 방법이 요구된다.

11.3.2 수소 공급장치

수소는 외부에서 자동차에 부착된 고압용기에 주입되어 저장된 후 연료전지에 공급된다. 따라서 수소 공급을 위하여 별도의 압축기가 필요하지는 않고 단지 일정한 압력으로 공급하기 위하여 압력을 조절하는 밸브가 설치된다. 연료전지에 공급되는 수소의 양은 전류 생산에 필요한 양만 공급하는 경우와 공급량보다 많이 공급하는 경우가 있다. 전자의 경우는 공급된 수소가 완전히 사용되므로 압력용기에서 압력 조절 밸브를 통과하여 곧 연료극에 연결되는 공급 시스템으로 매우 간단하며 그림 11.12와 같다.

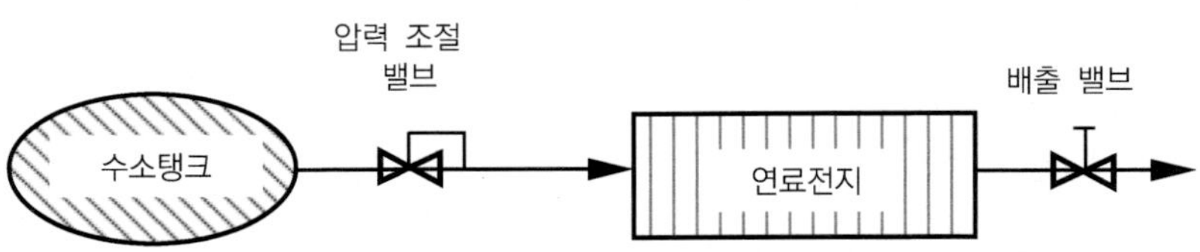

그림 11.12 완전히 소비하는 경우의 수소 공급장치 구성도

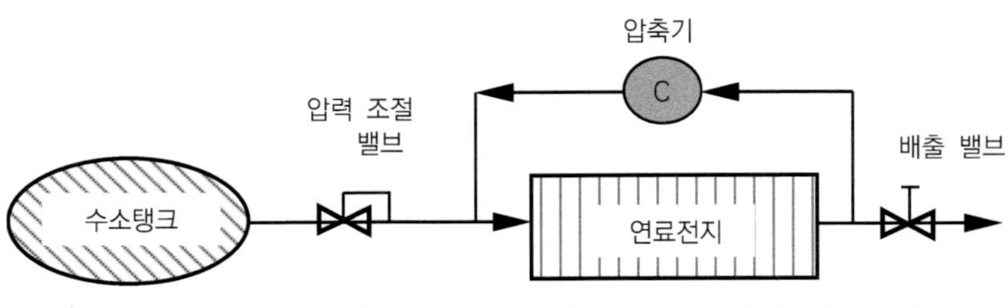

그림 11.13 많은 양을 공급하는 경우의 수소 공급장치 구성도

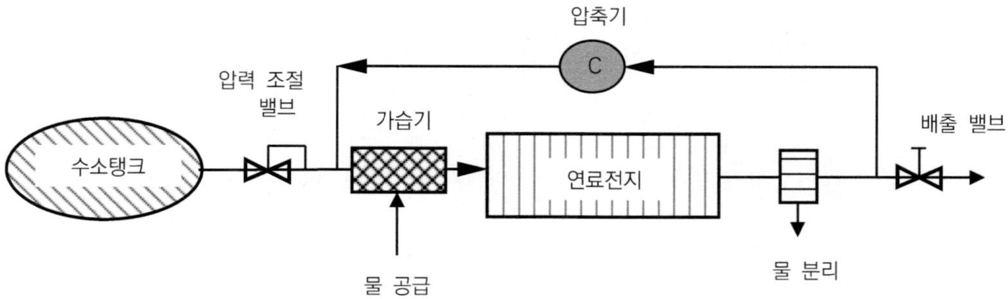

그림 11.14 가습기가 설치된 수소 공급장치 구성도

그러나 필요한 양보다 많이 공급해야 수소가 연료극 전체에 충분히 공급될 수 있으므로 보통 필요량보다 많이 공급하고 나머지 수소는 회수하여 재사용하게 된다. 따라서 수소를 회수하기 위하여 추가로 압축기나 이젝터(ejector) 등이 필요하며 공급장치의 구성도는 그림 11.13과 같다.

전해질막의 수분은 수소 양이온에 의하여 공기극으로 운반되기 때문에 전해질막이 건조되는 것을 방지하기 위하여 공급되는 수소는 가습이 필요하며 일반적으로 수소가 연료극에 들어가기 직전에 가습기가 설치된다. 가습기가 설치되는 경우의 수소 공급 시스템은 그림 11.14와 같다. 연료전지에서 사용되고 남은 수소는 다량의 수분을 함유하고 있다. 따라서 연료극 출구에 물 분리기를 설치하여 물을 분리하고 수소만 회수되게 한다. 한편 필요에 따라서 연료전지에서 배출되는 수소는 회수하지 않고 대기로 바로 배출하는 경우가 있으므로 모든 공급 시스템에 수소 배출 밸브가 설치되어 있다.

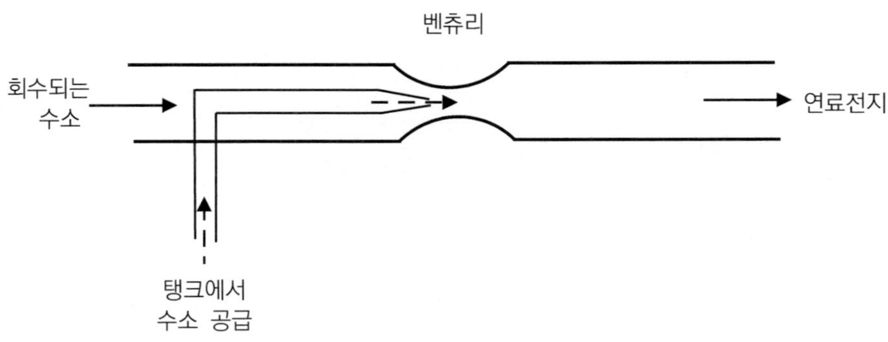

그림 11.15 이젝터(ejector)의 구조

이젝터는 벤츄리와 유사한 형태로 수소탱크에서 연료전지로 들어오는 수소의 압력을 이용하여 별도 압축기 없이 수소를 회수하는 장치로 그림 11.15와 같다. 따라서 추가 동력이 필요하지 않은 장점이 있으나 사용은 매우 제한적이다. 이젝터는 고압의 수소탱크에서 공급되는 수소가 점선을 따라서 공급되면 벤츄리에서 유동속도가 증가하여 회수되는 수소를 빨아들여서 연료전지 연료극으로 수송한다. 따라서 별도의 압축기가 필요하지 않다.

11.3.3 공기 공급장치

공기의 공급장치는 수소의 공급장치와 유사하나 고압 저장 탱크를 사용하지 않고 대기 중의 공기를 송풍기 또는 압축기를 사용하여 공기극에 공급한다. 연료전지의 작동 압력이 낮으면 송풍기를 사용할 수 있고 압력이 높으면 압축기를 사용한다. 송풍기나 압축기는 연료전지에서 생성된 전력을 사용하므로 가능한 최적의 용량을 선택하는 것이 연료전지의 효율을 증가시킨다.

대기 온도가 연료전지 작동온도보다 낮으므로 공기극에 공급되는 공기의 습도가 낮은 편이다. 따라서 공기는 보통 연료전지의 공기극에 들어가기 직전에 공기 필터와 가습기를 통과하여 불순물을 제거하고 습도를 높이며, 연료전지 출구에서 공기는 습도가 높으므로 물 분리기를 설치하여 물을 분리한다. 이 물은 다시 가습에 사용하기 위하여 탱크에 저장되고 펌프를 사용하여 가습기에 공급된다. 공기를 대기로 배출하기 직전 출구에 압력 조절 밸브를 설치하여 공기의 압력을 조절한다. 공기 공급장치의 구성도는 그림 11.16과 같다. 그림 11.14와 그림 11.16은 수소 공급장치와 공기 공급장치를 별도로 보여주고 있다. 그러나 실제 연료전지에는 이 두 장치가 함께 설치되어 작동하므로 두 장치를 합하면 그림 11.17과 같다.

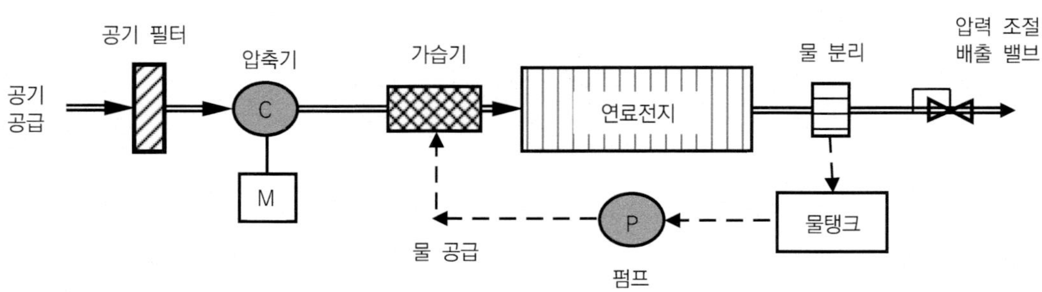

그림 11.16 공기 공급장치 구성도

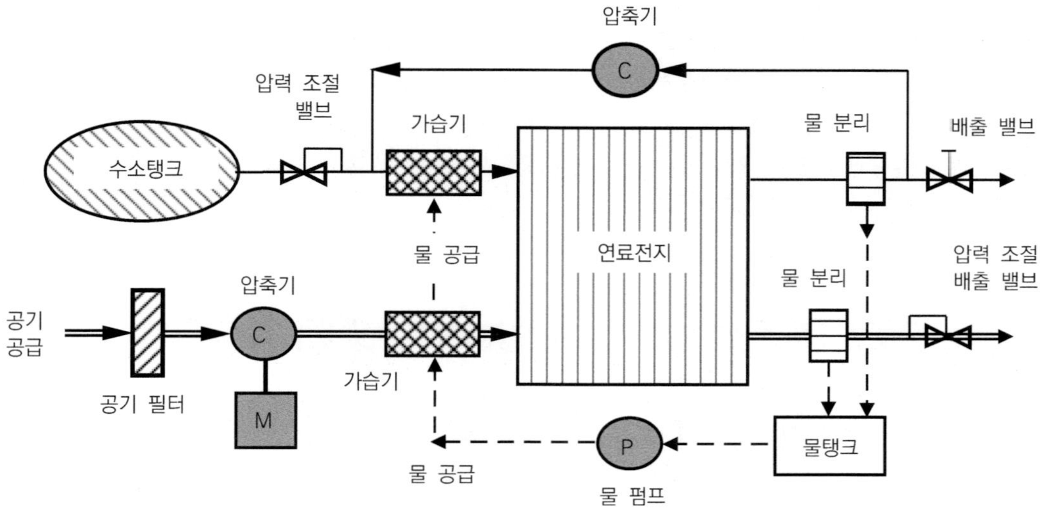

그림 11.17 수소와 공기 공급장치 구성도

11.4 연료전지 냉각

연료전지의 효율이 100% 이하이므로 수소 발열량의 일부분은 전기로 변환되고 나머지는 열로 배출된다. 따라서 발생하는 열을 공기나 물을 사용하여 외부로 배출시키지 않으면 연료전지 온도가 상승하여 여러 가지 문제가 발생한다. 특히 발생한 열이 전해질막을 건조 시켜서 수소 양이온의 이동이 줄어들면 연료전지의 출력성능이 저하되고, 더욱 심하게 되면 궁극적으로 연료전지는 작동을 멈추게 된다. 작은 규모의 연료전지는 공기극에 공급되는 공기로 냉각시킬 수 있으나 몇 kW 이상의 연료전지는 공기나 물을 사용하여 별도로 냉각시킨다. 따라서 연료전지에서 일어나는 발열량을 살펴보고, 필요한 냉각장치에 대하여 설명한다.

11.4.1 열 발생

연료전지의 연료로 사용되는 수소가 연소하면서 발생하는 열은 생성된 물의 상태에 따라서 고위발열량(286 kJ/mole)과 저위발열량(241 kJ/mole)으로 구분된다. 만약 수소의 고위발열량과 저위발열량이 전부 전기로 변환되면 연료전지의 최대 전압인 개방전압(open circuit voltage)은 다음과 같다.

$$V_h = \frac{-\Delta h_f}{2F} = \frac{285,840\ J/mole}{2 \times 96485} = 1.48\ V \tag{11.31}$$

$$V_l = \frac{-\Delta h_f}{2F} = \frac{241,830\ J/mole}{2 \times 96485} = 1.25\ V \tag{11.32}$$

일반적으로 연료전지의 공기극에서 발생한 물은 기체 상태이다. 그러므로 수소가 가진 저위발열량을 기준으로 하면 최대 개방전압은 식 11.32와 같이 1.25 V이다. 그러나 식 11.20에서 Gibbs 자유에너지를 이용하여 얻은 이론적 최대 전압은 1.23 V이다. 그뿐만 아니라 실제 여러 가지 원인에 의하여 연료전지에서 발생하는 전압은 더욱 낮다. 이 전압의 차이에 비례하여 에너지는 열로 변환되며 열의 발생량은 다음과 같다.

$$\dot{Q}_g = (1.25 - V_c) \times I \times n \quad \text{(W)} \tag{11.33}$$

식에 사용된 V_c와 I는 연료전지에서 생성된 실제 전압과 전류이고, n은 연료전지의 개수다. 또한 전압으로 연료전지의 효율을 나타내면 다음과 같다.

$$\eta_c = \frac{V_c}{V_l} \times 100 \tag{11.34}$$

예제 11-2) 60℃에서 작동하는 연료전지의 전압이 0.6 V이며 전류가 600 mA/cm^2이다. 발생하는 열의 양을 구하라.

❖ **풀이** : 연료전지가 1개라고 가정하면 단위 면적 당 발열량은 식 11.33을 이용하여 다음과 같다.

$$\dot{Q}_g = (1.25 - V_c) \times I \times n = (1.25 - 0.6) \times 600 \times 1 = 0.39\ W/cm^2$$

따라서 0.39 W/cm^{2}은 열로 변환되고 0.36 W/cm^{2}의 에너지는 전기로 변환된다. 효율은 48% 정도이다.

11.4.2 에너지 균형

연료전지에서 에너지 균형은 두 가지 관점에서 나타낼 수 있다. 먼저 사용된 연료의 에너지와 생성된 에너지의 관계를 이용한다. 필요한 수소의 양을 나타내는 식 11.21과 저위발열량을 이용하면 연료로 사용된 수소의 엔탈피는 식 11.35와 같다. 이 값은 생성된 전기와 열의 합과 같으며 에너지 균형을 만들면 식 11.36을 얻는다.

$$H_{H_2 in} = \frac{I}{2F} \times H_{LHV} \tag{11.35}$$

$$\frac{I}{2F} \times H_{LHV} = W_e + Q_g = I \times V_c + Q_g \tag{11.36}$$

즉 식 11.36에서 수소의 발열량은 생성된 전기와 열의 합을 의미하며, 연료전지의 전압과 전류의 함수이다.

다른 방법은 연료전지를 외부가 단열된 시스템으로 가정하고 열역학 제1 법칙인 에너지 보존의 법칙을 적용하여 얻는 방법이다. 연료전지는 수소와 공기를 공급받아서 전기에너지와 열을 생성하고 나머지 수소와 공기를 배출한다. 따라서 에너지 보존의 법칙을 이용하면 공급되는 수소와 공기의 엔탈피의 합은 전기에너지, 냉각장치에 의해 배출되는 열 및 배출되는 수소와 공기의 엔탈피의 합으로 다음과 같다. 물론 공기가 함유한 물의 엔탈피도 포함된다.

$$\sum_{i=1}^{n}(H_i)_{in} = W_e + Q_c + \sum_{i=1}^{m}(H_i)_{out} \tag{11.37}$$

그림 11.18은 연료전지를 외부가 단열된 시스템으로 가정하고 식 11.37을 시스템에 적용한 경우를 나타낸다. 따라서 식 11.37은 다음과 같다.

$$\begin{aligned} & H_{H_2 in} + H_{H_2O in H_2 in} + H_{air\,in} + H_{H_2O in\,Air\,in} \\ & = W_e + Q_c + H_{H_2 out} + H_{H_2O out H_2 out} + H_{airout} + H_{H_2O in\,Air\,out} \end{aligned} \tag{11.38}$$

W_e와 Q_c는 생성되는 전력과 냉각 물질에 의하여 외부로 배출되는 열량이다. 따라서 각 기체의 질량을 곱하면 질량이 함유한 엔탈피를 구할 수 있다.

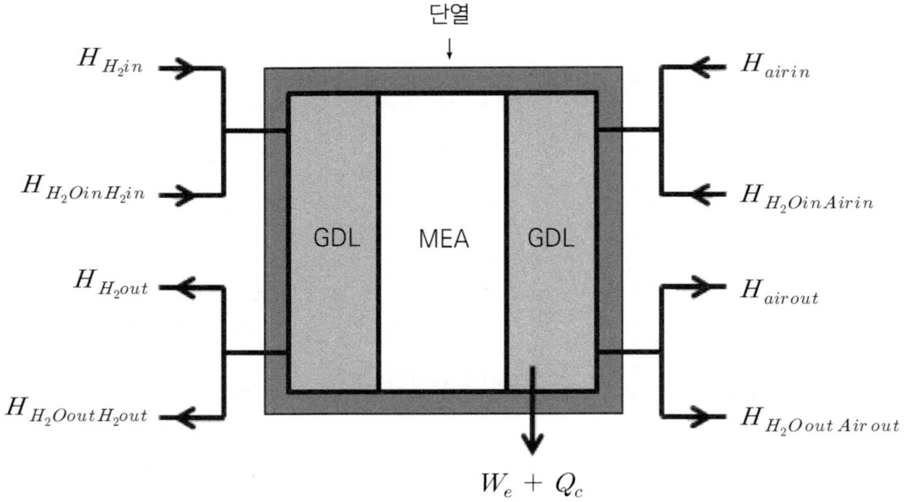

그림 11.18 연료전지에 대한 에너지 보존법칙 적용

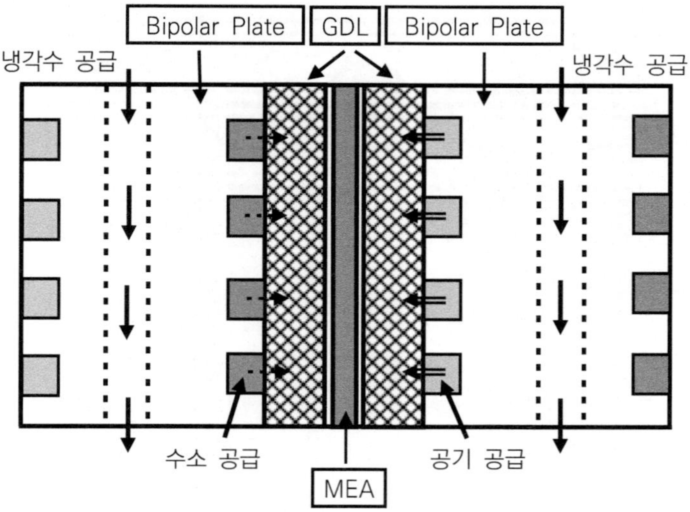

그림 11.19 연료전지의 단면

그림 11.19와 같이 연료전지의 단면은 전해질막(MEA)을 중심으로 좌우에 촉매층(catalyst), 기체확산층(GDL) 및 분리판(bipolar plate)이 있다. 기체확산층은 기체가 흐를 수 있게 많은 기공이 있고, 분리판에는 공기, 수소와 냉각수가 흐르는 통로가 단들어져 있다. 연료전지 스택(stack)은 다량의 전류를 얻기 위하여 이와 같은 연료전지 여러 개가 겹쳐서 이루어져 있다. 그림 11.20은 실제 사용되는 분리판에 있는 공기와 수소 통로를 보여주고 있다. 공기, 수소와 냉각수 유동 통로는 매우 다양하며 연료전지 성능 향상을 위하여 제작회사에 따라서 고유한 형태를 사용하고 있다. 그림 11.21은 특정 자동차회사에서 사용한 연료전지의 단면이다.

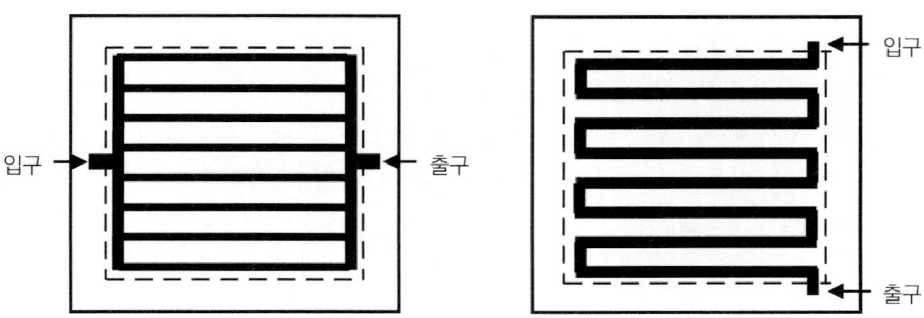

그림 11.20 분리판(Bipolar plate)에 음각된 수소와 공기 통로 형태

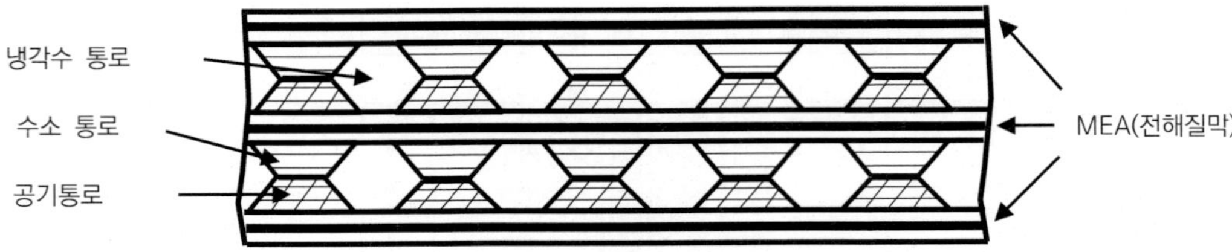

그림 11.21 수소, 공기 및 냉각수 통로를 포함한 연료전지의 단면

그림 11.19와 같은 구조의 연료전지 내부에서 발생하는 대부분 열은 공기극에 있는 촉매에서 수소 양이온, 전자 및 산소의 화학적 결합에 의해서다. 따라서 연료전지 내부에서 공기극의 촉매 부분의 온도가 가장 높다. 또 그림 11.22와 같이 물질의 전기적 저항 때문에 적은 양이지만 열이 발생하는 곳은 전해질막, 기체확산층($\dot{q}_{GDL}$) 및 분리판($\dot{q}_{BP}$) 등이다. 그러나 이 열들의 양은 적기 때문에 고려하지 않아도 미치는 영향은 적다. 특히 전해질막의 두께는 매우 얇으므로 전기저항으로 발생하는 열은 무시할 정도이다.

또한 재료가 서로 다른 기체확산층과 분리판의 접촉면에서 접촉저항이 있어서 전압의 저하가 발생하며 동시에 열이 발생하여 접촉면에서 온도 차이가 발생한다. 발생한 열은 온도가 높은 공기극의 촉매에서 온도가 낮은 주위로 주로 전도열전달에 의하여 이동한다. 공기극 쪽에서는 먼저 기공이 많은 기체확산층에서 일부는 공기에 전달되어 공기와 함께 외부로 배출되나 대부분 열은 분리판으로 전달되고 다시 분리판에 공급되는 냉각수로 전달되어 외부로 배출된다. 연료극 쪽으로는 먼저 전해질막에 전도열전달에 의하여 열이 전달되고 다시 기체확산층을 거쳐서 분리판에 전달된 후 냉각수에 의하여 외부로 배출된다. 일부는 기체확산층과 분리판에 흐르는 수소로 전달되어 외부로 배출된다.

그림 11.23은 연료전지 스텍의 외부 모습으로 외부는 완전히 밀봉되고 수소, 공기와 냉각수의 출입구만 외부에 연결되게 되어 있다. 따라서 일부의 열은 연료전지 표면에서 외부로 자연대류열전달이나 복사열전달에 의하여 배출된다. 그러나 이 양은 적으며 주로 냉각수에 의하여 외부로 배출된다고 할 수 있다. 종합하면 그림 11.22와 같이 대부분 열은 전도열전달에 의하여 공기극 촉매에서 분리판에 있는 냉각수 통로까지 전달되고, 냉각수 통로의 분리판 표면에서 대류열전달에 의하여 냉각수로 전달된다.

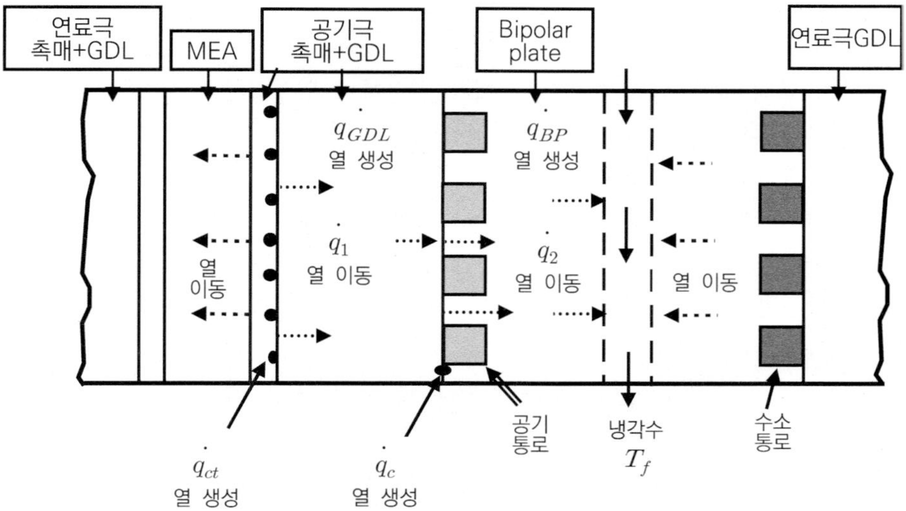

그림 11.22 연료전지 내부에서 열 생성 및 이동

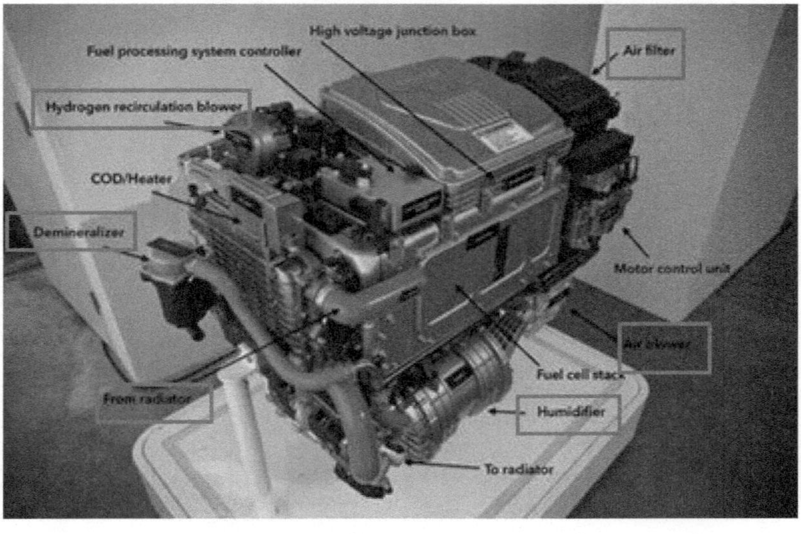

그림 11.23 연료전지 스택[6]

11.4.3 냉각장치

발생하는 열의 양에 따라서 공기나 물을 사용하여 연료전지를 냉각시킨다. 몇 kW급 정도의 작은 용량의 연료전지는 공기를 사용하여 냉각시키며 이 방식이 공냉식이다. 물을 사용하여 냉각하는 방식이 수냉식이다. 공냉식에도 공기극에 공급되는 공기의 양을 충분하게 공급하여 냉각하는 방식과 연료전지 내부에 공기가 흐르는 통로를 설치하고 외부에 팬이나 송풍기를 사용하여 강제로 공기를 순환시켜서 냉각하는 방식이 있다. 자동차의 동력원으로 사용될 연료전지는 출력이 크므로 물을 사용하여 냉각하는 수냉식을 사용한다.

그림 11.24 공냉식 연료전지[2]

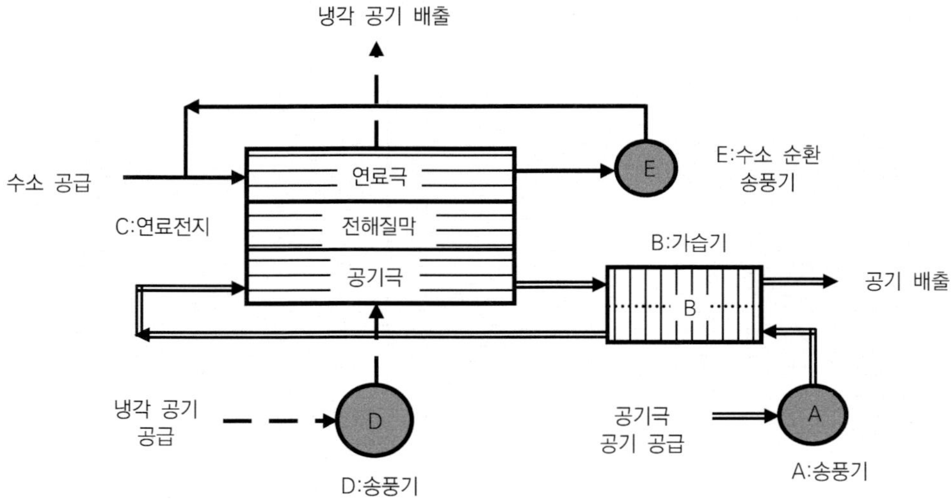

그림 11.25 공냉식 냉각장치의 구성도

공기극에 연료전지가 필요로 하는 공기량보다 많은 공기를 공급하여 냉각하는 방식이 공냉식이다. 공기 공급량이 많아지면 또한 가습도 많이 해야 하는 문제점이 발생하기 때문에 매우 제한적으로 사용할 수 있는 방법이다. 공냉식 중에서 연료전지 내부에 별도의 공기 통로를 설치하여 공기로 냉각하는 경우는 그림 11.24와 같이 공기를 공급하는 여분의 장치가 필요하다. 연료전지 시스템은 출력이 2 kW 정도로 연료전지(C)를 중심으로 여러 가지 보조장치가 연결되어 있다. 그림 11.25는 그림 11.24의 연료전지 시스템의 자세한 구성도이다. 송풍기(A)는 연료전지에 공기를 공급하며, 송풍기(D)는 연료전지의 냉각에 필요한 공기를 공급하는 장치이다. 장치(B)는 가습기로 공기극에서 배출되는 공기에 포함된 수분을 이용하여 수소를 가습한다. 송풍기(E)는 연료전지에 사용되고 남은 수소를 재활용하기 위하여 수소를 연료극 입구로 보내는 장치이다.

그림 11.26은 가솔린엔진의 냉각장치를 나타내고 있다. 엔진을 통과한 고온의 냉각수는 온도에 의하여 작동하는 밸브인 서모스탯(thermostat)이 열리면 연결 호스를 통하여 방열기(라디에이터)로 이동한다. 고온의 냉각수는 그림 11.27과 같은 열교환기인 방열기에서 공기와 열교환을 하고 냉각된다. 냉각된 냉각수는 펌프에 의하여 다시 엔진으로 되돌아가 엔진을 냉각하면서 가열된다. 따라서 냉각수는 엔진과 방열기를 연결한 호스로 이루어진 폐쇄형의 시스템 내부에서 열을 가솔린엔진에서 방열기로 이동시킨다.

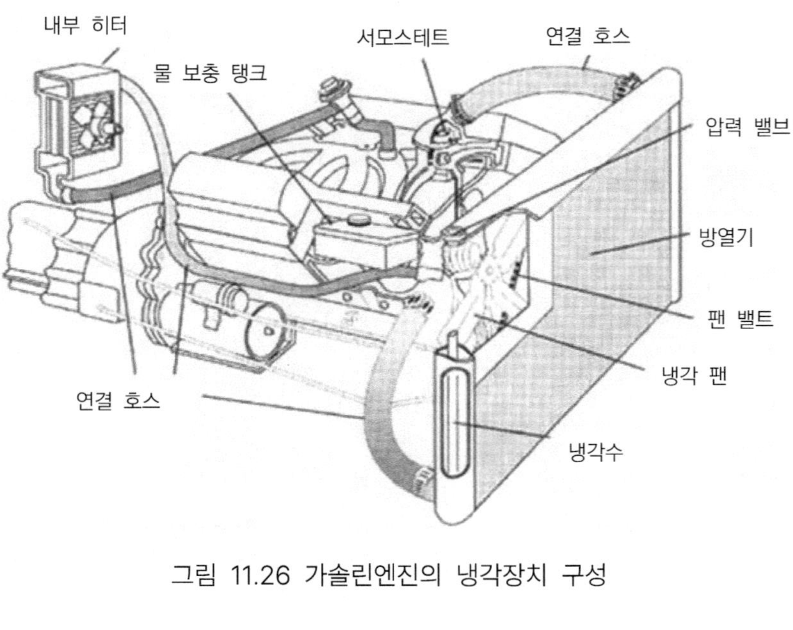

그림 11.26 가솔린엔진의 냉각장치 구성

그림 11.27 열교환기인 방열기와 팬으로 구성된 냉각장치

자동차에 사용되는 연료전지는 그림 11.23과 같이 외부는 완전히 밀폐된 상태로 차체에 장착되기 때문에 연료전지의 냉각은 내부에 흐르는 냉각수에 크게 의존한다. 물론 일부의 열은 표면을 통하여 외부로 배출될 수 있으나 양은 많지 않다. 냉각수를 사용하여 연료전지를 냉각하는 시스템은 가솔린엔진을 냉각하는 장치와 유사하다. 냉각 대상이 가솔린엔진에서 연료전지로 바뀐 점이 차이다.

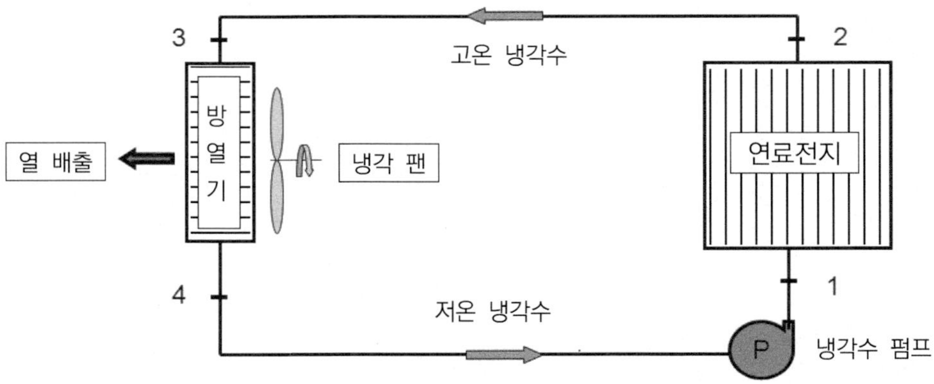

그림 11.28 연료전지 냉각장치 구성도

그림 11.28은 연료전지의 냉각장치 구성도이다. 연료전지 내부에는 그림 11.21과 같은 냉각수 통로가 만들어져 있고, 냉각수가 흐르면서 연료전지에서 발생한 열을 외부로 배출시킨다. 연료전지를 냉각한 냉각수는 고온으로 가열되어 열교환기인 방열기로 가서 외부에서 팬으로 공급되는 찬 공기와 열교환을 하고 냉각된다. 반대로 공기는 방열기에서 냉각수를 냉각하면서 고온의 공기가 되어 배출된다. 온도가 낮은 냉각수는 펌프에 의해서 다시 연료전지에 공급되어 냉각을 계속한다. 그림 11.29과 11.30은 현대자동차에서 생산하는 넥쏘의 실제 연료전지 자동차의 동력장치 외형 및 내부 구성도를 나타낸다.

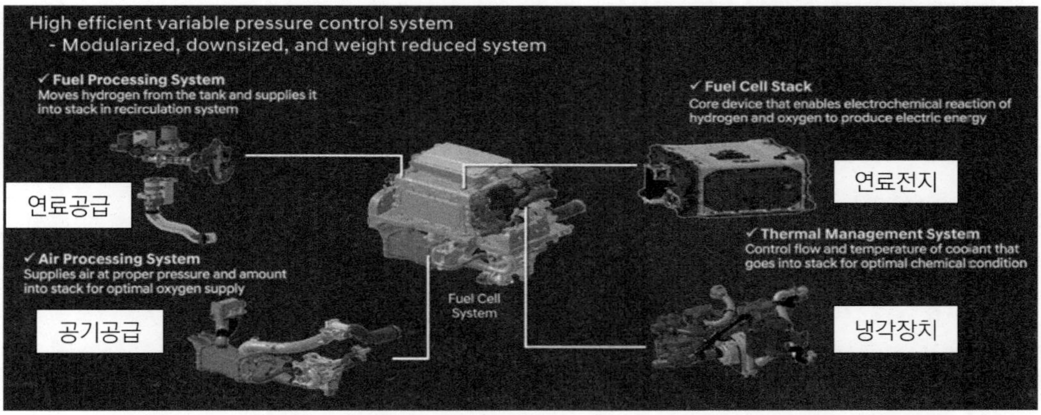

그림 11.29 현대자동차 넥쏘 연료전지 자동차 주요 동력장치[6]

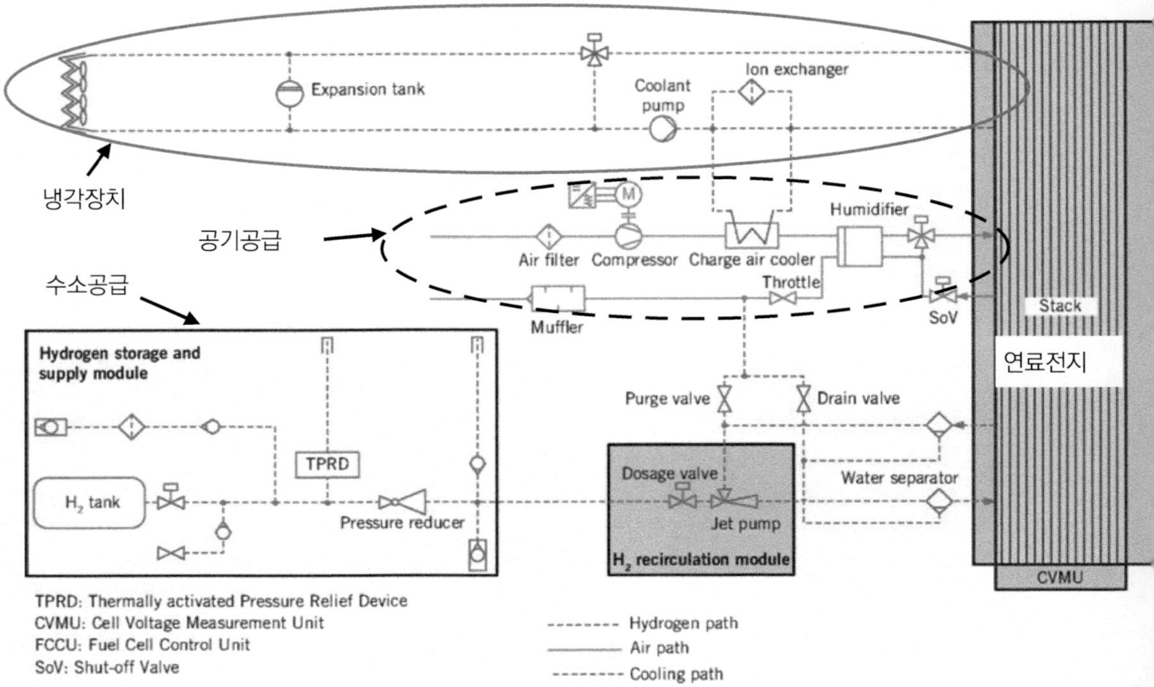

그림 11.30 현대자동차 넥쏘 연료전지 자동차 주요 동력장치 구성도[6]

CHAPTER 12 경제성 검토

일반적으로 재생에너지는 에너지원에 대한 비용이 없거나 아주 저렴하다. 태양은 매일 동쪽에서 떠서 서쪽 하늘로 질 때까지 하늘에서 볼 수 있으므로 태양에너지의 이용은 매우 저렴한 것으로 인식되고 있다. 또한 풍력과 조력도 자연현상에 의하여 발생하는 것으로 일정하지는 않으나 실제 비용이 들지 않고 양적으로도 무궁무진하다고 볼 수 있다.

그러나 태양에너지를 예로 들면 지표에 도달한 태양에너지가 가지는 온도가 낮아서 열역학 제2법칙의 관점에서 보면 효율이 매우 낮다. 또한 위도, 계절 및 날씨에 따라서 하루 중 받는 에너지의 양도 차이가 심하다. 따라서 고온을 얻기 위하여 태양열을 흡수하는 시설 등이 설치되고, 넓은 면적의 공간이 필요로 하는 단점이 있다. 결과적으로 열원에 대한 비용은 없으나 이 열을 유용하게 이용하기 위하여서 많은 장치가 필요로 하므로 전체적인 비용은 반드시 저렴하다고 단정을 지을 수 없다.

한편 태양에너지를 이용한 난방 및 냉방 장치와 태양전지는 기존의 열장치와 몇 가지 관점에서 차이가 있다. 우선 앞에서 언급된 것과 같이 태양에너지는 열원에 대한 비용이 없다. 따라서 태양에너지 이용에 드는 비용은 초기설비 투자와 설비의 운영과 보수에 필요한 비용이다. 다른 에너지설비는 운영기간 동안 공급하는 연료비가 초기설비에 못지않게 큰 비중을 차지한다. 그러므로 투자비의 집행 시기가 서로 다른 두 경우의 경제성을 비교하기 위해서는 투자비의 현재가치와 미래가치를 비교하여야 한다.

태양에너지의 이용은 건물이나 설비의 운영 및 유지에 드는 화석연료와 전기에너지 비용은 완전히 대체하는 것이 아니라 절감하는 것이 1차 목표다. 따라서 기존의 냉난방 시스템이 규모는 작아도 계속하여 건물에 필요한 냉난방을 공급하므로 설비가 중복적으로 필요하다.

또한 인플레이션으로 기존의 화석연료의 미래 가격이 증가하면 재생에너지는 더욱 가치를 인정받는 상황이 되기 때문에 화석연료의 미래 가격을 얼마나 정확히 예측하는가가 매우 중요한 요소로 작용한다. 그러므로 초기 투자비, 정부보조금, 금융 이자, 비교되는 연료 가격, 장치의 중복 투자 및 장치의 유지보수 비용 등을 고려한 종합적인 경제성 검토해야 한다.

12.1 미래가치의 현재가치 환산

경제성공학에서 경제성 비교에 이용되는 가장 보편적인 방법은 미래에 예상되는 모든 투자비 또는 이윤의 현재가치를 산정하여 현재의 시점에서 가치를 비교하는 방법이다. 따라서 재생에너지 시스템과 비교되는 다른 에너지시스템의 연료비, 유지 및 보수비 등 예상되는 투자비의 현재가치를 구하여 현재의 비용으로 환산하여 비교하면 보다 명확한 비교를 할 수 있다. 즉 항상 현금은 장래에 평가절하가 예상되기 때문에 현금의 구매력은 저하되어 오늘의 500만 원과 일 년 후의 500만 원의 가치는 다르다고 할 수 있다. 예를 들면 같은 500만 원 현금으로 오늘 구매할 수 있는 물건을 일 년 후에는 인플레이션 등으로 돈의 가치가 저하되어 같은 물건을 구매하기 위하여 더 많은 현금을 지급해야 살 수 있다. 이 관계를 식으로 나타내면 다음과 같다.

$$P = \frac{F}{(1+d)^N} \tag{12.1}$$

여기서 P는 현재가치, F는 미래가치, N은 연수, d는 매년 할인이 발생하는 할인율로 이자율 또는 기대하는 수익률 등이다. 또한 P/F 즉 미래가치와 현재가치의 비는 PWF(d,N)로 표시되며 다음과 같다.

$$PWF(N,d) = \frac{1}{(1+d)^N} \tag{12.2}$$

표 12.1 현재가치와 미래가치를 비교하는 PWF

연수	d(할인율 또는 이자, %)							
	0	2	4	6	8	10	15	20
1	1.0000	0.9804	0.9615	0.9434	0.9259	0.9091	0.8696	0.800
2	1.0000	0.9612	0.9246	0.8900	0.8173	0.8264	0.7561	0.6400
3	1.0000	0.9423	0.8890	0.8396	0.7938	0.7513	0.6575	0.5120
4	1.0000	0.9238	0.8548	0.7921	0.7350	0.6830	0.5718	0.4096

5	1.0000	0.9057	0.8219	0.7473	0.6806	0.6209	0.4972	0.3277
6	1.0000	0.8880	0.7903	0.7050	0.6302	0.5645	0.4323	0.2621
7	1.0000	0.8706	0.7599	0.6651	0.5835	0.5132	0.3759	0.2097
8	1.0000	0.8535	0.7307	0.6274	0.5403	0.4665	0.3269	0.1678
9	1.0000	0.8368	0.7026	0.5919	0.5002	0.4241	0.2843	0.1342
10	1.0000	0.8203	0.6756	0.5584	0.4632	0.3855	0.2472	0.1074
15	1.0000	0.7430	0.5553	0.4173	0.3152	0.2394	0.1229	0.0352
20	1.0000	0.6730	0.4564	0.3118	0.2145	0.1486	0.0611	0.0115

식12.2를 사용하면 재생에너지 시스템과 비교되는 다른 에너지시스템에 연료로 사용되는 LPG, LNG 또는 기름 등의 비용을 현재가치로 환산하여 전체 비용을 구한 후 재생에너지 시스템의 초기 투자비와 비교하여 경제성 검토를 할 수 있다. 표 12.1은 식 12.2를 이용하여 PWF를 구한 것으로 d를 단순히 이자율로 가정하고 0 ~ 20% 값을 사용하고, N은 1 ~ 20년을 사용하였다.

예제 12-1) 미래에 같은 총액의 이윤이 발생하는 다음 두 가지 경우의 현재가치를 비교하여보자. 먼저 A의 경우 1년 후에 100만 원, 2년 후에 150만 원, 3년 후에 200만 원하여 총 450만의 이윤이 발생한다. B의 경우는 1년 후에는 이윤 발생이 없고, 2년 후에 225만 원, 3년 후에 225만 원으로 총 450만 원의 이윤이 발생한다.

❖ **풀이** : 우선 이자율을 10%로 가정하여 PWF를 구하면 다음과 같다.

$$1\text{년 후 : } PWF = \frac{1}{(1+0.1)^1} = 0.9091$$

$$2\text{년 후 : } PWF = \frac{1}{(1+0.1)^2} = 0.8264$$

$$3\text{년 후 : } PWF = \frac{1}{(1+0.1)^3} = 0.7513$$

표 12.2 발생 이윤과 현재가치 비교

년 수	PWF	발생 이윤, 만원		현재가치, 만원	
		A	B	A	B
1	0.9091	100	0	90.91	0
2	0.8264	150	225	123.96	185.24
3	0.7513	200	225	150.26	169.04
합 계		450	450	365.13	354.98

위의 표 12.2에서 3년 동안에 발생한 이윤의 합은 450만 원으로 같다. 그러나 이 값을 현재가치로 환산하여 즉 미래에 발생할 이윤을 오늘 발생한 이윤으로 환산하면 A의 경우가 B의 경우보다 많다는 것을 알 수 있다. 즉 돈의 가치는 시간에 따라서 변한다는 사실을 실감할 수 있다.

식 12.2는 인플레이션의 영향을 고려하지 않은 미래가치를 현재가치로 환산하는 식이다. 만약 미래에 발생하는 경비가 인플레이션을 고려하면 증가하게 된다. 따라서 비용(A)이 일정한 비율로 발생하는 인플레이션율(i) 또는 디플레이션율을 고려하면 N의 기간 후에 발생한 값을 나타내는 식은 다음과 같다.

$$C_N = A(1+i)^{N-1} \tag{12.3}$$

따라서 첫해에 비용이 1,000원이고 인플레이션율이 6%이면 5년 후에 비용은 $1,000 \times (1+0.06)^{5-1} = 1260$원이다. 이처럼 미래 비용이 인플레이션을 포함할 때 미래가치에 대한 현재가치를 환산할 수 있는 식은 다음과 같다.

$$PWF(N,d) = \frac{A(1+i)^{N-1}}{(1+d)^N} \tag{12.4}$$

식 12.2와 12.4의 차이점은 다음과 같다. 즉 식 12.2는 장래에 발생하는 비용 등의 값에 인플레이션의 영향이 포함되어 있지는 않은 일정한 미래가치에 대한 현재가치의 환산이다. 식 12.4는 미래의 비용에 인플레이션을 포함한 값에 대한 현재가치를 환산한다는 차이가 있다.

예제 12-2) 현재 1,000원 하는 기름이 매년 7%로 인플레이션이 되고, 할인율이 10%이면 3년 후에 기름값의 현재가치는 얼마인가?

❖ **풀이** : 식 12.4를 이용하면 다음과 같다.

$$PWF = \frac{1{,}000(1+0.07)^{3-1}}{(1+0.1)^3} = 860.0$$

기름값은 첫해에는 1,000원이나 인플레이션에 의하여 매년 말의 가치는 1,000원, 1,070원, 1,145원 등으로 변한다. 이들의 현재가치는 909원, 884원, 860원이 된다. 또한 인플레이션이 없다면 3년 후 기름값의 현재가치는 751원이다.

지금까지 설명한 현재가치는 하나의 미래가치를 환산하였다. 때에 따라서 전체 미래가치를 현재가치로 환산하는 경우가 있다. 이때는 각각의 미래가치를 합산하게 되며 다음과 같다.

$$PWF(N,d,i) = \sum_{j=1}^{N} \frac{(1+i)^{j-1}}{(1+d)^j} = \begin{cases} \dfrac{1}{(d-i)}[1-(\dfrac{1+i}{1+d})^N] & \text{if } i \neq d \\ N(1+i) & \text{if } i = d \end{cases} \qquad (12.5)$$

위 식에서 N은 연수고, i는 인플레이션율이며 d는 할인율이다.

예제 12-3) 인플레이션율이 8%이고 할인율이 10%이다. 매년 500만 원씩 20년 동안 지급하는 금액의 현재가치를 계산하라.

❖ **풀이** : 할인율(d)과 인플레이션율(i)이 다르므로 식 12.5는 다음과 같다.

$$PWF(N,d,i) = \frac{1}{d-i}[1-(\frac{1+i}{1+d})]^N = \frac{1}{0.1-0.08}[1-(\frac{1+0.08}{1+0.1})^{20}] = 15.35892$$

따라서 현재가치는 위의 값에 500만 원을 곱한 값 즉 7,679만 원이다. 즉 명목상 500만 원을 20년 동안 지급하면 1억 원이나 현재가치로 환산하니 7,679만 원이 되었다.

12.2 투자비 회수율

앞의 PWF는 미래가치를 현재가치로 환산하는 방법이다. 그러나 많은 경우 설비나 건물의 초기 투자비는 금융기관의 대출을 받아서 사용하고, 이 대출금은 오랫동안 균등한 금액으로 원금과 이자를 지급하는 방법으로 초기 투자비를 상환한다. 투자비 회수율(CRF)(또는 상환율)은 상환해야 할 원금과 매번 (매년 또는 매월) 상환액의 비를 의미하며 다음과 같은 식으로 나타낸다. 이 식은 식 12.3에 인플레이션율에 영을 대입하고 할인율에 이자율을 사용하면 같은 식이 된다.

$$CRF(N,d) = \frac{1}{PWF(N,0,d)} = \frac{d}{1-(1+d)^{-N}} \tag{12.6}$$

위 식을 사용하여 이자율 0 ~ 10%와 1 ~ 10년에 관한 결과를 표로 만들면 표 12.3과 같다.

표 12.3 투자비 회수율

년	이자율 (%)					
	0	2	4	6	8	10
1	1.00000	1.02000	1.04000	1.06000	1.08000	1.10000
2	0.50000	0.51505	0.53020	0.54544	0.56077	0.57619
3	0.33333	0.34675	0.36035	0.37411	0.38803	0.40211
4	0.25000	0.26262	0.27549	0.28859	0.30192	0.31547
5	0.20000	0.21216	0.22463	0.23740	0.25046	0.26380
6	0.16667	0.17853	0.19076	0.20336	0.21632	0.22961
7	0.14286	0.15451	0.16661	0.17914	0.19207	0.20541
8	0.12500	0.13651	0.14853	0.16101	0.17401	0.18744
9	0.11111	0.12252	0.13449	0.14702	0.16008	0.17364
10	0.10000	0.11133	0.12329	0.13587	0.14903	0.16275

예제 12-4) 재생에너지 시스템을 제작하기 위하여 1억 원을 이자율 9%로 20년 동안 상환하는 조건으로 대출을 받았다. 매년 상환할 이자와 원금을 구하고, 20년 동안 지급한 총이자를 계산하라.

❖ **풀이** : 먼저 식 12.6을 사용하여 투자비 회수율을 계산하면 다음과 같다.

$$CRF(20, 0.09) = \frac{0.09}{1-(1+0.09)^{-20}} = 0.10955$$

따라서 매년 상환액 : 원금 X CRF = 1억 X 0.10955 = 1,095.5만 원

20년 동안 지급한 금액 : 1095.5만 원 X 20 = 21,910만 원

20년 동안 지급한 이자 : 21,910만 원 - 10,000만 원 = 11,910만 원

결과적으로 1억 원을 20년 동안 상환하면 원금 1억 원 외에 이자 1.191억 원을 지급하게 된다.

12.3 재생에너지 시스템의 경제성 검토

재생에너지 시스템의 경제성 검토에 시스템의 운영 기간 발생할 모든 현금 흐름 요소를 포함하여 정확한 경제성 검토해야 한다. 그러나 어떤 요소는 전체 결과에 미치는 영향이 미미할 수 있으므로 여러 요소 중에서 중요한 요소만을 포함하는 간편한 경제성 검토를 하는 것도 유익하다. 특히 일반 가정용 주택에 이용되는 간편한 재생에너지 시스템과 대규모 산업용 또는 상용 시스템의 초기 설계단계에서는 이 방법을 사용할 충분한 가치가 있다.

이 간편 방법에 포함되는 요소는 초기 투자비, 투자비에 대한 지급이자, 연료비의 가격 및 가격상승, 에너지시스템의 운영기간 등이다. 한편 완전히 재생에너지에만 의존하는 에너지시스템은 있을 수 없으므로 항상 또 다른 냉난방 시스템이 동시에 설치된다. 따라서 건물에 사용되는 에너지시스템에 대한 연간 에너지 비용은 다음과 같이 공식화된다.

$$C_{tot} = C_s + C_f \quad \text{(원/년)} \tag{12.7}$$

여기서 C_s는 재생에너지 시스템의 연간 총비용이며, C_f는 보조 시스템의 연간 총 연료비이다. 식 12.7에 앞 절에서 논의된 투자비 상환율 및 물가 상승률 등을 사용하면 식 12.7은 다음과 같다.

$$C_{tot} = C_{s,\,initial}\,CRF(N,d) + (1-\overline{f}_s)L\,\overline{C_f} \tag{12.8}$$

여기서 $C_{s,initial}$은 재생에너지 시스템의 초기투자비, L은 건물의 총난방 및 냉방부하, $\overline{f}_s$는 총난방 및 냉방부하 중에서 재생에너지 이용률, $\overline{C_f}$는 보조 시스템의 예상 연료비 등이다. PWF를 식 12.8에 곱하면 연간 비용의 현재의 가치를 즉 비용의 현재가치를 구할 수 있다.

예제 12-5) 태양열과 화석연료를 사용하는 복합 에너지시스템의 사용을 고려하고 있으며, 태양열이 전체 에너지의 56%를 충당할 예정이다. 태양열집열판과 관련 부속 장비의 구매에 1.1억 원이 필요하며 이중 90%는 연 9%의 이자율로 10년간 상환하는 조건으로 은행에서 대출받았다. 태양열 시스템이 없으면 첫해의 연료비는 1,255만 원이고, 연료비는 매년 10%씩 인상이 예상된다. 또한 태양열 관련 장비는 10년 후 처음 가격의 40%에 매각할 수 있다. 기타 경비로 보험, 유지비 등으로 110만 원이 첫해에 필요하며, 매년 6%의 비율로 증가한다. 만약 할인율이 8%이면, 이와 같은 조건에서 태양열 이용으로 인한 절약 금액의 현재가치는 얼마인가?

❖ **풀이** : 상환원금 : 1.1억 x 0.9 = 9,900만 원

구매 때 지급한 현금 : 1.1억 - 9,900만 원 = 1,100만 원

매년 상환금 : 식 12.6을 이용하여 상환율을 구하면 다음과 같다.

$$CRF(10{,}0.09) = \frac{0.09}{1-(1+0.09)^{-10}} = 0.15582$$

매년 상환금 = 9,900만 원 x 0.15582 = 1,543만 원

첫해 연료 절감액 : 1,255만 원 x 56% = 703만 원

첫해 기타 비용 : 110만 원

첫해 전체 절감액 :

연료 절감액 - 상환금 - 기타 비용 = 703만 - 1,084만 - 110만 = -491만 원

첫해 전체 절감액의 현재가치 :

-491만 x PWF(1,0.08,0) = -491만 x 1/(1+0.08) = -455만 원

표 12.4 에너지 시스템 운영 결과(단위 만원)

연수	화석 연료비 ①	연료절감 ②=①x0.56	상환액 ③	유지비④	전체 절감액 ⑤=②+③+④	절감액의 현재가격 ⑥=⑤xPWF
0					-1,100	-1,100(현금구매)
1	1,255	703	-1,543	-110	-1,250	-1,157
2	1,380	773	-1,543	-117	-887	-760
3	1,518	850	-1,543	-124	-817	-649
4	1,670	935	-1,543	-131	-739	-543
5	1,837	1,029	-1,543	-139	-661	-450
6	2,021	1,131	-1,543	-147	-559	-352
7	2,223	1,244	-1,543	-156	-455	-265
8	2,445	1,369	-1,543	-166	-340	-183
9	2,690	1,506	-1,543	-175	-212	-106
10	2,959	1,657	-1,543	-186	-72	-33
기타					4,400*	2,038*
합계	19,998	11,197	-15,430	-1,451	-2,692	-3,560
비고	매년 10% 인상	10% 인상	이자율 9%	매년 6 % 인상	(*설비 매각 대금)	할인율 : 8%

매년 연료 절감액, 상환액 및 기타 비용을 계산하고, 이 금액을 현재가치로 환산하여 표를 만들면 표 12.4와 같다. 결과를 보면 마지막 행의 마지막 줄에 있는 -3,560만 원이 에너지시스템을 10년 동안 운영한 결과로 현재가치로 3,560만 원의 적자가 예상된다. 따라서 이 시스템은 10년보다 더 긴 기간 사용하여야 흑자를 얻을 수 있다.

예제 12-6) 1억 원 가격의 재생에너지 시스템에 대한 연간 자금 흐름을 계산하라. 계산의 편의를 위하여 시스템의 수명 기간은 3년으로 하며, 3년 후 장비를 매각하면 1,000만 원을 회수할 수 있다. 보험, 운영 및 세금으로 매년 400만 원이 필요하며, 2년째 해에 100만 원의 수리비가 든다. 현금 할인율 및 이자율이 각각 5%이며, 감가상각은 매년 1,500만 원으로 가정한다.

❖ **풀이 :**

$$CRF(N,d) = \frac{d}{1-(1+d)^{-N}} = \frac{0.05}{1-(1+0.05)^{-3}} = 0.367209$$

$$PWF(N,d) = \frac{1}{(1+d)^N} = \frac{1}{(1+0.05)^3} = 0.8638$$

$$PWF(N,d) = \frac{1}{(1+d)^N} = \frac{1}{(1+0.05)^2} = 0.9070$$

$$PWF(N,d) = \frac{1}{(1+d)^N} = \frac{1}{(1+0.05)^1} = 0.9524$$

따라서 10,000만 원에 대한 원금과 이자의 연 상환금은 다음과 같다.

상환금 = 10,000 X CRF = 10,000 X 0.367209 = 3,672.09만 원/년

총상환금 = 상환금 x 3년 = 11,016.27만 원

총이자 = 11,016.27 - 10,000 = 1,016.27만 원

전체의 자금 흐름을 정리하면 표 12.5와 같으며, 총 6,816, 27만 원의 경비가 필요하다. 5%의 할인율을 사용하여 표 12.5의 값에 PWF를 곱하여 현재의 금액으로 환산한 결과, 표 12.6과 같다.

표 12.5 현금가치의 할인을 고려하지 않은 경우의 현금 흐름 (단위: 만원)

연수	투자비 상환	장비 매각	수리비	유지관리	감가상각
1	-3,672.09			-400	1,500
2	-3,672.09		-100	-400	1,500
3	-3,672.09	1,000		-400	1,500
합 계	-11,016.27	1,000	-100	-1,200	4,500

표 12.6 미래가치를 현재가치로 환산된 비용 (단위 : 만원)

연수	투자비 상환	장비 매각	수리비	유지관리	감가상각	발생경비
1	-3,497.22			-390.96	1,428.57	2,459.61
2	-3,330.69		-90.70	-362.82	1,360.54	2,423.67
3	-3,172.09	863.84		-345.54	1,295.76	1,358.03
합 계	-10,000.00	863.84	-90.70	-1,089.32	4,048.87	6,241.31

표 12.6에 의하면 3년간 발생한 비용을 현재의 가치로 환산하면 6,267.31만 원이며 이 값에 CRF를 곱하여 매년 발생하는 비용으로 환산하면 2,301.41만 원이다. 따라서 태양에너지 시스템으로 절약되는 연료의 값이 현재가치로 환산하여 2,301.41만 원보다 클 때 태양에너지 시스템 사용이 정당화된다.

예제 12-7) 표 12.7 및 12.8과 같은 공사비 내용을 가지는 풍력발전 시스템의 경제성을 분석하면 다음과 같다. 또한 경제성 분석에 필요한 기본적인 조건은 다음과 같다.

표 12.7 경제성 분석에 사용한 기본조건

항 목	비 율
이자율 및 할인율	6%
법인세 및 기타 세금	투자비의 0.5%
보험료	투자비의 0.22%
운전유지 및 수선비	투자비의 0.5%
운전수명 후 잔존가치	총공사비의 10%
감가상각률	4.5%(정액기준을 비율로 표시)
공사 기간에 이자	비산정(공사 기간 1년)
풍력시스템 내구수명	20년

표 12.8 VESTAS V80 풍력 발전설비의 공사비 내용

품 명	규 격	단위	수량	금액(천원)
풍력발전기	V80-2 MW	set	1	2,356,400
Tower	67 m	set	1	216,000
모니터링 시스템	VGCS	식	1	140,000
기초공사		식	1	180,000
운송 및 설치공사		식	1	360,000
접지공사		식	1	180,000
진입도로	500 m	식	1	60,000
전기공사	80 m^2	식	1	250,000
일반관리비 및 이윤		식	1	360,800
부가세	10%	식	1	410,320
합 계			1	4,513,520

❖ **풀이** : 감가상각은 총투자비의 4.5%로 하여 20년 후 잔존가치가 총투자비의 10%가 되도록 설정되었다(발전기 및 타워를 고철로 판매). 표에서 초기 총투자비용은 4,513,520 배꼽점이다. 이 값을 이용하여 연간 투자비의 현재가치를 계산한다. 매년 필요한 비용을 계산하면 다음과 같다.

- 법인세 및 기타 세금 = 초기투자비 X 0.5%/년
  = 4,513,520 X 0.5%/년
  = 22,567.6천 원/년

- 보험료 = 최기투자비 X 0.22%/년
  = 4,513,520 X 0.22%/년
  = 9,929.74천 원/년

- 운전유지 및 수선비 = 최기투자비 X 0.5%/년
  = 4,513,520 X 0.5%/년
  = 22,567.6천 원/년

- 연간 고정유지관리비용 = 법인세 및 기타 세금 + 보험료 + 운전유지 및 수선비
  = 22,567.6천 원/년 + 9,929.74천 원/년 + 22,567.6천 원/년
  = 55,064.9천 원/년

투자비 상환율 : $CRF(N,d) = \dfrac{d}{1-(1+d)^{-N}} = \dfrac{0.06}{1-(1+0.06)^{-20}}$ = 0.0872

20년 동안 매년 상환할 금액 :

4,513,520천 원 X CRF = 4,513,520천 원 X 0.0872

= 393,5천 원/년

총상환금 : 상환금 X 20년 = 393,5천 원/년 X 20년 = 7,871,789천 원

총이자 : 총상환금 - 초기투자비 = 7,871,789천 원 - 4,513,520천 원

= 3,358,059천 원

- 매년 사용되는 총경비 = 연간투자비 + 연간 고정유지관리비용

  = 393,579천 원/년 + 55,064.94천 원/년

  = 448,643.94천 원/년

한전에서 풍력에 대하여 지급하는 발전차액은 107.66원/kWh이다. 따라서 위의 총비용을 발전단가로 나누면 필요한 발전량이 계산된다.

- 발전량 = (연간 투지 비용 + 고정유지관리비용)/발전차액

  = 448,643,940원/107.66원/kWh

  = 4,167,229.6 kWh

- 풍력발전기 작동시간 = 필요한 발전량/정격출력

  = 4,167,229.6 kWh/2,000 kW

  = 2,083.6시간

- 풍력발전기의 운영률 = 작동시간/(365일 X 24시간) X 100

  = 2,083.6/8760 x 100

  = 23.79%

표 12.9 예제 12-7의 결과 종합

항 목	계산 결과	
연 투자비 상환액	393,579.0천원/년	
보험료	9,929.74천원/년	
유지와 보수	22,567.6천원/년	
법인세 및 기타 세금	22,567.6천원/년	
연 총비용	448,643.94천원/년	
발전차액	107.66원/kWh	
필요한 발전량	4,167,229.6 kWh/년	
풍력발전기 작동시간	2,083.6시간/년	
풍력발전기의 운영률	23.79%	

따라서 앞으로의 변화를 고려하지 않고 현재의 상항에서 단순히 계산하면 풍력발전기의 운영률이 23.79%를 웃돌면 이익이 발생할 수 있다. 즉 발전기가 일 년 중에서 23.79% 기간 작동하면 발전원가가 발전차액과 같다는 의미이다. 만약 정확한 발전량을 계산할 수 있을 경우는 역으로 아래와 같이 발전원가를 계산하여 한전에서 지급하는 발전차액보다 크면 그만큼 이익이 발생한다. 반대로 발전원가가 발전차액보다 적으면 경제성이 없다.

발전원가 = (연간 투지 비용 + 고정유지관리비용)/연간 총발전량

또한 식 12.2를 이용하여 20년 동안 발생할 비용과 투자비 상환액을 현재가치로 환산하여 계산할 수 있다.

12.4 태양열 설비 투자비 회수 기간

태양열 시스템의 경제성 분석에서 관심을 가지는 항목이 투자비를 회수하는 기간이다. 태양열 시스템의 투자비 회수 기간은 태양열을 이용하여 절약되는 연료비의 합산이 투자비에 이르는 기간을 의미한다. 그러나 미리 투자비 회수 기간을 알 수 없으므로 연료비는 첫해의 연료비를 사용하여 다음과 같은 식으로 구한다.

$$투자비\ 회수기간(POP, payoff\ \ period) = \frac{C_{s,intial}}{\overline{f_s} L C_{f,o}} \tag{12.9}$$

여기서 $C_{s,initial}$은 태양에너지 시스템의 초기투자비, L은 건물의 총난방 및 냉방부하, $\overline{f_s}$는 총난방 및 냉방부하 중에서 태양에너지 이용률, $C_{f,o}$는 보조 시스템의 예상 초기연료비 등이다.

참고문헌

제1장 에너지

1. "Energy", http://en.wikipedia.org/wiki/Energy
2. Y. Cengel & M. Boles, "Thermodynamics", McGraw-Hill, New York, 1994
3. W. Black & J. Hartley, "Thermodynamics", Haper & Row, New York, 1985
4. "World Energy Outlook 2010",
   http://www.iea.org/topics/world-energy-outlook-2010
5. "World Energy Outlook 2020",
   http://www.iea.org/news/world-energy-outlook-2020
6. "World Energy Outlook 2021",
   http://www.iea.org/topics/world-energy-outlook-2021
7. http://data.nasdaq.com/data/BP/CRUDE_OIL_PRICES
8. "World Energy Resources and Consumption",
   http://en.wikipedia.org/wiki/World_energy_resources_and_consumption
9. "World Shale Gas Resources : An Initial Assessment of 14 Regions Outsice the United States", U.S Energy Information Administration, April 2011
10. NOAA, ETHZ, Our World in DATA, http://WWW.NOAA Climate.gov
11. Renewable Energy Steering Committee, "Renewables 2012 Global Status Report", http://www.ren21.net/globalstatusreport/default.asp
12. Capacity factor - Wikipedia
    http://en.wikipedia.org>wiki>Capacity_factor
13. http://www.energy.gov/ne/articles/what-generation-capacity
14. http:/www.khnp.co.kr/main/

제2장 태양에너지 예측

1. Y. Cengel, “Heat Transfer”, McGraw-Hill, New York, 2003
2. J. Duffie, W. Beckman, and Solar Energy Lab, “Solar Engineering of Thermal Processes”, John Wiley & Sons, New York, 1980
3. http://en.wikipedia.org/wiki/File:Solar_Spectrum.png
4. Kasten, F. and Young, A. T. (1989). Revised optical air mass tables and approximation formula. Applied Optics 28:4735-4738.
5. J. Threlkeld, “Thermal Environmental Engineering”, Prentice-Hall, New Jersey, 1970
6. J. Kreider & F. Kreith, Solar Heating and Cooling, Hemisphere Publishing, New York, 1982

제3장 태양열발전

1. C. Cleveland, Editor in Chief, “Encyclopedia of Energy”, Academic Press, 2004
2. http://en.wikipedia.org/wiki/Solar_Energy_Generating_Systems
3. http://www.rise.org.au/info/Tech/hightemp/index.html
4. http://en.wikipedia.org/wiki/Solar_Energy_Generating_Systems
5. http://en.wikipedia.org/wiki/List_of_solar_thermal_power_stations
6. http://en.wikipedia.org/wiki/Solar_power_plants_in_the_Mojave_Desert
7. F. Casal, “Solar Thermal Power Plants”, Springer-Verlag, Berlin, 1987
8. http://www.solarpaces.org/Tasks/Task1/PS10.HTM
9. 대성에너지보도자료, 2011.7.5., http://www.daesungenergy.com/
10. http://en.wikipedia.org/wiki/Stirling_engine
11. http://www.solarpaces.org/Tasks/Task1/SES_Dish_Stirling.HTM
12. http://www.sanupnews.com/section/?fn=v&no=19947&cid=21070100&pg=1
13. R. Shaltens & L. Mason, “800 Hours of Operational Experience from a 2kWe Solar Dynamics System”, NASA/TM-1999-208840
14. Y. Cengel, “Heat Transfer”, McGraw-Hill, New York, 2003
15. S. Angrist, “Direct Energy Conversion”, 3rd edition, Allyn and Bacon, 1977

제4장 태양광발전

1. S. Angrist, “Direct Energy Conversion”, 3rd edition, Allyn and Bacon, 1977
2. W. Shockley, H. J. Queisser, "Detailed Balance Limit of Efficiency of p-n Junction Solar Cells", J. of Applied Physics, Vol 32, 1961, pp. 510
3. "Solar Effiency Limits", http://solarcellcentral.com/limits_page.html
4. "Photovoltaics Research", http://www.physics.usyd.edu.au/app/solar/research/pv.html
5. "Shockley-Queisser Limit", Wikipedia, the free encyclopedia
6. C. Cleveland, Editor in Chief, “Encyclopedia of Energy”, Academic Press, 2004
7. http://www1.eere.energy.gov/solar/solar_cell_structures.html
8. 한원석 외 3인, “차세대 고효율 태양전지 기술 동향”, 전자통신동향분석, 제 22권 5호, pp. 86 ~ 94, 2007
9. http://www.rise.org.au/info/Tech/hightemp/index.html
10. http://en.wikipedia.org/wiki/Solar_cell
11. http://www.nrel.gov/
12. http://www.solarserver.de/wissen/photovoltaik-e.html
13. M. Green, "Solar Cells Operating Principles, Technology, and System Applications", Prentice-Hall, Inc., Englewood Cliffs, New Jersey, 1982
14. http://en.wikipedia.org/wiki/Perovskite
15. http://en.wikipedia.org/wiki/Perovskite_solar_cell

제5장 태양전지 모듈 제작 및 설치

1. http://www.pveducation.org/pvcdrom
2. http://www.kma.go.kr/
3. http://www.wikipedia.org/wiki/solar/power

제6장 풍력발전

1. T. Burton, D. Sharpe, N. Jenkins, E. Bossanyi, "Wind Energy Handbook", John Wiley & Sons, New York, 2001
2. P. Gipe, "Wind Energy Comes of Age", John Wiley & Sons, New York, 1995
3. M. Patel, "Wind and Solar Power Systems", Taylor & Francis, New York, 2006
4. Z. Lubosny, "Wind Turbine Operation in Electric Power Systems", Springer-Verlag Berlin Heidelberg, Germany, 2003
5. http://en.wikipedia.org/wiki/Sailing_ships
6. http://en.wikipedia.org/wiki/History_of_wind_power
7. http://en.wikipedia.org/wiki/Wind_power
8. http://www.kidwind.org/lessons/BBwindenergytechnology.html
9. Danish Wind Industry Association, http://www.windpower.org/en/tour/
10. http://en.wikipedia.org/wiki/Wind_turbine_design
11. http://www.powergeneration.siemens.com/press/press-pictures/search.htm
12. http://www.kidwind.org/PDFs.html
13. N. Cetin, M. Yurdusev, R. Ata & A. Ozdemir, "Assessment of Optimum TIP Speed Ratio of Wind Turbines", Mathematical and Computational Applications, Vol. 10, No 1, pp. 147-154, 2005
14. T. Taye, "Wind Energy Harnessing - Theory and the Ethiopian" Experience, J. the ESME, Vol. II, No. 2, 1999
15. C. Cleveland, Editor in Chief, "Encyclopedia of Energy", Academic Press, 2004

제7장 해상풍력발전

1. Danish Wind Industry Association, Web site
   http://www.talentfactory.dk/en/pictures/offshore.htm
2. Website for Power Industry,
   http://www.power-technology.com/projects/hornsreefwind/hornsreefwind7.html
1. L. E. Jensen, C. Morch, P. B. Sorensen, K. H. Svendsen, "Wake Measurements from the Horns Rev Wind Farm"

3. Website for Aeolus, http://ict-aeolus.eu/index.html
4. M. J. Werle, "A New Analytical Model for Wind Turbine Wakes", Report No. FD 200801, Flodesign Inc., Wilbraham, MA. 01095
5. B. Sanderse, "Aerodynamics of Wind Turbine Wakes", ECN-E-09-016
6. S. Butterfield, W. Musial, J. Jonkman, P. Sclavounos "Engineering Challenges for Floating Offshore Wind Turbines", 2005 Copenhagen Offshore Wind Conf., Copenhagen Denmark, Oct. 26-28. 2005.
7. International Electrotechnical Commission(IEC), Wind Turbines, Part 3: Design Requirements for Offshore Wind Turbines, 61400-3, IEC TC88 WG3, 2005
8. https://www.equinor.com/energy/hywind-scotland.
9. "Technical White Paper on Wind Energy Potential on the U.S. Outer Continental Shelf", http://OCSenergy.anl.gov/documents/docs/ocs_els_whitepaper_wind.pdf
10. "World Wind Energy Report 2009", http://www.wwindea.org
11. B. W. Byrne, G. T. Houlsby, "Assessing Novel Foundation Options for Offshore Wind Turbines",
12. J. H. Thomsen, T. Forsberg, R. Bittner, "Offshore Wind Turbine Foundations - The COWI Experience", Proc. of the 26th International Conf. on Offshore Mechanics and Arctic Engineering, June 10-15, 2007, San Diego, cal. USA.
13. T. Ashuri, M. B. Zaaijer, "Review of Design Concepts, Methods and Considerations of Offshore Wind Turbines",
14. Danish Energy Authority, "Offshore Wind Farms and the Environment-Danish Experiences from Horns Rev and Nysted", November 2006.
15. W. Musial, S. Butterfield, B. Ram, "Energy from Offshore Wind", Proc. of Offshore Technology Conf, Houston Texas, May 1-4, 2006
16. R. J. Barthelmin, S. T. Frandsen, P. E. Rethore, M. Mechali, S. C. Pryor, L. Jensen, P. Sorensen, " Modeling and Measurement of Offshore Wakes", Owemes 2006, 20-22 April, Citavecchia, Italy
17. R. J. Bathelmie, S. T. Frandsen, K. Hansen, J. G. Schepers, K. Rados, W. Schlez, A. Neubert, L. E. Jensen, S. Neckelmann, "Modeling the Impact of Wakes on Power Output at Nysted and Horns Rev",

제8장 해양에너지

1. http://geozoonee.tistory.com/
2. http://en.wikipedia.org/wiki/Tidal_power
3. 염기대, "해양에너지 실용화: 조력, 조류에너지", 물리하과 첨단기술, 11, 2004, P. 24 - 27
4. http://www.alternative-energy-news.info/technology/hydro/tidal-power/
5. Minerals management service renewable energy and Alternate use program, "Technology Withe Paper on Wave Energy Potential on the U.S. Outer Continental Shelf", 5 2006, http://ocsenergy.anl.gov
6. http:///www.ecowavepower.com/our-technology/how-it-works
7. Popular Science, 10 2008
8. 서울신문, http://seoul.co.kr
9. http://www.esru.strath.ac.uk/EandE/Web_sites/02-03/ocean_thermal_energy/
10. http://www.chosun.com
11. http://www.pelamiswave.com/media/pelamisbrochure.pdf
12. http://ocsenergy.anl.gov/guide/wave/index.cfm
13. http://renewableenergydev.com/red/tidal-energy/
14. http://www.eu-oea.com/index.asp
15. http://en.wikipedia.org/wiki/Wave_power

제9장 소수력발전과 양수발전

1. 이관세, "소수력 기술개발 현황 및 향후 추진방향", 유체기계저널, 11권 4호, 2008, pp 71 ~76
2. http://en.wikipedia.org/wiki/Water_turbine
3. http://en.wikipedia.org/wiki/Pelton_wheel
4. http:/www.khnp.co.kr/main/

제10장 지열

1. M. H. Dickson, M. Fanelli, "What is Geothermal Energy?", Italy, 2004
2. "Geothermal energy", http://en.wikipedia.org/wiki/Geothermal_energy
3. "Geothermal basics", Geothermal Energy Association, http://geo-energy.org/Basics.aspx
4. "Geothermal in the World", http://www.geothermal-energy.org/

제11장 연료전지

1. F. Barbir, PEM Fuel Cells: Theory and Practice, Elsevier Academic Press, 2005
2. J. Larminie, A. Dicks, Fuel cell Systems Explained, John Wiley & Sons Ltd, 2003
3. Y. Cengel, M. Boles, Thermodynamics : An Engineering Approach, 2nd edition, McGraw-Hill, Inc, 1994
4. 오은석, 공영민, 김기택, 김준범, 장종훈, 그리카에너지 소재공학, 울산대학교출판부, 2011
5. Y. Cengel, Heat Transfer : A Practical Approach, WCB/McGraw-Hill, 1998
6. http://www.hyundai.com/kr/ko/e/vehicles/nexo/intro

제12장 경제성 검토

1. J. Kreider & F. Kreith, "Solar Heating and Cooling", Hemisphere Publishing, New York, 1982
2. J. Threlkeld, "Thermal Environmental Engineering", Prentice-Hall, New Jersey, 1970
3. J. White, K. Case, D. Pratt and M. Agee, "Principles of Engineering Economics Analysis", John Wiley & Sons, New York, 1998
4. P. Degarmo, W. Sullivan & J. Bontadelli, "Engineering Economy", Macmillan Pub. Co., New York, 1993.
5. D. Newnan, "Engineering Economic Analysis", 4th ed, Engineering Press, Inc., San Jose, California

신재생에너지 2판
New & Renewable Energy

2024년 2월 28일 2쇄 발행

저 자	장종훈
발 행 인	송기수
발 행 처	도서출판 GS인터비전
편 집 처	도서출판 GS인터비전
편 집 인	김명신, 공예서
표지디자인	도서출판 GS인터비전
인 쇄 처	트윈벨미디어
등 록 번 호	제25100-2016-000050호
I S B N	979-11-5576-428-2(93530)

주 소	서울 은평구 증산로 15길 69 2층
전 화	02-976-7898, 02-3272-7898.
팩 스	02-6468-7898
홈페이지	gsintervision.kr
E-Mail	gsinter7@gmail.com

정 가 30,000원

이 책의 무단전재, 복제, 복사는 저작권법 제 97조에 의거 5년 이하의 징역 또는 5천만원 이하의 벌금에 처하게 됩니다.